高等职业教育农业农村部"十三五"规划教材

动物疫病

第三版

张宏伟　欧阳清芳　主编

中国农业出版社
北京

内容提要

本教材分上、下两篇。上篇动物传染病部分所选编的动物传染病种类,基本包括了农业部《一、二、三类动物疫病病种名录》中猪、反刍动物、家禽和其他动物的传染病;下篇动物寄生虫病部分除了反刍动物、猪和家禽常见的寄生虫病以外,也选编了一些重要的人兽共患病和与家畜关系密切的犬、猫寄生虫病,以及对兔危害严重的寄生虫病。

在阐述动物传染病和动物寄生虫病基本理论的基础上,对每种动物疫病的病原体、流行病学、症状、病理变化、诊断、治疗和防制措施等进行了阐述,并分别配有实践技能训练指导。本教材在内容上力求加强对实际生产的针对性和实用性,尽可能地反映当代新知识、新方法和新技术;在体例上兼顾了教学和生产实际工作的需要。

本教材既可作为高等职业教育的教材,又可作为从事动物疫病防治和养殖业人员的参考书。

第三版编审人员

主　　编　张宏伟　欧阳清芳

副 主 编　于　淼　王　俊　刘　燕

编　　者（以姓名笔画为序）

　　　　　　于　淼　王　俊　刘　燕

　　　　　　杨　靖　杨惠超　吴　植

　　　　　　何丽华　张宏伟　欧阳清芳

　　　　　　钟登科　黄小丹

主　　审　路义鑫　宋铭忻

行业指导　刘长军

第一版编审人员

主　编　张宏伟

编　者（按姓氏笔画排列）

　　　　　杨德凤　张宏伟

　　　　　金璐娟　贺生中

　　　　　韩晓辉

主　审　才学鹏

参　审　冯　伟

第二版编审人员

主　编　张宏伟　董永森
副主编　金璐娟　张进隆
编　者（按姓氏笔画排列）
　　　　　张宏伟（黑龙江生物科技职业学院）
　　　　　张进隆（甘肃畜牧工程职业技术学院）
　　　　　邹洪波（黑龙江畜牧兽医职业学院）
　　　　　金璐娟（黑龙江畜牧兽医职业学院）
　　　　　董永森（青海畜牧兽医职业技术学院）
　　　　　韩晓辉（黑龙江畜牧兽医职业学院）
主　审　宋铭忻（东北农业大学）
　　　　　王春仁（八一农垦大学）
　　　　　才学鹏（中国农业科学院兰州兽医研究所）

第三版前言

本教材是在教育部、农业部有关加强高职高专专业建设、课程建设和教材建设等文件精神的指导下修编的。

为了兼顾教学和生产实际的需要,动物传染病按动物种类划分,每类动物所患的传染病又按主要征候群进行划分,具有多个征候群时,则以相对重要或明显的征候群为主进行归类。动物寄生虫病按动物种类划分,每类动物所患的寄生虫病又按病原体所寄生的部位划分,一些寄生虫可寄生于多个部位时,则以相对重要的寄生部位为主进行划分。对于多种动物共患的传染病或寄生虫病,则划分到相对敏感或主要的动物种类中,而在其他动物疫病类别中列出名称。个别重要的疫病在不同的动物种类中均有阐述,但内容的侧重面和详略不同,尽可能避免重复。

在动物传染病病原体中,只是阐述形态特点和抵抗力,培养特性等则根据诊断的需要进行阐述。在动物寄生虫病的病原体中,只是对常见或重要的代表虫种进行描述,其他虫种只列出名称。

由于动物疫病尤其是动物寄生虫病的分布具有较明显的地区性特点,加之各区域所饲养的优势动物种类各异,因此,在教学中可根据当地需要和教学时数,对疫病种类有针对性地选择讲授。

本教材编写人员分工为(按章顺序排列):黑龙江生物科技职业学院张宏伟编写上篇动物传染病绪论、第一章动物传染病学基础理论、第五章其他动物的传染病、下篇动物寄生虫病绪论、第七章动物寄生虫学及寄生虫病学基础理论、第八章动物寄生虫形态构造及生活史概述,并设计和绘制了插图;辽宁职业学院杨惠超、上海农林职业技术学院钟登科编写第二章猪的传染病;甘肃农业职业技术学院王俊、云南农业职业技术学院刘燕编写第三章反刍动物的传染病;江西生物科技职业学院欧阳清芳、江苏农牧科技职业学院吴植编写第四章家禽的传染病、第六章实践技能训练指导;山东畜牧兽医职业学院于淼、新疆农业职业技术学院杨靖编写第九章反刍动物的寄生虫病、第十章猪的寄生虫病;辽宁水利职业学院何丽华、黑龙江职业学院黄小丹编写第十一章家禽的寄生虫病、第十二章其他动物的寄生虫病、第十三章实践技能训练指导。全书由张宏伟统稿,欧阳清芳协助了统稿工作。

本教材承蒙东北农业大学博士研究生导师路义鑫教授、博士研究生导师宋铭忻教授、黑龙江省牡丹江市动物疫病预防控制中心刘长军研究员审定,各位编者所在院校给予了大力支持;同时向参考文献的作者一并表示诚挚的谢意。

不足之处恳请专家和读者赐教指正。

编 者
2014年6月

第一版前言

　　动物疫病包括动物传染病和动物寄生虫病，它们分别为两门独立的学科，但均属于预防动物医学范畴。为了便于学习和实际生产需要，在此合编为一，分为上、下两篇。教材中所指的"动物"，主要以家畜和家禽为主；兼顾饲养较多的特种经济动物以及一些野生动物。

　　本教材《实践技能训练课指导》的项目，可配合理论授课分散进行；《集中实践技能训练指导》的项目，亦应在教学计划中安排集中时间连续进行。

　　本教材所选编的疫病种类，充分考虑了我国不同地域动物种类有所差异的生产实际，动物疫病与人类保健的密切关系，以及动物进出口贸易的需要等，尽可能满足不同类型学校和更多的专业以及人员层次的需要。对于职业教育而言，在以能力为本位教育教学思想的指导下，遵循职业教育的教学规律，充分体现职业教育特点，尤为注重知识和技能的应用性和实用性，突出能力和素质的培养和提高。在结构体系上，注重便于读者学习和使用；在内容阐述上，力求反映当代新知识、新方法和新技术，保证其先进性。

　　本教材编写分工是：张宏伟编写动物传染病绪论和总论；动物寄生虫病绪论、总论和第7～12章，以及实践技能训练课指导、集中实践技能训练指导；并对全书进行编排、统稿和绘制全部插图。金璐娟编写动物传染病第3、7章，实践技能训练课指导、集中实践技能训练指导。贺生中编写动物传染病第4～6章。韩晓辉编写动物寄生虫病第4章。杨德凤编写动物寄生虫病第5、6章。

　　本教材由中国农业科学院兰州兽医科学研究所博士研究生导师才学鹏研究员主审；承德民族职业技术学院冯伟教授也参加了审定，在此谨致谢忱。

　　由于编者水平所限，难免有不足之处，祈请读者赐教指正。

编　者
2001年3月

第二版前言

本教材是在《教育部关于加强高职高专教育人才培养工作的意见》、《关于加强高职高专教育教材建设的若干意见》、《关于全面提高高等职业教育教学质量的若干意见》等文件精神的指导下修编。

我国高等职业教育事业的发展十分迅速，在教育教学模式、专业建设、课程建设等方面的改革与探索取得丰硕成果，所有这些，都为教材建设奠定了坚实的基础。本教材修编过程中，我们紧紧围绕高等职业教育的培养目标，遵循其教育教学规律和特点，注重学生专业素质养成和综合能力的提高，尤其突出对实践能力的培养，以增强学生的职业能力。基础理论以实用为主，以"必需、够用"为度，适当扩展知识面和增加信息量；实践技能则着重突出岗位能力的需要。正确处理理论与实践、局部与整体、微观与宏观、个性与共性、现实与长远、深与浅、宽与窄、详与略等方面的关系。在内容上力求反映当代新知识、新方法和新技术，以保证其先进性；在结构体系上力求既适应于教学，又适用于实际工作，以保证其实用性；在阐述上力求精练，又尽可能地加大信息量，以保证其完整性。

本教材所确立的结构体系主要遵循以下原则：

动物传染病按动物种类划分，即：猪、牛、羊、禽、犬、猫、兔传染病；每种动物所患的传染病则按"症候群"划分，如"以消化系统症状为主症"等，但多数动物传染病都具有多个症候群，对此则以相对明显或重要的为主分别归类。

动物寄生虫病按动物种类划分，即：反刍动物、猪、禽、犬、猫、兔寄生虫病；每种动物所患的寄生虫病则按病原体所寄生的部位划分，如"消化系统寄生虫病"等，而一些动物寄生虫病的病原体可寄生于多个部位，对此则以主要的寄生部位为主进行划分。

对于多种动物共患的传染病或寄生虫病，则划分到最敏感或相对重要的动物种类中，而在其他动物疾病类别中只列出其名称；一些重要的疾病会在不同动物种类中分别阐述，但内容的侧重面和详略不同，尽可能避免重复。

这种结构体系有利于重新组合为其他不同的结构体系。教师在教学中即可以按此结构体系讲授，也可按以病原体分类的传统结构体系讲授，亦可开展不同组合形式的"模块式"教学。

本教材重新设计了"实践技能训练"。将"实验实训项目"与"操作技术"有机地融为一体。对每个实训的各个环节均有较为详细的阐述，为教师进行实践教学提供了极大方便。有些实训项目可与课堂理论教学结合进行，有些可在集中实践教学和岗前综合实践训练中进行。教材的实训顺序并不绝对，教师可根据实际教学的需要进行调整和编排。

动物传染病以动物微生物与免疫学为基础，故本书对病原体只是重点阐述了形态特点和抵抗力。为了节省篇幅，将一些传染病流行病学中的传染源、传播途径等归纳为"传播特性"，易感动物、易感年龄、发病诱因、流行方式等归纳为"流行特点"；诊断要点中的临床诊断、病理学诊断归纳为"临床综合诊断"，病理学诊断主要阐述实际工作中实用的病理解剖学变化，病原学诊断、血清学诊断等归纳为"实验室诊断"；防制措施中的一般性防疫措施、免疫接种、发病后的扑灭措施等合并阐述。

动物寄生虫病的病原体只是对常见或重要的代表性虫种的形态构造进行了描述；将一些寄生虫病生活史中的中间宿主、终末宿主、补充宿主、贮藏宿主等归纳为"寄生宿主"；流行病学中的感染来源、感染途径、虫卵和幼虫抵抗力等归纳为"传播特性"，年龄动态、季节动态、地理分布、流行方式等归纳为"流行特点"。

教师在备课时，可将合并的条目和内容重新分解，使条理更加清晰，层次更加鲜明。

本教材结构体系、实践技能训练以及阐述方式等方面的特色，使之既适用于教学，又适用于生产实际，不但有利于教师教学和学生学习，更重要的是使课堂教学与生产实际联系得更加紧密，更加符合生产现场和岗位群的需要，同时为开发和制作课件奠定了基础。将会对提高教育教学质量，培养和提高学生的职业能力起到积极作用；亦会使教材的适用面更加宽阔，具有更强的生命力。

由于动物疫病分布具有地区性特点，加之各区域所饲养的优势动物种类各异，因此，在教学中可根据当地需要和教学时数，对疫病种类有针对性地选定。另外，虽然当地所饲养的动物种群数量较少，但如果该种动物的一些疫病对人类威胁较大，在公共卫生上具有重大意义，或者根据出入境检验检疫工作的需要，亦应有所侧重地加以选择。

本教材编写人员分工为（按章顺序排列）：张宏伟编写上篇动物传染病绪论、第1～3章，下篇动物寄生虫病绪论、10～11章，设计和绘制了插图，并对全书统稿；金璐娟编写第4～6章、第9章；张进隆编写第7～8章；韩晓辉编写第12～14章；邹洪波编写第15～18章。

本教材承蒙东北农业大学博士研究生导师宋铭忻教授、八一农垦大学硕士研究生导师王春仁教授、中国农业科学院兰州兽医研究所博士研究生导师才学鹏研究员主审；中国农业出版社对修编工作给予了悉心指导；各位编者所在院校给予了大力支持；在此亦向"参考文献"的作者一并表示诚挚的谢意。

由于编者水平所限，难免有不足之处，恳请专家和读者赐教指正。

编　者
2009年1月

目 录

第三版前言
第一版前言
第二版前言

上篇　动物传染病 1

第一章　动物传染病学基础理论 5
　　第一节　动物传染病的特性 5
　　第二节　动物传染病的流行过程 7
　　第三节　动物传染病的诊断 9
　　第四节　动物传染病的预防和控制 13
　　复习思考题 17

第二章　猪的传染病 18
　　第一节　以消化系统症状为主症 18
　　　　仔猪大肠杆菌病（18）　　猪副伤寒（19）　　猪传染性胃肠炎（20）　　猪密螺旋体痢疾（21）
　　　　产气荚膜梭菌病（22）　　猪流行性腹泻（23）　　轮状病毒病（24）
　　第二节　以呼吸系统症状为主症 25
　　　　猪巴氏杆菌病（25）　　猪支原体肺炎（26）　　猪传染性萎缩性鼻炎（27）
　　　　猪流行性感冒（28）　　猪接触传染性胸膜肺炎（29）
　　第三节　以败血症为主症 30
　　　　猪瘟（30）　　猪丹毒（32）　　猪链球菌病（34）
　　第四节　以神经症状为主症 35
　　　　伪狂犬病（35）　　李氏杆菌病（36）
　　第五节　以贫血和黄疸为主症 37
　　　　钩端螺旋体病（37）　　猪圆环病毒病（38）　　附红细胞体病（39）
　　第六节　以皮肤和黏膜水疱为主症 40
　　　　口蹄疫（40）　　猪水疱病（42）
　　第七节　以繁殖障碍综合征为主症 43
　　　　流行性乙型脑炎（43）　　猪细小病毒病（44）　　猪繁殖与呼吸综合征（44）
　　复习思考题 45

第三章　反刍动物的传染病 47
　　第一节　以消化系统症状为主症 47

副结核病（47）　　牛病毒性腹泻/黏膜病（48）　　犊牛羔羊大肠杆菌病（49）　　羊梭菌病（50）

第二节　以呼吸系统症状为主症 …………………………………………………………… 53
　　结核病（53）　　牛传染性鼻气管炎（54）　　梅迪-维斯纳病（55）
　　牛流行热（56）　　绵羊肺腺瘤病（57）

第三节　以败血症为主症 …………………………………………………………………… 57
　　炭疽（58）　　牛出血性败血病（59）

第四节　以神经症状为主症 ………………………………………………………………… 60
　　牛海绵状脑病（60）　　痒病（61）　　山羊关节炎脑炎（61）

第五节　以水疱及糜烂或恶性肿瘤为主症 ………………………………………………… 62
　　口蹄疫（62）　　蓝舌病（64）　　牛恶性卡他热（64）　　绵羊痘和山羊痘（65）
　　羊传染性脓疱（66）　　牛白血病（67）

第六节　以繁殖障碍综合征为主症 ………………………………………………………… 67
　　布鲁氏菌病（67）　　弯杆菌病（69）　　绵羊地方性流产（70）

复习思考题 ………………………………………………………………………………………… 70

第四章　家禽的传染病 …………………………………………………………………………… 72

第一节　以消化系统症状为主症 …………………………………………………………… 72
　　禽沙门氏菌病（72）　　禽痘（74）　　小鹅瘟（75）

第二节　以呼吸系统症状为主症 …………………………………………………………… 76
　　鸡传染性喉气管炎（76）　　鸡传染性支气管炎（77）
　　鸡败血支原体感染（78）　　鸡传染性鼻炎（79）

第三节　以败血症为主症 …………………………………………………………………… 79
　　新城疫（80）　　高致病性禽流感（81）　　禽霍乱（83）　　鸭瘟（84）

第四节　以神经症状为主症 ………………………………………………………………… 85
　　鸭病毒性肝炎（85）　　鸭传染性浆膜炎（86）　　禽传染性脑脊髓炎（86）

第五节　以肿瘤为主症 ……………………………………………………………………… 87
　　鸡马立克病（87）　　禽白血病（88）　　禽网状内皮组织增殖症（89）

第六节　以免疫抑制或产蛋下降为主症 …………………………………………………… 89
　　鸡传染性法氏囊病（90）　　鸡产蛋下降综合征（91）　　禽结核病（91）　　鸭黄病毒病（92）

复习思考题 ………………………………………………………………………………………… 93

第五章　其他动物的传染病 ……………………………………………………………………… 94

第一节　以消化系统症状为主症 …………………………………………………………… 94
　　犬细小病毒病（94）　　犬冠状病毒病（95）　　猫泛白细胞减少症（96）　　水貂病毒性肠炎（98）

第二节　以呼吸系统症状为主症 …………………………………………………………… 99
　　犬副流感病毒病（99）　　犬疱疹病毒病（99）　　犬腺病毒Ⅱ型感染（100）

第三节　以败血症为主症 …………………………………………………………………… 101
　　犬传染性肝炎（101）　　犬埃里希氏体病（102）
　　兔病毒性出血病（103）　　兔葡萄球菌病（104）

第四节　以神经症状为主症 ………………………………………………………………… 105
　　狂犬病（105）　　破伤风（106）

第五节　以其他症状为主症 ·· 107
　　犬瘟热（107）　兔黏液瘤病（108）　野兔热（109）　水貂阿留申病（111）
　复习思考题 ·· 112

第六章　实践技能训练指导 ·· 113
　实训一　动物传染病疫情调查分析 ·· 113
　实训二　动物传染病防疫计划的制订 ·· 114
　实训三　动物免疫接种技术 ·· 116
　实训四　消毒 ·· 118
　实训五　传染病病料的采集、保存和运送 ·· 119
　实训六　传染病动物尸体的处理 ·· 121
　实训七　巴氏杆菌病实验室诊断技术 ·· 121
　实训八　猪瘟实验室诊断技术 ·· 122
　实训九　猪丹毒实验室诊断技术 ·· 123
　实训十　牛结核检疫技术 ·· 123
　实训十一　布鲁氏菌病检疫技术 ·· 124
　实训十二　鸡白痢检疫技术 ·· 126
　实训十三　鸡新城疫实验室诊断技术 ·· 126
　实训十四　鸡马立克病实验室诊断技术 ·· 128

下篇　动物寄生虫病 ·· 130

第七章　动物寄生虫学及寄生虫病学基础理论 ·· 132
　第一节　动物寄生虫学概述 ·· 132
　第二节　免疫寄生虫学概述 ·· 136
　第三节　动物寄生虫病的流行病学 ·· 137
　第四节　动物寄生虫病的诊断 ·· 139
　第五节　动物寄生虫病的预防和控制 ·· 141
　复习思考题 ·· 142

第八章　寄生虫形态构造及生活史概述 ·· 143
　第一节　吸虫概述 ·· 143
　第二节　绦虫概述 ·· 145
　第三节　线虫概述 ·· 147
　第四节　蜱螨与昆虫概述 ·· 149
　第五节　原虫概述 ·· 151
　复习思考题 ·· 152

第九章　反刍动物的寄生虫病 ·· 153
　第一节　消化系统寄生虫病 ·· 153

肝片吸虫病（153）　　双腔吸虫病（155）　　阔盘吸虫病（156）　　前后盘吸虫病（157）
　　绦虫病（158）　　棘球蚴病（160）　　消化道线虫病（161）　　鞍新蛔虫病（162）
　　球虫病（163）　　隐孢子虫病（164）

第二节　循环系统寄生虫病 ·· 165
　　日本分体吸虫病（165）　　东毕吸虫病（167）　　巴贝斯虫病（168）　　泰勒虫病（169）
　　伊氏锥虫病（171）

第三节　呼吸系统寄生虫病 ·· 172
　　网尾线虫病（172）　　羊鼻蝇蛆病（173）

第四节　皮肤寄生虫病 ·· 174
　　牛皮蝇蛆病（174）　　螨病（176）　　硬蜱（177）

第五节　肌肉寄生虫病 ·· 178
　　牛囊尾蚴病（178）　　肉孢子虫病（179）

第六节　其他寄生虫病 ·· 180
　　脑多头蚴病（180）　　丝虫病（181）　　牛毛滴虫病（182）

复习思考题 ·· 183

第十章　猪的寄生虫病 ·· 184

第一节　消化系统寄生虫病 ·· 184
　　姜片吸虫病（184）　　伪裸头绦虫病（185）　　旋毛虫病（186）
　　猪蛔虫病（187）　　猪类圆线虫病（188）　　猪毛尾线虫病（189）
　　棘头虫病（189）　　猪球虫病（190）　　小袋虫病（191）

第二节　其他寄生虫病 ·· 191
　　猪囊尾蚴病（192）　　细颈囊尾蚴病（193）　　猪后圆线虫病（194）　　冠尾线虫病（195）

复习思考题 ·· 196

第十一章　家禽的寄生虫病 ·· 197

第一节　消化系统寄生虫病 ·· 197
　　棘口吸虫病（197）　　前殖吸虫病（198）　　后睾吸虫病（199）　　鸡绦虫病（200）
　　矛形剑带绦虫病（201）　　鸡蛔虫病（202）　　鸡异刺线虫病（203）　　鸭棘头虫病（203）
　　鸡球虫病（204）　　鸭球虫病（206）　　鹅球虫病（207）

第二节　皮肤寄生虫病 ·· 207
　　软蜱（207）　　禽羽虱（208）　　螨病（208）

复习思考题 ·· 209

第十二章　其他动物的寄生虫病 ·· 210

第一节　犬、猫的寄生虫病 ·· 210
　　华支睾吸虫病（210）　　并殖吸虫病（211）　　绦虫病（213）　　蛔虫病（213）
　　钩虫病（214）　　蠕形螨病（215）　　弓形虫病（215）　　利什曼原虫病（217）

第二节　兔的寄生虫病 ·· 218
　　兔螨病（218）　　兔球虫病（218）

复习思考题 ·· 219

第十三章　实践技能训练指导 ……………………………………………………… 220

　实训一　吸虫及其中间宿主形态构造观察 …………………………………………… 220
　实训二　绦虫（蚴）形态构造观察 …………………………………………………… 221
　实训三　线虫形态构造观察 …………………………………………………………… 222
　实训四　蜱螨及昆虫形态观察 ………………………………………………………… 222
　实训五　蠕虫病粪学检查技术 ………………………………………………………… 223
　实训六　蠕虫卵形态观察 ……………………………………………………………… 225
　实训七　动物寄生虫病流行病学调查 ………………………………………………… 229
　实训八　大动物蠕虫学剖检技术 ……………………………………………………… 229
　实训九　家禽蠕虫学剖检技术 ………………………………………………………… 232
　实训十　寄生虫材料的保存与固定技术 ……………………………………………… 233
　实训十一　驱虫技术 …………………………………………………………………… 234

参考文献 ………………………………………………………………………………… 236

上篇　动物传染病

一、动物传染病学及其研究意义

动物传染病学是研究动物传染病的发生和发展规律，以及诊断、预防、控制和消灭传染病方法的科学。通常分为基础理论和传染病两个部分，前者研究动物传染病发生和发展的规律，以及预防、控制和消灭传染病的原则性措施；后者研究各种动物传染病的病原体、流行病学、发病机理、症状、病理变化、诊断、治疗和预防控制措施等。

动物传染病可划分为多种类别。如果按病原体的种类划分，则有细菌性传染病、病毒性传染病、螺旋体病、放线菌病、真菌病、立克次氏体病和衣原体病等；如果按动物的种别划分，则有猪的传染病、牛的传染病、羊的传染病、禽的传染病等；如果按是否为人兽共患传染病划分，则有人兽共患传染病和非人兽共患传染病。

动物传染病是对动物危害最严重的一类疾病，它不仅使其大批死亡，也造成其产品的严重损失。现代化养殖业的规模较大，动物调运频繁，动物及其产品进出口贸易不断增加，致使传染病更易发生和流行，某些人兽共患传染病直接威胁人类健康。因此，研究动物传染病并做好其预防、控制及治疗工作，对于发展养殖业生产和国民经济，保障人们的身体健康具有重大意义。

动物传染病与动物医学的许多学科联系密切，主要有动物微生物学、动物免疫学、动物病理学、动物临床诊断学、动物流行病学和公共卫生学等。

二、动物传染病的研究发展概况

动物传染病的知识萌芽可追溯到几千年前。《荷马史诗》记载了公元前1200年狂犬病的流行；我国《左传》《汉书》《齐民要术》中，分别对狂犬病、牛瘟和羊痘做过论述；唐代时对破伤风、马腺疫的病因、症状和防治方法都有详细记载。

1683年，荷兰人雷文虎克（Antony van Leeuwenhoek）发明了显微镜，观察到了球菌、杆菌和螺旋菌等。19世纪中叶以后，随着显微镜的改进，很多传染病的病原体被发现。法国科学家巴斯德（Louis Pasteur，1822—1895），通过实验确定了微生物对发酵和传染病的作用，奠定了微生物学的基础，并研究成功以致弱的病原微生物使动物获得免疫的方法，为应用免疫学奠定了基础，他还创造了巴氏消毒法和高压蒸汽消毒法。德国医生柯赫（Robert Koch，1843—1910）发明了细菌涂片染色法及细菌纯培养法，为发现和分离传染病的病原体开创了道路，他还发现了炭疽杆菌和结核杆菌，并创立了传染病发生和传播学说，为传染病的研究奠定了基础。但是，即使在近代的早期，人们对动物传染病还缺乏本质上的认识，因而也就没有得力的预防和控制措施，致使动物大批死亡而造成巨大的经济损失。18世纪牛瘟在欧洲猖獗流行，仅法国在 30 年间就有 1100 万头牛死亡。我国 1938—1941 年在青海、甘肃和四川诸省的牛瘟大流行，致使 100 余万头牛死亡。

20 世纪以来，由于电子显微镜、鸡胚培养、细胞培养、无特定病原动物、抗菌药物、生物制品和免疫血清等技术的应用，使动物传染病的理论研究和实际应用都取得了重大进展。尤其是 20 世纪 80 年代以来，随着细胞生物学、分子生物学、生物化学、遗传学等领域的发展，对传染病病原体的认识已经达到分子水平，从而也促进了传染病研究的发展。利用基因工程技术生产的诊断抗原、干扰素、白细胞介素、胸腺素等和诊断用核酸探针等生物制品，以及单克隆抗体技术的发展，对传染病的诊断、预防和治疗都具有重大意义。

三、我国对动物传染病的研究和应用成果

（一）动物传染病的预防和控制

自新中国成立至 1955 年，我国只用了 6 年的时间即消灭了流行猖獗的牛瘟；1996 年宣布消灭了牛传染性胸膜肺炎（牛肺疫）。目前，牛、羊和马的一些主要传染病已经基本得到控制，如口蹄疫、布鲁氏菌病、牛流行热、牛病毒性腹泻/黏膜病、牛白血病、蓝舌病、羊痘、炭疽、马鼻疽、马传染性贫血等。

猪的主要传染病得到有效控制，如猪瘟、猪丹毒、猪巴氏杆菌病（猪肺疫）、猪传染性胸膜肺炎、猪萎缩性鼻炎、猪支原体肺炎（猪气喘病）、伪狂犬病、猪细小病毒病、流行性乙型脑炎（日本乙型脑炎）、猪衣原体病、猪繁殖与呼吸综合征（猪蓝耳病）、猪传染性胃肠炎、猪流行性腹泻、猪轮状病毒病等。

禽传染病的预防和控制成就显著，如鸡新城疫、鸡马立克病、鸡传染性法氏囊病、鸡传染性支气管炎、鸡传染性喉气管炎、鸡大肠杆菌病、鸡沙门氏菌病、鸡毒支原体感染、鸭瘟、小鹅瘟等。

小动物的传染病的流行基本得到控制，如兔病毒性出血症、伪狂犬病等。

人兽共患传染病的防制也取得了显著成绩，如布鲁氏菌病、结核病、狂犬病、炭疽、破伤风、钩端螺旋体病等。

（二）动物传染病的诊断

我国在国际上首先确诊了小鹅瘟、兔病毒性出血症等传染病。

对牛等大动物传染病诊断技术的研究成就显著，如布鲁氏菌病、口蹄疫、牛流行热、牛病毒性腹泻/黏膜病、牛白血病、蓝舌病、羊痘、马传染性贫血等。单克隆抗体、核酸探针和聚合酶链反应（PCR）诊断技术，已经在生产中广泛应用，布鲁氏菌病、牛白血病、牛病毒性腹泻/黏膜病、牛传染性鼻气管炎等分子诊断技术已建立。

对猪伪狂犬病、猪细小病毒病、猪流行性乙型脑炎和猪衣原体病等，都有相应的检测方法。国际上公认的危害现代养猪业的五大疾病中的猪传染性胸膜肺炎、猪萎缩性鼻炎和猪支原体肺炎，均已研制出快速简便的诊断方法。猪瘟单克隆抗体诊断试剂盒以及能同时检测猪传染性胃肠炎、猪流行性腹泻、猪轮状病毒病的酶联免疫吸附试验（ELISA）试剂盒已经广泛应用。

对禽传染病的诊断检测技术研究成果卓著，如鸡新城疫、鸡马立克病、鸡传染性法氏囊病、鸡传染性支气管炎、鸡传染性喉气管炎、小鹅瘟等。高致病性禽流感琼脂免疫扩散试验、ELISA 以及斑点酶联免疫吸附试验（Doc-ELISA）等诊断技术，已分别有诊断试剂盒。

单克隆抗体、核酸探针、PCR、酶切图谱分析以及核酸序列测定等，已经用于对禽病的诊断。对一些主要禽病的病原体研究已达到分子生物学水平，如病毒载体的构建、有关免疫原性基因的分离鉴定以及克隆和表达、基因表达产物的生物学功能、核酶剪切 RNA 病毒等。对一些在国际上研究较少的禽病也取得较大进展，如高致病性禽流感、产蛋下降综合征、网状内皮组织增殖症、鸡传染性贫血、鸡传染性支气管炎、番鸭细小病毒病等。

（三）疫苗研制

我国已研制成具有国际先进水平的牛瘟兔化弱毒疫苗、牛瘟山羊化兔化弱毒疫苗、牛瘟绵羊化兔化弱毒疫苗等，还有布鲁氏菌羊型 5 号和猪型 2 号弱毒菌苗、牛流行热灭活疫苗和亚单位疫苗、蓝舌病鸡胚化弱毒疫苗和羟胺灭活疫苗、羊痘鸡胚化弱毒疫苗、羊快疫-猝狙-肠毒血症三联苗等数十种免疫预防制剂。马传染性贫血弱毒疫苗是国际上唯一的活毒疫苗。

许多国家用我国研制的猪瘟兔化弱毒疫苗，成功地控制或消灭了猪瘟。我国首创猪支原体肺炎兔化弱毒疫苗和猪支原体肺炎兔化弱毒菌苗，还有猪丹毒弱毒菌苗和灭活苗、猪瘟-猪丹毒-猪巴氏杆菌病三联、猪瘟-猪丹毒二联疫苗、猪传染性胃肠炎疫苗、猪流行性腹泻和轮状病毒疫苗及其联苗。猪大肠杆菌 K88、K99、987P 三价灭活苗已推广应用，表达 K88LTB 两种抗原的双价基因工程菌苗已投入批量生产。

禽病疫苗已经广泛应用，如鸡马立克病弱毒疫苗、鸡传染性法氏囊病细胞疫苗、鸡传染性喉气管炎弱毒疫苗、鸡传染性支气管炎灭活疫苗、鸡传染性鼻炎灭活疫苗、鸡败血性支原体灭活疫苗、小鹅瘟弱毒疫苗、鸭瘟弱毒疫苗等。高致病性禽流感灭活疫苗已经推广应用。

近年来在微生态制剂（非致病性活菌制剂）的研究和应用也取得显著成果，该制剂具有安全、无副作用、疗效高、使用方便、价格低廉等优点。

（四）建立健全法规体系

国家先后颁布了《家畜家禽防疫条例》《中华人民共和国进出境动植物检疫法》《中华人民共和国动物防疫法》等有关法规；各省、直辖市和自治区又制定了相应的地方性法规和实施细则，建立健全了适应社会主义市场经济需要、与国际接轨的法规体系，使动物传染病防治工作步入了法制轨道；不断强化动物传染病的研究和成果应用推广，注重提高基层防疫人员的业务素质和能力，保证了各项法规的贯彻执行。

四、动物传染病的研究发展方向

我国畜牧业产值超过农业总产值的 1/3，肉、蛋产量居世界首位，但每年由于动物疫病所造成的直接经济损失高达 300 亿元。因此，提高对动物传染病的基础性研究、应用性研究和发展性研究的整体水平，加速提升科学技术成果转化率，对尽快成为畜牧业强国具有重大意义。

（一）基础性研究

对一些重要的动物传染病，加强病原生态学、分子病原学、分子流行病学、致病机理和免疫机理的研究；对病原基因结构、遗传变异规律、耐药性机理和免疫原性等进行分析，探明一些传染病免疫保护和治疗效果欠佳的原因，可为选择疫苗种毒、提高疫苗效力、研发新型疫苗和兽药等提供依据；掌握同一种传染病的不同病原体在毒力、血清型、抗原性、免疫原性等方面的差异，提高诊断的准确性、治疗效果和免疫保护率；建立流行病学数据库和流行趋势模拟预测模型，掌握致病机理和免疫机理，可为免疫预防提供依据。

在疫苗方面，研究适应变异性强、多型和多价疫苗，小剂量内含有多种足量抗原；开发抗原保护剂、稀释剂、佐剂和免疫增强剂，以提高疫苗的稳定性，降低运输和保存条件，延长保存期和免疫期；探索 DNA 疫苗的技术研究。

（二）应用性研究

研究主要动物传染病的疫情监测预报、免疫程序、控制净化、消毒、环境卫生监测等配套措施；抗原、诊断试剂、种毒、生物制剂、监测方法等标准化；建立快速、敏感、准确、简便的诊断方法，并组装成标准化的试剂盒；符合国际标准的集约化养殖的防疫、检疫、诊断等技术；科学技术成果加速转化为生产力的方法和途径，建立符合社会主义市场经济发展的科技运行机制。

第一章 动物传染病学基础理论

> **学习目标**
> 1. 重点掌握动物传染病流行的条件以及预防和控制措施。
> 2. 掌握动物传染病流行过程的表现形式与特点。
> 3. 掌握动物传染病流行病学诊断的内容和方法。
> 4. 掌握动物传染病实验室诊断的内容。

第一节 动物传染病的特性

一、感染及其类型

病原微生物侵入动物机体并在其一定部位定居和生长繁殖，从而引起机体一系列病理反应的过程称为感染，又称为传染。

病原微生物进入动物机体后不一定都能引起感染，多数情况是动物机体抑制其生长繁殖或将其消灭，从而不出现病理反应和症状，这种状态称为抗感染免疫，又称为抵抗力；反之，则称为动物对某一病原微生物有易感性。从不同的角度可将感染划分为不同的类型，但有些类型之间会出现交叉或转化。

1. 外源性感染和内源性感染 这是按感染来源划分。病原微生物从外界侵入动物机体而引起的感染过程称为外源性感染，此类传染病最多。寄生在动物机体内的条件性病原微生物，平时不表现其病原性，但由于某些不良因素的作用，致使动物机体抵抗力下降时，病原微生物活化，大量繁殖，毒力增强，从而引起机体发病，称为内源性感染。

2. 单纯感染、混合感染、原发感染和继发感染 这是按感染病原体的种类划分。由一种病原微生物所引起的感染称为单纯感染，由两种或两种以上病原微生物同时感染称为混合感染。动物被一种病原微生物感染后，又被新侵入或原来已存在的另一种病原微生物感染，前者称为原发感染，后者称为继发感染，如慢性猪瘟时又由多杀性巴氏杆菌或猪霍乱沙门氏菌引起继发感染。混合感染和继发感染的疾病，都表现出严重且复杂的症状，大大增加了诊断和防治的难度。

3. 显性感染和隐性感染 这是按症状是否典型划分。动物感染后表现出明显的症状称为显性感染，如果表现特征性症状称为典型感染，而表现或轻或重的非典型症状称为非典型感染。动物感染后不表现症状而呈隐蔽经过称为隐性感染，但动物体内可能会有一定的病理反应或变化，并能排出和散播病原体，因此，隐性感染的动物是最危险的传染源之一。隐性感染在一定条件下可以转化为显性感染。

4. 一过型感染和顿挫型感染 这是按病初症状轻重划分。动物病初症状较轻，特征性症状尚未出现即行恢复，称为一过型感染或消散型感染。动物病初症状较重，但特征性症状尚未出现,其病初症状即迅速消退而恢复健康,称为顿挫型感染,常见于流行后期。有些患病动物虽然表现出症状,但轻微缓和,常称为温和型感染,如温和型猪瘟。

5. 局部感染和全身感染 这是按感染的范围划分。当动物机体抵抗力较强,而侵入的病原微生物毒力较弱或数量较少时,可被局限在一定的部位生长繁殖,只是引起局部病理反应和变化,称为局部感染,如化脓性葡萄球菌等所引起的化脓创。如果动物机体抵抗力较弱,而病原微生物突破防御屏障,侵入血液而扩散则发生全身感染,主要有菌血症、病毒血症、毒血症、败血症、脓毒症、脓毒败血症等。

6. 良性感染和恶性感染 这是按发病的严重程度划分。没能引起动物大批死亡的感染称为良性感染,反之称为恶性感染,一般常以死亡率作为判定的指标,如牛口蹄疫死亡率不超过2%时,可视为良性感染。

7. 最急性、急性、亚急性和慢性感染 这是按病程长短划分。病程短促,症状和病理变化不明显,常在数小时或一天内突然死亡,称为最急性感染。病程较短,自几天至二三周不等,并伴有明显的典型症状,称为急性感染。病程稍长达3~4周,症状不如急性型显著而比较缓和,称为亚急性感染。病程发展缓慢,常在一个月以上,症状不明显或不表现,称为慢性感染。

8. 病毒持续性感染和慢病毒感染 侵入动物机体的病毒不能杀死宿主细胞,二者形成共生平衡,使动物长期处于感染状态,并且经常或不定期地排出病毒,但常无症状,称为持续性感染。动物被病毒感染后,潜伏期长,呈进行性发病,最后以动物死亡为转归,称为慢病毒感染或长程感染,与持续性感染不同的是虽然病程缓慢,但不断发展并常以死亡而告终。

二、动物传染病的基本特征

凡是由病原微生物引起具有一定的潜伏期和症状,并具有传染性的疾病称为传染病。传染病具有以下主要基本特征:

1. 具有特定的病原体 每一种动物传染病都有其特异的致病性微生物,如鸡新城疫的病原体为鸡新城疫病毒。

2. 具有传染性 传染性是指从患病或隐性感染动物体内排出的病原微生物,侵入另一个(群)有易感性的健康动物体内,能引起同样症状疾病的现象。

3. 具有流行性 动物传染病不仅在个体之间传播,而且可在群体或地域之间传播蔓延。

4. 具有免疫性 在感染发展过程中,由于病原微生物的抗原刺激使动物机体产生特异性抗体,动物痊愈后获得特异性免疫,在一定时期或终生不再感染该种传染病。

5. 具有特征性症状 大多数动物传染病都具有该病所特有的特征性综合症状(征候群),以及一定的潜伏期和病程经过。

6. 具有自然疫源性 把具有传染源及其排出的病原体的地区称为疫源地,通常将范围小的称为疫点,范围较大的称为疫区。有些传染病在自然条件下,即使没有人类或动物的参与,也可以通过传播媒介感染动物而造成流行,并且长期在自然界循环延续,这些传染病称为自然疫源性疾病,该地区则称为自然疫源地。

三、动物传染病的发展阶段

在多数情况下,动物传染病的发展过程具有一定的规律性,一般分为4个阶段:

1. 潜伏期 从病原体侵入动物机体到最早症状出现为止的期间称为潜伏期。潜伏期的长或短，主要取决于动物种属、品种或个体差异，以及病原体的种类、数量、毒力以及侵入途径和侵害部位等因素。处于潜伏期的动物是危害最大的传染源之一。

2. 前驱期 从潜伏期后到呈现症状这段时期称为前驱期，通常只有数小时至一两天，一般只是在体温、脉搏、呼吸、食欲和精神等方面表现异常，特征性症状尚不明显。

3. 明显（发病）期 从前驱期后到特征性症状逐渐显现这段时期称为明显（发病）期。此期是传染病发展的高峰阶段，在诊断上具有重要意义。

4. 转归期（恢复期） 传染病发展到最后结局时的时期称转归期（恢复期）。如果病原体的致病性增强或动物机体的抵抗力减弱，则感染过程以动物死亡为转归；反之，则症状减轻，体内的病理变化逐渐减弱，正常的生理机能逐步恢复，机体在一定时期内保留免疫学特性。

第二节 动物传染病的流行过程

一、动物传染病流行的条件

动物传染病在动物群体或个体之间直接传染或通过媒介间接传染的过程称为流行过程，又称为流行。传染病的流行必须具备三个相互连接的条件，或称为三个基本环节，即：传染源、传播途径和易感动物。

（一）传染源

传染源是指体内有病原体寄居、生长、繁殖，并能将其排出体外的动物或人，即患病动物和病原携带者，也包括一切可能被病原体污染并使其传播的物体。

1. 患病动物 指已经表现出症状的动物，当处于前驱期和明显期时，传染源的作用最大；而处于潜伏期和恢复期时，主要是病原携带者。患病动物能排出病原体的整个时期称为传染期，并以此确定动物的隔离期。

2. 病原携带者 指没有任何症状表现，但体内存在并能排出病原体的动物，是更具危险性的传染源。病原携带者排出病原体有间歇现象，反复多次病原学检查均为阴性时，才可以排除病原携带状态。对于非疫区，防止引入病原携带者的意义重大。

（二）传播途径

病原体从传染源传播给其他易感动物的途径称为传播途径。掌握传播途径有助于对传染病的诊断，切断传播途径是预防和控制传染病的重要环节之一。

1. 水平传播 是指动物传染病在动物群体或个体之间横向传播的方式。

（1）直接传播。是指没有任何外界因素的参与，患病动物或病原携带者与其他易感动物直接接触而引起感染，如交配、舔咬、触嗅等。

（2）间接传播。是指必须在外界环境因素的参与下，病原体通过媒介传播而引起易感动物感染。

饲料、饮水和物体传播是最多的一种间接传播方式。患病动物或病原携带者的分泌物、排泄物、尸体及其流出物，污染了饲料、饮水、牧草、土壤、饲槽、用具、圈舍和车船等，均可引起主要以消化道为侵入门户的传播。

空气传播是以飞沫和尘埃为媒介。呼吸道中的病原体随着咳嗽或喷嚏形成微细飞沫，或随污染的尘埃漂浮于空气中，被易感动物吸入后感染。

生物媒介传播主要是指虻类、蚊、蠓、蝇和蜱等节肢动物，通过吸血进行机械性传播。野生动物对无易感性的病原体可机械性传播。人类除了在人畜共患病中作为传染源外，衣物和器械等消毒不严时可造成机械性传播。

2. 垂直传播 是指母体将病原体或疫病传播给子代的传播方式。

（1）经卵传播。卵细胞携带病原体，使胚胎受到感染，多见于禽类，如鸡白痢等。

（2）经胎盘传播。母体经胎盘将病原体传播给胚胎引起感染，是繁殖障碍性疾病发生不孕、流产以及产出死胎、畸形胎和弱仔等的主要原因，如布鲁氏菌病等。

（3）经产道传播。经母体产道将病原体传播给胎儿引起感染，如大肠杆菌病等。

（4）经母乳传播。动物哺乳时被感染，如牛支原体肺炎等。

（三）易感动物群

动物群体对某些传染病的易感性，主要取决于动物遗传因素和特异免疫状态，其次是病原体的种类、毒力强弱和外界环境条件等。

遗传因素对不同种类的动物感染同一种病原体后所表现出症状的差异起决定性作用。

易感动物群发生传染病后，未死亡动物逐渐恢复而获得免疫，从而使动物群体的免疫水平提高，但随着时间的推移，由于个体免疫水平逐渐下降而导致群体免疫水平降低到一定程度时，该传染病会再度流行。评价群体免疫水平常用的方法是监测血清中的特异性抗体，分析群体免疫率是制定免疫计划的依据之一。

外界环境因素如地理、气候、温度和湿度以及各种应激因素等，还有饲养管理因素包括饲料质量、饲养密度、圈舍卫生、粪便处理以及隔离检疫等，这些都是与传染病发生有关的重要因素。

二、动物传染病流行过程的表现形式与特点

（一）动物传染病流行过程的表现形式

根据动物传染病在流行过程中一定时间内的发病率和传播范围，可将流行过程分为4种表现形式，其之间并无严格的界限，只是相对而言，并且可以转化或升级。

1. 散发性 病例以少量散在形式出现，发病时间和地点没有明显联系时称为散发，其主要原因：一是动物群体防疫密度不高，很难抵抗流行性很强的传染病，如猪瘟；二是动物呈隐性感染，在一定条件下出现散在病例，如钩端螺旋体病；三是某病的传播需要特定的条件，如破伤风只有在破伤风梭菌和厌氧深创同时存在时方可发生；四是个体抵抗力明显减弱或个体传播条件具备时，如散发性巴氏杆菌病。

2. 地方流行性 某种动物传染病的发病数量较多，但传播范围仅限于一定的地区时称为地方流行性，如猪丹毒等。

3. 流行性 某种动物传染病在一定时间内发病率较高、传播范围较广时称为流行性，如猪瘟、鸡新城疫等。在一定地区或某一动物群体中，某种动物传染病在短时期内突然出现很多病例时称为暴发。

4. 大流行 某种动物传染病传播范围很广，动物群体发病率很高时称为大流行。可涉及全国、若干国家或整个大陆，如流行性感冒等。

(二) 动物传染病的流行特点

动物传染病的流行特点主要表现为季节性和周期性。

1. 季节性 某些动物传染病在一定季节出现发病率显著上升的现象称为流行过程的季节性，是季节对病原体、生物媒介和易感动物等产生诸多影响所致。

（1）对病原体的影响。不同季节的温度和降水量等直接影响病原体的存活时间，从而影响传染病的流行。口蹄疫病毒在强烈日光下很快失去活力，因此夏季可以减缓流行或平息；土壤中的炭疽芽孢可随洪水散播，因而多雨年份就可能发病增多。

（2）对生物媒介的影响。夏、秋季节有利于蝇、蚊、虻类等吸血昆虫滋生，凡是由他们传播的疾病都易于发生，如猪丹毒等。

（3）对易感动物的影响。冬季如果舍内温度低、湿度大和通风不良，以及动物密度大、青绿饲料减少等，使动物机体抵抗力下降，常常诱发通过空气传播经呼吸道感染的传染病发生，尤其是由条件性病原微生物所引起的传染病更为明显。

2. 周期性 某些动物传染病的发生，可规律性地间隔一定时间（通常以年计）再度流行，称为流行过程的周期性，主要取决于动物的特异免疫状态。在传染病流行的后期，存活的动物获得免疫力，使流行逐渐停息；而经过一定时间后，由于动物群体免疫力下降或消失，或新生动物增多，或引入新的易感动物，使动物群体的易感性再度增高，结果可能导致重新流行。

(三) 影响动物传染病流行的因素

1. 自然因素 对动物传染病流行过程具有影响的自然因素称为环境决定因素。对于传染源而言，水流、森林、荒野、高山等地理条件，对其转移能起到一定程度的限制作用；对于生物传播媒介而言，适宜的温度、湿度、季节，不但延长了病原体的存活时间，也有利于生物传播媒介的活动，因此增加了传染病流行的机会；对于易感动物而言，低温度高湿度环境中，飞沫的作用时间延长，有利于呼吸道传染病的流行，高温度时则使胃肠道传染病增多。

2. 社会因素 影响动物传染病流行过程的社会因素主要包括社会制度、科学技术水平、人们的经济状况和文化素质，以及贯彻执行有关法令、法规的情况等。这些既可以是促使传染病流行的原因，也可以是有效消灭和控制传染病流行的关键，其核心是严格执行法规和防制措施。

第三节 动物传染病的诊断

对动物传染病的诊断，一般分为流行病学诊断、临诊诊断、实验室诊断等，每种诊断方法都有其特定的作用和使用范围，多数动物传染病都不能用一种方法进行诊断，有些传染病需要应用几种方法才能确诊。临诊诊断的内容和方法参照《动物临床诊断技术》。

一、流行病学诊断

流行病学诊断是以流行病学调查作为基础，通过对调查所获得的资料进行全面综合分析，得出调查结论。

(一) 调查内容

动物流行病学是研究动物群体疾病频率分布及其决定因素的科学。对动物传染病或其他群发性疾病的发生原因、分布、发展过程、转归，以及自然和社会条件等相关因素进行系统调查，以查明其发生、发展趋向和规律，评价预防控制和治疗效果，称为流行病学调查。动物流行病学作为一门独立的学科，已经自成体系且内容较为复杂。在此只是对以诊断和制定防制措施为目的的疫区流行病学调查（即疫情调查）的一般方法进行阐述。

1. 基本情况调查

（1）一般情况。疫区、疫点的名称及地址；动物医学人员的数量、文化程度、技术水平和对岗位职责的态度；疫区内居民点之间在经济和业务上的联系；该地区政治和经济基本情况，人们生产和生活以及流动的基本情况和特点。

（2）时间动态。动物最初发病的时间，患病动物最早死亡的时间、死亡高峰和持续的时间，以及各种时间之间的关系等。

（3）空间分布。最初发病的动物所在的地点，随后疫情蔓延的速度和范围，目前疫情的分布及蔓延趋向等。

2. 对传染源的调查

（1）既往病史。以前是否发生过类似的疫病，是否呈周期性流行，是否经过确诊及结论，是否采取防制措施及效果，附近周边地区是否发生过。

（2）当前病史。本次发病是否诊断及做出结论，所采用的诊断方法和鉴别诊断，发病前是否由外地引进动物及其产品或饲料，输出地有无类似疾病存在等。

（2）致病因子。可能存在的生物、物理和化学等各种致病因子，可能长时间存在病原微生物的动物倒毙地点、尸坑和不安全的贮水池等，对死亡动物的尸体、屠宰废弃物和粪便的处理方法等。

3. 对传播途径的调查

（1）饲养管理。动物圈舍、运动场及其周围环境卫生状况，饲料的品质、来源地及保藏、调配和饲喂方法，水源状况和饮水卫生，动物的引入和流动情况，放牧地的情况和放牧方式，洗涤水的排出和处理方法等。

（2）自然环境。疫区或疫点的地理、地形、河流、交通、气候、植被等。

（3）传播媒介。生物传播媒介的分布和活动情况，他们与疫病发生和蔓延传播的关系，是否有助长疫病传播蔓延的因素。

4. 对易感动物群的调查

（1）群体资料。易感动物群的背景及现状资料，疫区内各种动物的数量和分布，发病和受威胁动物的种类、品种、数量、年龄、性别等。

（2）防疫检疫。一般性卫生防疫措施和防疫检疫计划的执行，已采取的紧急防制措施及其效果，各种类型检疫情况，预防控制和扑灭传染病的经验，按细菌学、血清学、变态反应等检查的资料记述等。

（3）指标统计。动物的感染率、发病率、病死率等。

5. 相关资料 动物防疫检疫机构的工作情况，当地有关人员对疫情的看法；执行和解除封锁的日期，封锁规则有无破坏，解除封锁前采取的措施。

6. 结论及建议 根据调查和分析结果是否能得出初步结论，提出控制和扑灭动物传染病的建议。调查者在调查材料上签名，标明调查日期。

(二) 调查方法

1. 询问调查 询问对象主要是动物饲养管理、防疫检疫和生产技术管理等知情人员。建议在询问调查中采用集体座谈的方式，以免单独询问时因主观因素而使材料失实。

2. 现场观察 在询问调查的基础上进行实地现场观察，进一步验证和补充询问调查所获得的资料。调查的内容可有所侧重，如在发生消化系统传染病时，就应特别注意饲料来源和品质、水源卫生、粪便和尸体的处理等相关情况。

3. 实验室检查 对患病动物或可疑动物应按操作规程采集被检病料，进行病原学、血清学、变态反应和病理学检查；还可对可疑被污染的材料和生物传播媒介等进行微生物学和理化检验。

4. 生物统计 对调查获得的各项数据，用生物统计学的方法进行统计。必须对所有动物的发病数、死亡数、屠宰数以及预防接种数等重要数据加以统计、登记和分析整理。

(三) 综合分析

1. 分析方法 将流行病学调查所获得的全部资料进行汇总，然后对原来提出的假设作直观分析，如果需要还可作统计分析。当一个假设被否定后，必须提出另一个假设，周期性地形成假设，这种方法称为逐次逼近法。得出结论后，对有效措施作出正确评价，提出预防和消灭传染病的计划和建议。

2. 常用的度量指标

（1）发病率。是指一定时期内，某动物群中某病新病例数与同期内动物总平均数的比率。新病例数包括已死亡、痊愈和正在患病的病例数；同期内动物总平均数是指特定期内（如1个月或1周）存养的平均数。

$$发病率 = \frac{某病新病例数}{同期内动物总平均数} \times 100\%$$

（2）患病率。是指一定时期内，某动物群中某病病例数与同期内检查动物总数的比率。病例数包括新、老病例数，但不包括已经死亡和痊愈的病例数。

$$患病率 = \frac{某病病例数}{同期内检查动物总数} \times 100\%$$

（3）感染率。是指一定时期内，某动物群中感染（含隐性感染）某病的动物数与被检查动物总数的比率。

$$感染率 = \frac{感染某病动物数}{同期内检查动物总数} \times 100\%$$

（4）死亡率。一种情况是指在一定时期内，某动物群体中死亡总数与同期内动物总平均数的比率；另一种情况是按疾病种类计算，则是指在一定时期内，某动物群体中某病死亡数与同期内动物总平均数的比率。

$$（某动物群体）死亡率 = \frac{死亡总数}{同期内动物总平均数} \times 100\%$$

$$（某病）死亡率 = \frac{某病死亡数}{同期内动物总平均数} \times 100\%$$

（5）致死率（病死率）。是指一定时期内，因某病死亡的动物数与患该病动物总数的比率。它能表示某病的严重程度，比死亡率更为精确地反映出疫病的流行过程。

$$致死率 = \frac{某病死亡数}{同期内患该病动物总数} \times 100\%$$

二、实验室诊断

（一）病理学诊断

病理学诊断包括病理剖检和组织学检查。对于具有特征性病理变化的传染病，可以通过眼观直接作出诊断，如结核病、猪瘟、口蹄疫等，有些还需要进行病理组织学检查。

（二）病原学诊断

病原学诊断是运用微生物学方法检查病原体，是诊断动物传染病的重要方法之一。

1. 病料采集　病料采集是微生物学检查的重要环节，它可直接影响检验结果的准确性，其中最重要的是无菌操作，各个环节均不能产生污染。最好在动物濒死期或死后数小时内采集，力求新鲜。根据流行病学、症状和病理变化能够作出印象诊断时，可有目的地采集病料，否则应全面采集，尽量采集带有病变的部分。

2. 显微镜检查　一些病原体具有特征性形态结构，将病料按规定的方法涂片、染色后，用光学显微镜检查，对形态特征不明显的病原体可用特殊的鉴别染色法。对多数传染病来说，光学显微镜检查只能为进一步检查提供依据或线索。电子显微镜负染技术可根据病毒形态结构作出诊断，如轮状病毒等。还可以采用免疫电镜方法，提高特异性鉴别的能力。

3. 分离培养和鉴定　选择适当的人工培养基，将病原体从病料中分离出来，对所分离的病原体进行形态学、培养特性和生化试验鉴定。分离病毒可选用鸡胚、鸭胚、细胞培养等方法，其鉴定常用已知的抗血清做血清学试验。随着组织细胞培养技术的发展，现在已很少用实验动物分离培养病原体，但乳鼠脑内接种法仍常用于多种病毒的分离培养。

4. 动物接种试验　将采集的病料经过一定的处理后，选择对该种病原体最敏感的实验动物进行人工感染，根据对不同动物的致病力、症状、病理变化特点、病料涂片检查和分离鉴定等进行辅助诊断，但应注意动物的健康带菌现象。

（三）免疫学诊断

1. 血清学诊断　血清学诊断是利用抗原和抗体特异性结合的免疫学反应进行的诊断。可以用已知的抗原来测定被检动物血清中的特异性抗体，也可以用已知的抗体（免疫血清）来鉴定被检材料中的抗原。常用的血清学试验有以下几种：

（1）沉淀试验。适量的可溶性抗原和相应抗体在溶液和凝胶中结合后，形成特异、眼观可见的不溶性复合物。主要有环状沉淀试验、琼脂扩散沉淀试验和免疫电泳等。

（2）凝集试验。某些病原微生物和红细胞等颗粒性抗原与相应抗体结合后，在适量的电解质存在时，可出现眼观可见的凝集小块。主要有直接凝集试验、间接凝集试验、间接血凝试验、SPA协同凝集试验和血细胞凝集抑制试验等。

（3）中和试验。病毒与相应的抗体相结合时，抗体可阻止病毒吸附于宿主细胞，从而抑制病毒感染细胞，该抗体称为中和抗体。毒素抗毒素中和试验时将抗毒素和相应的毒素以适当的比例混合后，接种于易感实验动物，通过观察能否保护动物免于死亡或有无毒性反应出现，可鉴定产气荚膜梭菌等毒素类型。

（4）补体结合试验。可溶性抗原和相应的抗体结合时，补体非特异性地结合于抗原抗体复合物而被消耗，但这种反应眼观不可见，要以绵羊红细胞和溶血素（抗绵羊红细胞抗体）作为指示系统共同孵育，根据有无溶血现象出现，检查被检系统中有无相应的抗原抗体存在。常用已知的抗原检测未知血清，也可以用已知的血清检测未知抗原，如果不出现溶血反应，则补体结合反应为阳性。已广泛应用于细菌、病毒、立克次氏体以及原虫病等的诊断。

（5）与标记抗体有关的试验，荧光抗体试验和 ELISA。荧光抗体试验是将抗体或抗原标记上荧光素后，与相应的抗原或抗体发生特异性结合，在荧光显微镜下可看到发出荧光的抗原-抗体反应，从而可对标本中相应抗原或抗体进行鉴定和定位。

ELISA 根据抗原抗体反应的特异性和酶催化反应的高度敏感性而建立，分为固相酶联免疫吸附试验和酶免疫组织化学技术，前者具有极高的敏感性，可用于抗体和抗原的检测；后者是利用酶标记抗体作为组织或细胞内抗原或抗体定位的标记物，在光学显微镜下进行细胞或普通组织切片的抗原或抗体定位。

（6）单克隆抗体。用免疫动物制备的抗体属于多克隆抗体，由于不只是针对一种抗原决定簇，因而影响血清学试验的特异性；而应用淋巴细胞杂交瘤技术制备的单克隆抗体，只是针对单一抗原决定簇，因此，具有特异性强、敏感性高、质量稳定和易于标准化等优点，越来越多地代替前者。

2. 变态反应诊断　动物患慢性传染病时，与其病原体或其产物再接触后，会产生强烈的反应，这种现象称为变态反应。迟发型变态反应常用于临诊诊断，如提纯结核菌素皮内变态反应，具有操作简便、快速和特异性较高的优点。

(四) 分子生物学诊断

分子生物学诊断又称为基因诊断，主要是针对不同病原微生物所具有的特异性核酸序列和结构进行检测。具有代表性的技术有：

1. 核酸探针技术　又称为基因探针技术或核酸分子杂交技术。主要有原位杂交、斑点杂交、Southern 杂交以及 Northern 杂交。对病毒、细菌、支原体、立克次氏体、原虫等，都能作出快速、准确的诊断。在混合感染物中能直接检测出主要致病原，可对病原微生物进行准确的分类鉴定，可检出隐性感染的动物，也可对动物产品或食品进行检验。

2. PCR 技术　又称为体外基因扩增技术。是根据已知的病原微生物的特异性核酸序列确定致病性微生物而确诊某种传染病。

3. DNA 芯片技术　是在核酸杂交、测序的基础上发展而来的，应用 DNA 碱基配对和序列互补原理。在基因表达谱的研究、病原微生物检测、细菌分离等方面已广泛应用。

第四节　动物传染病的预防和控制

落实和执行法规是预防和控制动物传染病最基本的保证，要坚决贯彻落实预防为主、防重于治的方针，实施综合预防和控制措施。

一、对传染源的措施

(一) 消毒

消毒是贯彻预防为主的方针和执行综合防制措施的重要环节，其目的是消灭被传染源散播在外界的病原体，阻止疫病继续蔓延。消毒一般分为预防消毒、随时消毒和终末消毒。

预防消毒是结合平时的饲养管理，对栏舍、场地、用具和饮水等进行定期消毒，以达到预防一般传染病的目的。

随时消毒是在发生传染病时，为及时消灭动物所排出的病原体而进行的不定期消毒，或在解除封锁前进行的定期多次消毒，或对患病动物隔离舍进行的每天和随时消毒。

终末消毒是在动物解除隔离、痊愈或死亡后，或者在疫区解除封锁之前，为了消灭疫区内可能残留的病原体所进行的全面彻底的大消毒。消毒的主要方法有：

1. 机械清除法 有清扫、洗刷、通风和过滤等机械的方法，但只是在一定程度上清除病原微生物，而不能达到杀灭病原微生物的目的，必须配合其他消毒方法。

2. 物理消毒法 有日光消毒、人工紫外线消毒和高温消毒等物理的方法。

日光消毒是利用光谱中的紫外线具有杀菌能力的特性进行消毒，日光引起的干燥亦有一定的杀菌作用。

人工紫外线消毒主要用于空气消毒。革兰氏阴性菌对紫外线最敏感，其次为革兰氏阳性菌，有些病毒也较敏感，但对细菌芽孢无效。

高温消毒有煮沸、蒸气、焚烧和火焰喷烧等方法。其中煮沸最常用，非芽孢微生物在沸水中迅速死亡，多数芽孢煮沸 15～30min 即可致死，1～2h 可灭活所有的微生物。蒸气消毒多用于车皮、船舱、包装品和用具等，若加入甲醛等化学药品可提高消毒效果。焚烧多用于动物粪便、垫草和垃圾等，火焰喷烧多用于圈舍地面和墙壁等。

3. 化学消毒法 是指用化学药物灭活病原微生物的方法，化学药物称为消毒剂。在选择消毒剂时应考虑对该病原体的消毒力强、对人和动物毒性小、易溶于水、不损害被消毒的物体、在消毒环境中较稳定、有效时间长、使用方便和价格低廉等。

4. 生物热消毒法 主要用于粪便的无害化处理，但不适用于产生芽孢的病原微生物。

（二）检疫

检疫是应用各种诊断方法对动物疫病和动物产品所携带的病原体进行检查，并采取相应的措施，防止疫病的发生和传播。

1. 检疫范围 包括动物及其产品和运载工具等。动物包括各种家畜、家禽、皮毛兽、实验动物、野生动物以及蜜蜂、鱼苗、鱼种等；动物产品包括生皮张、生毛类、生肉、脏器、血液、种蛋、鱼粉、兽骨和蹄角等；运载工具包括运输动物及其产品的车、船和飞机，也包括包装品和铺垫材料、饲养工具和饲料等。

2. 检疫对象 检疫对象主要是指我国尚未发生而国外常发生的动物疫病、烈性传染病、危害较大或目前防治困难的疫病、人兽共患的动物疫病以及国家规定和公布的检疫对象。除此之外，两国签订的有关协定和贸易合同中规定的某些疫病，以及各地根据实际补充规定的某些疫病均可列为检疫对象。我国的动物疫病检疫对象以农业部 2008 年公布的《一、二、三类动物疫病病种名录》（农业部公告第 1125 号）为依据。

3. 检疫类型 根据动物及其产品的动态和运转形式，检疫可分为以下 3 种类型。

（1）产地检疫。是指在动物生产地区的检疫。其中，集市检疫是到集市出售动物时，必须持有由当地检疫部门发放的检疫合格证，在检疫中发现有患病动物则进行隔离、消毒、治疗或扑杀处理，对未预防注射的动物进行预防接种；收购检疫是指个人和集体出售动物时，由收购部门与当地检疫部门配合进行检疫；屠宰场检疫是指动物屠宰前后实施的检疫。

（2）运输检疫。对铁路、公路、水路和空中运输的各种动物及其产品，在起运前必须进行检疫，合格并签发检疫证明后方可装运。各个运输部门不但在托运前对动物及其产品进行检疫，还要查验产地（或市场）签发的检疫证明，无异议时方可托运。

（3）国境口岸检疫。为了维护国家主权和信誉，保障牧业生产安全，防止动物疫病传入或传出，根据《中华人民共和国进出境动植物检疫法》的规定，对检疫对象实施检疫。

(三) 动物传染病的扑灭

1. 疫情报告 任何饲养、生产、经营、屠宰、加工和运输动物及其产品的单位和个人，当发现或有疑似动物传染病时，必须立即报告当地动物防疫检疫机构，尤其怀疑为一类动物疫病时，一定要迅速向上级部门报告，并通知邻近有关单位和区域加强预防工作。上级部门接到报告后，除及时派人到现场协助诊断和紧急处理外，根据相关法规的规定逐级上报。

2. 现场措施 当动物医学人员尚未到达现场或尚未作出诊断前，应对现场采取以下措施：将疑似传染病的动物进行隔离并派专人管理；对患病动物停留过或疑似污染的环境、用具和交通工具等进行严格消毒；非动物医学人员不得对动物进行宰杀，未经检验不许食用；死亡的动物尸体应保留完整并不得随意变换存放地点。

(1) 隔离。对患病和可疑感染的动物进行隔离，是防制传染病的重要措施之一，其目的是控制传染源，以便将疫情控制在最小范围内就地扑灭。根据检疫和诊断结果，将全部动物分为患病、可疑感染和假定健康三类分别进行隔离。

患病动物是指具有典型症状或类似症状，或其他检查结果为阳性的动物，他们是最主要的传染源，应选择不易散播病原体和方便消毒的场所进行隔离。动物数量较多时可集中在原来的栏舍内，但要进行严格消毒，指定专人看管并及时治疗。

可疑感染动物是指未出现任何症状，但与患病动物及其污染的环境和物品有过明显接触，有可能感染而处于潜伏期，并有排出病原体危险的动物，应在严格消毒后另选地点隔离，立即进行紧急免疫接种或预防性治疗，出现症状者则按患病动物处理。隔离观察的时间可根据该病潜伏期的长短而定，经一定时间不发病者可取消隔离。

假定健康动物是除了上述两类外的其他易感动物，应加强消毒和相应的保护措施，立即进行紧急免疫接种，必要时可转移至适当地点。

(2) 封锁。当发生某些重要的动物传染病时，应对疫源地进行封闭，防止疫病向安全区域蔓延，以达到迅速控制疫情和集中力量就地扑灭的目的。执行封锁时应掌握"早、快、严、小"的原则，即：疫情报告和执行封锁要早，行动要快，封锁要严，范围要小。封锁的确定、实施和解除等均按照《中华人民共和国动物防疫法》的规定执行。

(3) 紧急免疫接种。为了迅速控制和扑灭动物传染病，对疫区和受威胁区尚未发病的动物进行的应急性接种，但可能会诱使疫区中处于潜伏期的动物发病，因此，一般只适用于假定健康动物群。对受威胁区的动物进行紧急免疫接种，其目的是建立"免疫带"包围疫区，防止传染病的蔓延。受威胁区的大小视疫病的性质而定，某些流行性强的传染病如口蹄疫等，其免疫带应在疫区周围 10km 以上。

(四) 动物尸体的处理

患传染病的动物尸体含有大量病原体，是一种特别危险的传染源。因此，合理而及时地处理尸体，在防制动物传染病和公共卫生上都具有重大意义。主要方法如下：

1. 化制 尸体在特设的加工厂中加工处理，既进行了消毒，而且可以加工利用，如工业用油脂、骨粉、肉粉等。

2. 掩埋 方法虽简便易行，但不是彻底的处理方法。应选择距离住宅、道路、水源、牧场及河流较远的干燥、平坦、偏僻地点，深度至少在 2m 以上。

3. 焚烧 此种方法最为彻底。更适用于特别危险的传染病尸体的处理，如炭疽、气肿疽等。禁止地面焚烧，应在焚尸炉中进行。

二、对传播途径的措施

（一）控制非生物传播途径

通过检疫对患病动物尤其是隐性感染的动物及时隔离治疗，避免与健康动物群有任何形式的接触，消除飞沫和尘埃传播的条件，创造良好的卫生环境，如圈舍干燥、光亮、温暖和通风良好，动物饲养密度合理等。保证饲料、饮水、土壤、工具和车辆等不被污染。

（二）控制和消灭生物传播媒介

主要是指控制和消灭虻、蝇、蚊、蜱等节肢动物和鼠类等生物传播媒介。采取拍打、捕捉、火焰、沸水或蒸气等物理性方法杀虫，或用化学杀虫剂诱杀，或以昆虫的天敌、病菌及雄虫绝育技术等方法灭活昆虫，改造昆虫滋生的环境等。鼠类是许多人兽共患病的传播媒介和传染源，可传播炭疽、布鲁氏菌病、结核病、土拉杆菌病、李氏杆菌病、钩端螺旋体病、伪狂犬病、口蹄疫、猪瘟、猪丹毒、巴氏杆菌病和立克次氏体病等，可根据鼠类的生态学特点，从动物圈舍建筑和卫生措施等方面，防止鼠类的滋生和活动。

三、对易感动物群的措施

任何针对易感动物群的措施除了保护动物和提高机体抵抗力以外，还具有消除传染源的意义。

（一）净化动物群

净化动物群是加强动物群体防疫的有效措施。封闭式饲养管理可以防止病原携带者的进入，切断传播途径，避免外源性传染病的发生。但有些传染病则很难净化和预防，如猪支原体肺炎、猪传染性萎缩性鼻炎、猪痢疾、鸡白痢以及鸡毒支原体等。培育 SPF 动物则是预防和控制某些传染病的唯一途径。

（二）预防接种

平时有计划地为动物群体进行免疫接种，激发动物机体产生特异性免疫力而获得保护，从而降低对某些传染病的易感性。用于人工主动免疫的生物制剂统称为疫苗，包括用细菌、支原体、螺旋体制成的菌苗，用病毒制成的疫苗和用细菌外毒素制成的类毒素。

1. 制订免疫预防接种计划　对于经常或有潜在发生危险，以及受邻近地区某些动物传染病威胁的地区，要针对这些动物传染病以及流行季节等情况，制订每年的免疫预防接种计划。对幼年、体质弱、有慢性病或妊娠后期的动物，如果不是已经受到威胁，最好暂时不予接种，待情况改变后补种。从外地引入或当时因故未接种的动物必须补种，以提高防疫密度。

2. 制定科学的免疫程序　一定区域或养殖场可能会发生多种动物传染病，需选用多联多价制剂或多种疫苗联合使用，但由于动物机体对疫苗的反应也有一定的限度，同时注入种类过多，不仅可能引起较剧烈的反应，而且还有可能减弱机体产生抗体。根据疫苗的性质和免疫期不同所确定的接种次数和间隔时间即为免疫程序。目前还没有通用的标准免疫程序，应根据实际情况在实践中摸索，并且不断改进和完善。

在一定时间内曾经接受免疫接种的妊娠动物，由于所产的仔体在一定时间内存在母源抗体，所以，对其免疫接种往往效果不佳，如对母猪在配种前后施以猪瘟免疫接种，其仔猪在

20日龄前具有很强的免疫力，30日龄以后母源抗体急剧衰减，40日龄后几乎完全丧失，据此，可确定仔猪在20日龄首免，65日龄二免。这也是目前国内认为较为合理的猪瘟免疫程序。

3. 预防接种反应　接种活菌苗或活疫苗后，实际是一次轻度感染，个别动物可能会发生局部或全身反应，但一般在几个小时或1~2d可自行消失，属于正常反应。如果动物反应较重或数量较多时，则属于严重反应，可能是生物制品质量、接种剂量和途径以及一些动物对制品过敏等方面的问题。个别动物可能会出现并发症，扩散为全身感染或诱发潜伏感染，如出现血清病、过敏性休克和变态反应等。

（三）药物预防

在一定条件下，选用高度敏感和安全的化学药物加入饲料或饮水中，对动物群体进行预防，可对一些动物传染病产生明显的预防效果。常用磺胺类药物和抗生素，还有氟哌酸、吡哌酸和喹乙醇等，可预防仔猪腹泻、雏鸡白痢、猪气喘病、鸡慢性呼吸道病等。但是，长期或不合理地使用化学药物，容易产生耐药菌株，一旦发病则影响治疗效果，也会对人体疾病的治疗带来严重影响，因此，应慎用化学药物。

❓ 复习思考题

1. 简述感染的类型。
2. 简述动物传染病的基本特征及发展阶段。
3. 简述动物传染病流行的条件以及各自在防制中的意义。
4. 简述动物传染病流行过程的表现形式及其特点。
5. 简述流行病学调查的主要内容及方法。
6. 简述病原学诊断的主要内容。
7. 简述血清学诊断的主要方法及其原理。
8. 简述预防和控制动物传染病的基本原则和措施要点。

第二章 猪的传染病

> **学习目标**
> 1. 掌握猪瘟、口蹄疫、猪水疱病的流行病学特点，以及典型症状、特征性病理变化、诊断要点、鉴别诊断、实验室诊断方法和防制措施。
> 2. 掌握仔猪大肠杆菌病、产气荚膜梭菌病、猪巴氏杆菌病、猪支原体肺炎、猪传染性萎缩性鼻炎、猪流行性感冒、猪丹毒、猪链球菌病、狂犬病、伪狂犬病、钩端螺旋体病、猪乙型脑炎、猪细小病毒病、猪繁殖与呼吸综合征的流行特点，以及诊断要点、鉴别诊断和防制措施。
> 3. 了解猪副伤寒、猪传染性胃肠炎、猪密螺旋体痢疾、李氏杆菌病、猪圆环病毒病、附红细胞体病。

第一节 以消化系统症状为主症

以消化系统症状为主症的猪的传染病主要有仔猪大肠杆菌病（包括仔猪黄痢、仔猪白痢）、猪副伤寒、猪传染性胃肠炎、猪密螺旋体痢疾、产气荚膜梭菌病（猪梭菌性肠炎）、猪流行性腹泻、轮状病毒病等。

仔猪大肠杆菌病

本病是由致病性大肠杆菌引起的仔猪等多种动物和人共患的传染病。三类动物疫病。主要特征为幼龄动物和婴儿严重腹泻、败血症和病型复杂多样。仔猪感染时分为黄痢型（仔猪黄痢）、白痢型（仔猪白痢）和水肿型（猪水肿病）。

【病原体】 致病性大肠杆菌，与人兽肠道正常存在的非致病性大肠杆菌在形态、染色反应、培养特性和生化反应等方面均相同，只是抗原构造不同。由于菌体抗原、表面抗原和鞭毛抗原很多，因此构成许多血清型。即使在同一地区，各动物养殖场的优势血清型也不相同。在引起人兽肠道疾病的血清型中，有肠致病性大肠杆菌、肠产毒素性大肠杆菌、肠侵袭性大肠杆菌、肠出血性大肠杆菌。本菌中等大小，有鞭毛，无芽孢，一般无荚膜，革兰氏染色阴性。抵抗力弱，常用消毒剂数分钟即可灭活。

【流行病学】
1. 传播特性 病菌随粪便排出，污染饲料、饮水、母畜乳头和皮肤等，经消化道感染。本病的发生与饲养管理及卫生条件有很大关系。

2. 流行特点 猪自出生至断乳期均可发病。饲养管理不当、气候骤变和消毒不严等因素可加速流行。猪场一旦发生则很难根除。

黄痢型以1～3日龄猪多见，7日龄以上少见，同窝仔猪发病率常在90%以上，病死率可达100%。白痢型以10～20日龄多见，1月龄以上少见，发病率高，病死率较低，同窝仔猪发病有先后，持续时间较长，症状轻重不一。

【症状】黄痢型潜伏期短则12h，长则1～3d。出生时正常，随后同窝仔猪中突然有1～2头表现全身衰弱，很快死亡。以后其他仔猪相继腹泻，粪便呈黄色浆状，内含凝乳片，迅速消瘦，昏迷死亡。

白痢型的仔猪突然腹泻，排出乳白或灰白色糟糊样稀便，含有气泡并有腥臭味。随着病情的加重，粪便呈水样，消瘦，拱背，寒战。病程2～3d，也可达1周左右，绝大部分能自行康复。

【病理变化】脱水严重，皮下常有水肿。肠道内有多量液状内容物和气体，肠黏膜尤其是十二指肠呈急性卡他性炎症。肠系膜淋巴结有弥漫性小出血点。肝、肾有凝固性小坏死灶。

【诊断】

1. 临诊诊断 要点为发病日龄、粪便性状、发病率和病死率、典型病理变化等。

2. 实验室诊断 采集新鲜尸体的小肠前段内容物，接种于伊红美蓝琼脂培养基上，挑选有金属光泽、紫色带黑心菌落进行生化反应鉴定，用凝集试验鉴定分离菌的血清型。DNA探针技术和PCR是最特异、敏感和快速的检测方法。

3. 鉴别诊断 与猪传染性胃肠炎、猪密螺旋体痢疾、产气荚膜梭菌病、仔猪轮状病毒病等相鉴别。

【治疗】注意观察仔猪群，只要有1头病猪，就应尽快对全窝进行预防性治疗。通过药敏试验筛选磺胺脒、痢特灵、卡那霉素、庆大霉素、环丙沙星或氟哌酸等，辅以对症疗法。

【防制措施】坚持自繁自养；加强妊娠母猪产前、产后的饲养管理；仔猪哺乳前要清洗乳房和消毒；注意新生仔猪的防寒保暖，尽早饲喂初乳，出生后12h内口服敏感的抗生素，如氟哌酸、恩诺沙星、环丙沙星、利高霉素、痢菌净等。仔猪黄痢可用大肠杆菌基因工程疫苗免疫接种，仔猪白痢尚无有效疫苗。

猪副伤寒

本病是由沙门氏菌引起的多种动物和人共患的传染病。三类动物疫病。主要特征为肠炎、败血症和流产。

【病原体】沙门氏菌属的细菌有2500多种血清型，且相当复杂，但危害人和动物的宿主适应血清型和非宿主适应血清型共有30余种。本菌为两端钝圆的中等大杆菌，无荚膜，无芽孢，革兰氏染色阴性，除鸡白痢沙门氏菌和鸡伤寒沙门氏菌外，都有周鞭毛。本菌对干燥、腐败、日光等具有抵抗力，在外界可生存数月，消毒剂均能灭活。

【流行病学】

1. 传播特性 病菌随猪粪便、尿、乳汁以及流产物排出，污染饲料、饮水和环境。主要经消化道感染，交配或子宫内也可感染。健康动物带菌十分普遍，病菌存在于消化道、淋巴组织和胆囊内，当抵抗力降低时发生内源性感染。康复猪可带菌数月。人接触感染动物或其食品可感染，并成为传染源。

2. 流行特点 1～4月龄较多，20日龄以内及6月龄以上极少发生。饲养管理水平决定呈散发性还是地方流行性。四季均可发生，但潮湿多雨季节多发。环境潮湿、长途运输、气候恶劣、拥挤、分娩、饲料和饮水不良、内寄生虫和病毒感染等，均可诱发本病。常与猪瘟混合感染，发病率和死亡率均高，病程短促。还可感染牛、羊、马、兔、禽类、毛皮动物等。

【症状】潜伏期2d到数周。

1. 急性型 表现为败血型，体温升至41～42℃，精神不振，食欲废绝，黏液性下痢或便秘，呼吸困难，耳根、胸前和腹下皮肤瘀血呈紫斑，经过1～4d死亡。

2. 亚急性型和慢性型 多见，与肠型猪瘟症状相似，表现体温升高，精神不振，食欲减退，寒战，常堆挤一起，初便秘后下痢，粪便呈淡黄色或灰绿色，混有血液和坏死组织碎片，恶臭。部分病例在中、后期皮肤出现弥漫性湿疹，揭开见表面溃疡。病程2～3周或更长，最后衰竭死亡。耐过猪生长发育不良。

有些猪群发生潜伏性副伤寒，小猪生长发育不良，体质较弱，偶尔下痢，体温和食欲基本正常，一部分病例到一定时期突然恶化而死亡。

【病理变化】

1. 急性型 主要为败血症变化，全身黏膜、浆膜均有不同程度的出血斑点。脾肿大呈暗蓝色，质地似橡皮，切面呈蓝红色，髓质不软化是特征性病变。肝肿大，充血和出血，有时肝实质呈糠麸状，有极为细小的黄灰色坏死灶。肾肿大、充血和出血。胃肠黏膜可见急性卡他性炎症。全身淋巴结尤其是肠系膜淋巴结索状肿大，呈浆液性炎和出血。

2. 亚急性型和慢性型 特征性病变为盲肠、结肠坏死性肠炎。肠壁增厚，黏膜上覆盖弥漫性坏死性腐乳状物质，剥开后底部呈红色，边缘呈不规则的溃疡面，有时波及回肠。肠系膜淋巴结索状肿胀，部分呈干酪样变。脾稍肿大。肝有时可见黄灰色坏死小点。

【诊断】

1. 临诊诊断 要点为发病月龄、粪便性状和肠道典型病理变化等。

2. 实验室诊断 采集尸体的血液、肝、脾、淋巴结、肠内容物等，接种于伊红美蓝琼脂培养基上，挑取无色菌落进行生化反应鉴定。

【治疗】新霉素、磺胺类有一定的疗效。

【防制措施】加强饲养管理，增强机体抵抗力，消除发病诱因；可在饲料中添加抗生素预防，但要注意出现耐药菌株；初生仔猪应早吃初乳，断奶分群时不要突然改变环境；耐过猪多数带菌，应隔离肥育；禁止宰杀和食用病猪，以防引起食物中毒和散播病原。在常发地区和猪场，对1月龄以上的仔猪用猪副伤寒弱毒疫苗预防接种，用苗前3d和用苗后7d停止使用抗菌药物，以免影响免疫效果。

人吃入被污染的食品可引起中毒，应加强屠宰卫生检验，尤其是急宰动物的检验和处理，禁止食用病死猪，避免鼠类污染食物；经常接触动物及其产品的人员，要注意自身防护。

猪传染性胃肠炎

本病是由猪传染性胃肠炎病毒引起的猪的高度接触性肠道传染病。三类动物疫病。主要特征为呕吐、严重腹泻和失水。

【病原体】猪传染性胃肠炎病毒（TGEV），具有囊膜，呈圆形、椭圆形或多边形等，表面有棒状纤突。只有一种血清型,与猪流行性腹泻病毒(PEDV)和猪血凝性脑脊髓炎病毒(HEV)无抗原关系,与犬冠状病毒(CCV)有抗原交叉。本病毒不耐热,56℃ 45min、65℃ 10min、阳光下曝晒6h即灭活,紫外线下迅速灭活。

【流行病学】

1. 传播特性 猪是唯一的易感动物,病毒存在于各器官、体液和排泄物中,尤以空肠、十二指肠组织,肠系膜淋巴结含毒最高,早期在呼吸道和肾含毒量极高。病毒随粪便、呕吐物、乳汁、鼻分泌物以及呼出气体排出,污染饲料、饮水、空气、用具和环境等,经消化道和呼吸道感染。

2. 流行特点 各种年龄的猪都可发病,10日龄以内猪的病死率近100%,5周龄以上的死亡率很低。发生和流行有较明显的季节性,一般多发生于冬季和春季。主要有三种流行形式:流行性多发生于新疫区和冬春季,很快感染所有年龄的猪;地方流行性多发生于疫区,多见于经常有仔猪出生或哺乳仔猪被动免疫力低的猪场,发病率较低,病情较轻;周期性地方流行性多发生于流行间隙期,由病毒重新侵入猪场而引起。

【症状】潜伏期一般为15~18h,有些病例2~3d。数日内蔓延全群。仔猪突然发病、呕吐,继而水样腹泻,粪便呈黄色、绿色或白色,常有未消化的凝乳块,极度口渴,明显脱水,体重迅速减轻。日龄越小,病程越短,死亡率越高。病愈仔猪生长发育不良。

仔猪、肥猪和母猪在1日至数日内出现食欲不振或废绝,个别呕吐,有灰褐色呈喷射状水样腹泻,5~8d后腹泻停止,逐渐康复,极少死亡。

【病理变化】尸体脱水明显。肠管扩张呈半透明状,内充满白色至黄绿色液体。小肠黏膜绒毛变短和萎缩。肠系膜淋巴结肿大。肾混浊肿胀和脂肪变性,含有白色尿酸盐。有些仔猪有并发性肺炎变化。

【诊断】

1. 临诊诊断 要点为发病季节、日龄与死亡率的关系、粪便性状和典型病理变化等。

2. 实验室诊断 采集粪便、肠内容物或空肠、回肠,接种于猪肾细胞培养,盲传2代以上,将分离的病毒人工感染仔猪,观察其是否发病。取急性期和康复期的双份血清进行血清中和试验,康复期血清滴度超过急性期4倍以上者即为阳性。用腹泻早期病猪的空肠、回肠刮取物涂片,直接或间接荧光染色,检查上皮细胞和肠绒毛细胞质内有无荧光,此方法可快速诊断。

3. 鉴别诊断 本病与仔猪大肠杆菌病相鉴别,黄痢型只发生于新生仔猪,白痢型发生于10~30日龄仔猪,抗生素治疗有一定效果。还应与猪流行性腹泻和轮状病毒病区别,这两种病的感染率均很高,但发病率和病死率低,症状轻缓,可通过病毒学检查和血清学试验相区别。

【治疗】尚无特效疗法。对症治疗可减轻失水、纠正酸中毒和防止继发感染。

【防制措施】避免从疫区和疫场引猪,及时隔离病猪并做好消毒;用我国研制的猪传染性胃肠炎弱毒疫苗,妊娠母猪于产前45d肌内注射1mL,产前15d再滴鼻1mL,可使仔猪获得母源抗体。也可对1~2日龄仔猪口服接种,4~5d产生免疫力。

猪密螺旋体痢疾

本病是由致病性猪痢疾密螺旋体引起的猪的肠道传染病,简称猪痢疾,曾称血痢、黏液出血性下痢、弧菌性痢疾。三类动物疫病。主要特征为黏液性或黏液出血性下痢、大肠黏膜卡他性出血性炎症。

【病原体】 猪痢疾密螺旋体，又称猪痢疾蛇形螺旋体、猪痢疾短螺旋体，为4~6个弯曲，两端尖锐，能运动。革兰氏染色阴性。苯胺染料或姬姆萨染色着色良好。严格厌氧菌，对培养基要求严格。对外界环境抵抗力较强，在土壤中4℃存活102d，对高温、氧、干燥及常用消毒剂敏感。

【流行病学】

1. 传播特性 病猪和带菌猪从粪便中排出大量病菌，康复猪可带菌数月，污染环境、饲料和饮水等。主要经消化道感染。

2. 流行特点 猪是唯一易感动物，各年龄均可发病，7~12周龄较多。流行无季节性，经过较缓慢，持续时间较长，且可反复发病。人和犬、鼠类、鸟类等都可传播。拥挤、寒冷、过热、运输和环境卫生不良等，均能诱发本病。

【症状】 潜伏期多为1~2周。最急性病例往往突然死亡，随后出现急性病例。

1. 急性型 食欲减少，粪便表面附有面条状黏液。以后迅速下痢，粪便黄色，腹痛，体温稍高，维持数天后降至常温。随着病程的进展，表现脱水，消瘦，口渴，粪便恶臭且有血液、黏液和坏死上皮组织碎片增多，极度衰弱而死。病程约1周。

2. 亚急性和慢性型 病情较轻，表现下痢，粪便中黏液及坏死组织碎片较多，病程较长。许多病例能自然康复，但部分病例可能复发甚至死亡。病程1个月以上。

【病理变化】 病变局限于大肠、回盲结合处。大肠黏膜肿胀，覆盖有黏液和带血块的纤维素。肠内容物稀薄，混有黏液、血液和组织碎片。

【诊断】

1. 临诊诊断 要点为发病周龄、粪便性状和典型病理变化等，可初步诊断。

2. 实验室诊断 采集急性病例的粪便或肠黏膜涂片染色，暗视野镜检，每个视野见有3~5条蛇形螺旋体，可作为定性诊断的依据。确诊还需从结肠黏膜或粪便中分离和鉴定病原体。急性型后期、慢性、隐性及用药后的病例，粪便中的病原体数量大大减少，需要进行人工培养和鉴定才能确诊。可用ELISA或凝集试验进行猪群检疫和综合诊断。

3. 鉴别诊断 与猪副伤寒、猪瘟、猪传染性胃肠炎、猪流行性腹泻、猪毛尾线虫病（鞭虫病）等下痢性疾病相鉴别。

【治疗】 可选用新霉素、林可霉素、泰乐菌素等，同时施以补液、强心等对症疗法。

【防制措施】 猪场实行全进全出的饲养制度；严禁从疫区引进猪，必须引进时隔离检疫2个月；发病猪场的猪全群淘汰，彻底消毒，空舍2~3个月再引进健康猪；加强防鼠和灭鼠。

产气荚膜梭菌病

本病是由产气荚膜梭菌引起的新生仔猪的高度致死性肠毒血症，又称猪梭菌性肠炎、仔猪传染性坏死性肠炎，俗称仔猪红痢。二类动物疫病。主要特征为出血性下痢、小肠后段弥漫性出血或坏死性变化、病程短和病死率高。

【病原体】 C型产气荚膜梭菌，旧称魏氏梭菌。本菌有荚膜，不运动的厌氧大杆菌，革兰氏染色阳性。芽孢呈卵圆形，位于菌体中央或近端，但在人工培养基中则不易形成。本菌可产生致死毒素，引起仔猪肠毒血症、坏死性肠炎。本菌形成芽孢后对外界抵抗力强，80℃ 15～30min、100℃几分钟才能灭活，常用5%氢氧化钠消毒。

【流行病学】
1. 传播特性 病原体常存在于母猪肠道中，排出后污染乳头及垫料，初生仔猪吮吸母乳或吞入污染物时感染。分布很广，存在于人和动物肠道、土壤、下水道和尘埃中。

2. 流行特点 主要侵害1～3日龄的仔猪，1周龄以上很少发病。同一猪群各窝仔猪的发病率不同，最高达100%。猪场一旦发生则不易清除。除猪和绵羊易感以外，还可感染马、牛、鸡和兔等。

【症状】
1. 最急性型 仔猪出生后1d内发病，但症状不明显，只见后躯沾满血样稀便，虚弱，很快进入濒死状态。少数病猪没有血痢便昏倒死亡。

2. 急性型 最常见。排出含有灰色组织碎片的红褐色液状粪便，贯穿整个病程，日益消瘦和虚弱，一般在3d左右死亡。

3. 亚急性型 持续性腹泻，病初排黄色软粪便，以后变成液状，内含坏死组织碎片，极度消瘦、脱水，一般5～7d死亡。

4. 慢性型 病猪呈间歇性或持续性腹泻，粪便呈黄灰色糊状，逐渐消瘦，生长停滞，数周后死亡。

【病理变化】主要病变在空肠，有些病例可扩展到回肠。空肠呈暗红色，肠腔内充满含血的液体，绒毛坏死，肠系膜淋巴结呈鲜红色。病程长的病例以坏死性炎症为主，黏膜呈黄色或灰色坏死性伪膜，易剥离，肠腔内混有坏死组织碎片。脾边缘点状出血。肾呈灰白色，皮质部小点出血。腹水增多呈血色。

【诊断】
1. 临诊诊断 要点为发病日龄、病程、粪便性状、死亡率和病理变化等。

2. 实验室诊断 查明病猪肠道是否存在C型产气荚膜梭菌毒素对诊断具有重要意义。采集肠内容物，加等量灭菌生理盐水，以3000r/min离心沉淀30～60min，上清液经细菌滤器过滤，取滤液0.2～0.5mL，静脉注射一组小鼠；另取滤液与C型产气荚膜梭菌抗毒素血清混合，作用40min后，注射另一组小鼠。如果单注射滤液的小鼠死亡，而另一组小鼠无死亡，即可确诊。用PCR方法可快速鉴定各种毒素型。

【治疗】本病发生迅速，病程短促，发病后用药物治疗往往效果不佳。

【防制措施】最有效的措施是给妊娠母猪进行免疫接种，仔猪通过初乳可获得母源抗体而产生被动免疫；若仔猪出生后立即注射抗猪红痢血清，可获得充分保护，注射过晚则效果不佳；还可给新生仔猪服用抗生素进行紧急药物预防，每日2～3次。产房卫生和消毒尤为重要，接生前对母猪乳头进行清洗和消毒。

猪流行性腹泻

本病是由猪流行性腹泻病毒引起的猪的急性接触性肠道传染病。主要特征为呕吐、腹泻和脱水。

【病原体】猪流行性腹泻病毒（PEDV），呈多形性，倾向圆形，外有囊膜。对理化因素有较强的抵抗力，0.01%碘、1%次氯酸钠和70%酒精可使其丧失感染力。

【流行病学】

1. 传播特性　病毒存在于肠绒毛上皮和肠系膜淋巴结中，随粪便排出后污染环境、饲料和饮水等，经消化道感染。

2. 流行特点　本病仅发生于猪，各种年龄都能感染。病毒可不断感染失去母源抗体的断乳仔猪，致使呈地方流行性。架子猪和育肥猪的发病率均很高。多发生于寒冷季节。

【症状】潜伏期5~8d。水样腹泻，呕吐多发生于吃食或吃奶后。1周龄内的仔猪腹泻后3~4d，呈现严重脱水而死亡，死亡率可达50%~100%。5~8周龄的仔猪在断乳期呈顽固性腹泻，体温正常或稍高，精神沉郁，食欲减退或废绝。成年猪症状较轻，有的仅表现呕吐，重者水样腹泻，3~4d可自愈。

【病理变化】小肠扩张并充满黄色液体。肠系膜充血，肠系膜淋巴结水肿。

【诊断】

1. 临诊诊断　要点为发病率和死亡率、典型症状等。

2. 实验室诊断　采集病猪小肠内容物，经滤器除菌处理后，将滤液接种于胎猪肠组织原代细胞或Vero细胞系等培养分离病毒。还可选2~3日龄不喂初乳的新生仔猪，经口感染病猪的肠内容物悬液，若发病再采集小肠组织做免疫荧光检查。也可用ELISA、病毒中和试验等血清学诊断方法。

3. 鉴别诊断　本病的流行病学和症状与猪传染性胃肠炎无显著区别，只是病死率比传染性胃肠炎稍低，在猪群中传播的速度也较缓慢。

【治疗】尚无有效疗法，施以对症治疗。

【防制措施】用我国研制的PEDV甲醛氢氧化铝灭活疫苗预防接种；本病与猪传染性胃肠炎混合感染时，可用PEDV-TGE二联灭活苗免疫产前20~30d的母猪。在流行严重的地区，用病猪的粪便或小肠内容物喂服分娩前2周的母猪，使其产生母源抗体，仔猪出生后吃初乳可获得被动免疫，从而缩短在猪场中的流行时间。

轮状病毒病

本病是由轮状病毒引起的多种幼龄动物和婴幼儿共患的急性肠道传染病。主要特征为呕吐、腹泻和脱水。

【病原体】轮状病毒，呈圆形，有双层衣壳。对外界环境的抵抗力较强，在粪便和不含抗体的乳汁中，18~20℃半年仍有感染性；63℃经30min灭活，0.01%碘、1%次氯酸钠或70%酒精可使其丧失感染力。

【流行病学】

1. 传播特性　病毒随粪便排出，经消化道感染。幼龄动物和婴幼儿最易感染，成年动物和成人一般为隐性感染。

2. 流行特点　多发于晚秋至早春季节，常呈地方流行性。感染率可达90%~100%，但发病率和病死率均低。饲养管理不良、合并感染、应激因素、寒冷潮湿、卫生不良时，可诱发本病，并使病情加剧，病死率增高。各种动物的轮状病毒之间有一定的交互感染。犊牛、羔羊、幼犬、幼兔、幼鹿、雏鸡和雏鸭等均可自然感染。

【症状】潜伏期12~24h。病初精神沉郁，食欲减少，食后呕吐，继而排黄白、暗黑色水样或糊状粪便，脱水明显。缺乏母源抗体的新生仔猪症状重，病死率可达100%。10~21

日龄的仔猪腹泻1～2d后可痊愈。若环境温度较低或有合并感染,则症状加重,病死率高。

婴幼儿的急性胃肠炎,近60%为轮状病毒感染所致。潜伏期2～4d,主要表现腹痛、腹泻、呕吐、发热等,50%的人脱水,持续3～5d可恢复。

【病理变化】胃壁弛缓,胃内充满凝乳块和乳汁。小肠壁薄呈半透明,内容物呈液状,灰黄或灰黑色。有时小肠出血,肠系膜淋巴结肿大。

【诊断】仅凭症状和病理变化很难与猪传染性胃肠炎及猪流行性腹泻相区别,一般在腹泻开始24h内采集小肠内容物或粪便进行病毒抗原检查,可采用直接荧光抗体试验等。还要注意与仔猪黄痢、仔猪白痢相区别。

【治疗】尚无有效疗法,施以对症治疗。

【防制措施】加强饲养管理和一般性卫生防疫措施;疫区的新生仔猪要及早吃到初乳,但发病后要停止哺乳,加强对症治疗。用猪传染性胃肠炎、猪流行性腹泻和轮状病毒三联疫苗,对妊娠猪于产前20～30d接种,仔猪断奶后7～10d接种,未免疫母猪所产的仔猪1日龄接种。

第二节　以呼吸系统症状为主症

以呼吸系统症状为主症的猪的传染病主要有猪巴氏杆菌病(猪肺疫)、猪支原体肺炎(猪气喘病)、猪传染性萎缩性鼻炎、猪流行性感冒、猪接触传染性胸膜肺炎等。

猪巴氏杆菌病

本病是由多杀性巴氏杆菌引起的猪和多种动物共患的传染病,又称猪肺疫。二类动物疫病。主要特征为急性型呈败血症、炎性出血和胸膜肺炎过程,因此又称为出血性败血症;慢性型表现为慢性肺炎和胃肠炎。

【病原体】多杀性巴氏杆菌,两端钝圆的球杆菌,无芽孢,无鞭毛,新分离的强毒株有荚膜,革兰氏染色阴性。病料组织或体液涂片,用瑞氏、姬姆萨或美蓝染色,呈典型的两极着色,故称两极杆菌。按菌株间抗原成分的差异分为不同的血清型,各型之间多无交互保护或保护力不强,但在一定条件下,各种动物之间可发生交叉感染。本菌经阳光直射10min或60℃ 10min可灭活,在干燥空气中生存2～3d,常用消毒剂短时间即可灭活。

【流行病学】

1. 传播特性　本菌随动物的分泌物、排泄物及咳嗽、喷嚏排出,污染饲料、饮水、用具和空气。经消化道和呼吸道感染,也可经损伤的皮肤黏膜感染,吸血昆虫可机械性传播。人的病例罕见,多经伤口感染。

2. 流行特点　各种年龄的猪都可感染,但以中猪和小猪发病率较高。多无明显的季节性。一般散发,有时呈地方流行性(常与猪瘟、猪支原体肺炎等混合感染)。本菌属于条件性病原菌,当饲养管理不良、过度疲劳、长途运输、气候多变等因素使动物抵抗力降低时,可引发内源性传染。以牛、猪发病较多,绵羊、家禽和兔也易感,家禽特别是鸭发病时多呈流行性。

【症状】

1. 最急性型　俗称锁喉风,常不见症状而突然死亡。

2. 急性型 最为常见，潜伏期1～14d。除有败血症的一般症状外，主要呈纤维素性胸膜肺炎症状。病初体温升至40～41℃，痉挛性干咳，呼吸困难，鼻液黏稠，后为湿咳，咳嗽感痛，触诊胸部剧烈疼痛，有啰音和摩擦音。病情继续发展，呼吸极度困难，黏膜发绀，呈犬坐姿势，先便秘后腹泻，后期皮肤有紫斑。病程5～8d。耐过者转为慢性。

3. 慢性型 多见于流行后期，表现慢性肺炎和胃肠炎。持续性咳嗽，呼吸困难，体温时高时低，精神不振，食欲减退，逐渐消瘦，腹泻。有时关节肿胀，皮肤湿疹。常衰弱死亡。病程约2周。

【病理变化】

1. 最急性型 呈败血症变化，全身浆膜、黏膜和皮下组织广泛出血。

2. 急性型 败血症变化较轻，主要呈纤维素性胸膜肺炎变化。肺有大小不等的肝变区，周围有水肿和气肿，肝变区中央常有干酪样坏死灶。肺小叶间质增宽，充满胶冻样液体，切面呈大理石样。气管和支气管内含有多量泡沫状黏液。胸腔及心包积液，胸腔淋巴结肿大，切面发红、多汁。胸膜附有黄白色纤维素，病程较长时，胸膜与肺粘连。

3. 慢性型 肺组织大部分发生肝变，并有大量坏死灶或化脓灶，外面有结缔组织包囊。胸膜常与肺粘连。心包和胸腔积液。胃肠呈卡他性炎症。

【诊断】

1. 临诊诊断 要点为各型的特征性症状和病理变化，应注意与其他传染病混合感染而使症状复杂化。

2. 实验室诊断 采集心、肺、脾和炎性水肿液涂片，镜检可见两极着色的卵圆形短杆菌，可怀疑为本病。将病料接种于10%血液琼脂培养基进行细菌分离培养，对分离菌进行生化试验。用间接血凝试验和琼脂扩散沉淀试验对病原菌进行分群和分型。

3. 鉴别诊断 急性型可与猪瘟混合感染，慢性型与猪支原体肺炎鉴别；还要注意与猪炭疽、猪传染性胸膜肺炎、猪丹毒等相鉴别。

【治疗】早期用高免血清治疗。磺胺、青霉素、泰乐霉素或喹诺酮类等与高免血清合用效果更好。大群治疗时，可将四环素族抗生素混在饲料或饮水中连用3～4d。

【防制措施】加强饲养管理，增强机体抵抗力，消除发病诱因；一般进行春、秋两次预防接种，用猪巴氏杆菌病氢氧化铝甲醛苗，皮下注射5mL，免疫期9个月，或口服猪巴氏杆菌病弱毒冻干菌苗。发生疫情时将猪群隔离封锁，严格消毒，假定健康群注射高免血清，隔离观察1周后，如果没有新病例出现再注射疫苗。

猪支原体肺炎

本病是由猪肺炎支原体引起的猪的慢性呼吸道传染病，俗称猪气喘病。二类动物疫病。主要特征为咳嗽和气喘、肺呈肉样或虾肉样变化。

【病原体】猪肺炎支原体，因无细胞壁而呈环状、球状、点状、杆状和两极状多种形态，革兰氏染色阴性。不易着色，姬姆萨或瑞氏染色良好。对外界环境抵抗力不强，45℃加热15～30min、55℃ 5～15min以及常用消毒剂均能灭活。

【流行病学】

1. 传播特性 由咳嗽、喷嚏和呼气排出病原体，通过飞沫经呼吸道感染。引入猪未经严格检验易引起暴发。猪场一旦传入则很难扑灭。

2. 流行特点 乳猪和断乳仔猪发病率和死亡率较高，哺乳仔猪可经患病的母猪受到感染，其次是妊娠后期和哺乳期的母猪，育肥猪较少且病情较轻，母猪和成年猪多呈慢性和隐性经过。新发病猪群常呈暴发流行性，发病率和病死率较高。当继发感染时，症状加剧，病死率升高。四季均可发生，但在寒冷、潮湿和气候骤变时多见。饲料质量差、猪舍潮湿、饲养密度过大、通风不良等，是影响发病率和死亡率的重要因素。若继发多杀性巴氏杆菌、肺炎球菌、猪鼻支原体等，则症状加剧，死亡率升高。

【症状】潜伏期 11~16d，最短 3~5d，最长可达 1 个月以上。

1. 急性型 多见于新疫区和新感染的猪群，病初精神不振，头下垂，站立一隅或伏卧，呼吸次数增至 60~120 次/min。随着病情的发展，呼吸困难加剧，严重病例张口呼吸，发出喘鸣声，有明显的腹式呼吸，咳嗽次数少而低沉。体温一般正常，如有继发感染则可升高。病程一般 1~2 周，病死率较高。

2. 慢性型 由急性型转来，也有部分病猪开始时就取慢性经过，常见于老疫区的架子猪、育肥猪和后备母猪。主要为咳嗽，清晨采食和剧烈运动时最明显。出现不同程度的呼吸困难，次数增加，有腹式呼吸。病程 2~3 个月，甚至半年以上。

3. 隐性型 可由急性或慢性转变而来，在较好的饲养管理条件下不显症状，但用 X 射线检查或剖检可见肺炎病变，在老疫区的猪中占有相当大的比例。如果加强饲养管理，肺炎病变可逐步消退而康复；反之则会出现急性或慢性症状，甚至死亡。

【病理变化】主要病变发生于肺、肺门淋巴结和纵隔淋巴结。急性死亡的病例可见肺有不同程度的水肿和气肿，早期病变发生在心叶，呈淡红色或灰红色，半透明状，病变部界限明显，似鲜嫩的肌肉样，俗称肉变。随着病程延长或病情加重，病变部转为浅红色、灰白色或灰红色，半透明状程度减轻，俗称胰变或虾肉样变。肺门淋巴结和纵隔淋巴结显著增大。继发细菌感染时，引起肺和胸膜纤维素性、化脓性和坏死性病变。

【诊断】

1. 临诊诊断 要点为明显的呼吸系统症状、病程和肺部病理变化等。

2. 实验室诊断 采集病猪肺组织接种培养基进行分离培养，对纯培养物进行生化试验鉴定。血清学诊断有微量补体结合试验、免疫荧光、微量间接血凝试验、微粒凝集试验和 ELISA 等。

3. 鉴别诊断 与猪巴氏杆菌病和猪肺丝虫病相鉴别。猪巴氏杆菌病为散发性或地方流行性，体温升高，食欲废绝，病程 1~2d，呈败血症变化或纤维素性肺炎。猪肺丝虫病的主要病变是支气管炎，切开病变部位可发现肺丝虫，粪便检查可见其幼虫。

【治疗】用壮观霉素、土霉素和卡那霉素治疗，对青霉素和磺胺类药物不敏感。

【防制措施】坚持自繁自养，必须引进时要严格隔离和检疫；在疫区以康复母猪培育无病后代，建立健康猪群，其鉴定标准是：观察猪群 3 个月以上，未发现有本病，放入 2 头易感小猪同群饲养也不被感染；1 年内整个猪群未发现本病，宰杀的肥猪和死亡猪均无病理变化；母猪连续生产两窝仔猪，从哺乳期、断奶后到架子猪，经观察无本病症状，1 年内每月经 X 射线检查全部无病变。

猪传染性萎缩性鼻炎

本病是由两种细菌联合感染引起的猪的慢性呼吸道传染病。二类动物疫病。主要特征为鼻炎、鼻梁变形和鼻甲骨萎缩，导致打喷嚏、鼻塞、颜面变形、呼吸困难和生长缓慢。

【病原体】Ⅰ相支气管败血波氏杆菌（Bb）和多杀性巴氏杆菌毒素源性菌株（Pm）是原发性感染因子，单独某一种感染不易引起发病。Bb为球杆菌，呈两极染色，革兰氏染色阴性，无芽孢，有的有荚膜，有周鞭毛，需氧。抵抗力不强，常用消毒剂均可灭活。

【流行病学】主要是通过飞沫经呼吸道感染。任何年龄的猪均可感染，但6～8周龄发病较多，发病率随着年龄的增长而下降，多为散发或地方流行性。环境卫生不良、长期饲喂粉料、营养成分缺乏和应激因素等，均可诱发本病。绿脓杆菌、放线菌、猪细胞巨化病毒和疱疹病毒可参与致病过程，使病情加重。犬、猫、家畜、家禽、兔、鼠、狐及人均可带菌成为传染源。

【症状】特征性症状是继鼻炎后出现鼻甲骨萎缩，致使鼻腔和面部变形。鼻甲骨萎缩程度与感染周龄、是否重复感染以及应激因素等有关。表现鼻炎、喷嚏、流涕，明显的张口呼吸。有的鼻炎延及筛骨板，进而扩散至脑而发生脑炎。常发生肺炎，并与鼻甲骨萎缩相互促进，同时加重。病猪生长停滞。

【病理变化】鼻腔软骨和鼻甲骨软化和萎缩，鼻甲骨下卷曲，重者鼻甲骨消失。

【诊断】

1. 临诊诊断 要点为特征性症状和病理变化等，据此基本可以诊断。

2. 实验室诊断 用鼻拭子采集病料，分离培养和鉴定Bb及Pm。猪感染2～4周后，血清中即出现凝集抗体，至少维持4个月，但仔猪在12周龄后才出现，可用已知Bb抗原进行检查。

3. 鉴别诊断 与传染性坏死性鼻炎和骨软病相鉴别。传染性坏死性鼻炎由坏死杆菌所引起，多发生于外伤后感染引起骨坏死；骨软病时头部肿大变形，骨质疏松，但鼻甲骨不萎缩，无喷嚏和流泪症状。

【治疗】可用磺胺或抗生素治疗，能减轻症状。

【防制措施】实行全进全出的饲养制度，避免引进大量年轻母猪，对新引入的猪必须隔离检疫；对发病猪群进行检疫，阳性及有明显症状的猪应及时淘汰，其余的隔离观察3～6个月，如仍有病猪出现，应禁止出售种猪和仔猪，并严格消毒；降低饲养密度，保持猪舍清洁，定期消毒；使用猪传染性萎缩性鼻炎疫苗，妊娠母猪于产前1个月进行免疫接种，所产仔猪于7日龄和21～28日龄分别进行免疫接种，种公猪每隔6个月接种1次。

为控制母猪感染仔猪，可在母猪产前1个月进行药物预防，磺胺嘧啶按每千克饲料加入0.1g，或土霉素按每千克饲料加入0.4g。乳猪出生3周内，注射敏感的抗生素3～4次，或鼻内喷雾，每周1～2次，直到断乳为止。育成猪可用磺胺或抗生素，连用4～5周。肥育猪宰前应停药。

猪流行性感冒

本病是由流行性感冒病毒引起的多种动物和人共患的急性高度接触性传染病，简称猪流感。三类动物疫病。主要特征为人和哺乳动物表现发热和急性呼吸道症状。

【病原体】流行性感冒病毒，简称流感病毒，分为A、B、C三型，A型可感染猪、马、禽类和人，B型一般仅感染人，C型常感染儿童。A型和B型病毒粒子呈多形性。病毒不耐热，60℃ 20min灭活，对酸、乙醚、甲醛和紫外线很敏感，常用消毒剂可灭活，对低温和干燥抵抗力强。

【流行病学】

1. 传播特性 康复和隐性感染猪在一定时间内可排毒。病毒主要在呼吸道黏膜细胞内增殖,当患病动物打喷嚏、咳嗽时随飞沫排出,经呼吸道感染。

2. 流行特点 在猪群中初次发生感染时,呈流行性和大流行性。多发于气候骤变的早春、晚秋和冬季,不良因素可诱发本病。传播迅速,流行猛烈,发病后迅速波及全群,但病死率一般很低,如有继发感染常使病情复杂化。

【症状】潜伏期短,平均为 4d。突然发病,几乎全群同时感染,体温升至 40.5~41.5℃,食欲减退或废绝,精神委顿,呼吸急促,腹式呼吸,结膜炎,流鼻液,肌肉僵硬、疼痛。多数于 6~7d 后康复。若继发支气管炎、支气管肺炎等则病程延长。

【病理变化】鼻、喉、气管和支气管黏膜充血、肿胀、被覆黏液。肺病变部呈紫红色且组织萎陷、坚实。颈淋巴结和纵隔淋巴结肿大、充血、水肿。

【诊断】

1. 临诊诊断 要点为流行特点、发病率和死亡率、呼吸系统症状等。

2. 实验室诊断 发热初期采集新鲜鼻液,接种于 9~11 日龄的鸡胚尿囊腔或羊膜腔内,培养 5d 后,收获尿囊液或羊水进行血凝试验。

3. 鉴别诊断 与猪巴氏杆菌病、急性猪支原体肺炎鉴别,可用 PCR 技术进行诊断和病毒分型。

【治疗】施以对症治疗,用抗生素或磺胺类药物控制继发感染。

【防制措施】由于流感病毒抗原复杂且易变异,亚型多且之间缺乏明显的交互保护性,给疫苗的应用带来了很大困难。因此,注意平时一般性综合卫生防疫措施。

猪接触传染性胸膜肺炎

本病是由胸膜肺炎放线杆菌引起的猪的呼吸道传染病。主要特征为急性纤维素性胸膜炎或慢性局灶性坏死性肺炎,急性型病死率高,慢性型多可耐过。

【病原体】胸膜肺炎放线杆菌,旧称胸膜肺炎嗜血杆菌,为典型的球杆菌,瑞氏染色呈两极着色,有荚膜和菌毛,革兰氏染色阴性。在血琼脂上的溶血能力具有鉴别意义。对外界环境抵抗力不强,60℃ 5~20min、常用消毒剂可灭活。

【流行病学】传染源以隐性带菌猪更为重要。主要通过飞沫经呼吸道感染。大规模饲养的猪群中最容易接触传播。各种年龄均易感,以 3 月龄较多。多发于春、秋两季。饲养密度过大、气候骤变、湿度大和通风不良等,可诱发本病,并增高发病率和死亡率。

【症状】潜伏期 1~2d。因猪的免疫状态、各种应激因素以及病原体的毒力和数量不同,症状存在差异。

1. 最急性型 一头或几头猪突然发病,体温升至 41.5℃,食欲废绝,短时下痢和呕吐,卧地不起,心跳加快,皮肤发绀,最后严重呼吸困难,呈犬坐姿势。一般在 24~36h 内,从口、鼻流出大量带血色泡沫而死亡。

2. 急性型 体温升高,精神沉郁,拒绝采食,呼吸困难,张口呼吸,咳嗽。极度痛苦状,鼻盘和耳朵发绀。可于 1~2d 内窒息死亡。

3. 亚急性和慢性型 发生于急性症状消失之后。体温不高,间歇性咳嗽,食欲不振,增重缓慢。慢性感染的猪群，常与肺炎支原体和巴氏杆菌混合感染而使病情加重。

【病理变化】肺炎大多为两侧性，多在心叶和尖叶以及膈叶。病变区色深，质地坚实。纤维素性胸膜炎时胸膜有纤维素性渗出物。慢性病例在肺膈叶上有大小不一的脓肿样结节。

【诊断】

1. 临诊诊断 要点为特征性呼吸系统症状和肺部病理变化等，可初步诊断。

2. 实验室诊断 采集支气管、鼻腔分泌物和肺部病变组织，与葡萄球菌交叉划线，接种于50%小牛血液琼脂培养基，在二氧化碳条件下，24h后在葡萄球菌生长线周围有β溶血的小菌落。用荧光抗体试验或协同凝集试验，检测肺抽提物中的血清型特异抗原，可作出特异性快速诊断。用改良补体结合试验，感染后2周即可检出抗体，3~4周达到高峰并持续数月。因与其他呼吸道传染病无交叉反应，故能有效检出慢性或隐性感染猪群。

【治疗】早期应用抗生素治疗可减少死亡，青霉素、磺胺类药物疗效明显，需大剂量并重复给药。

【防制措施】坚持自繁自养，严防引入带菌猪；发现病猪立即隔离，猪舍彻底消毒；通过检疫清除带菌猪，并施以抗生素治疗，同群猪用敏感抗生素进行预防；母猪和2~3月龄猪接种多价灭活疫苗。

第三节　以败血症为主症

以败血症为主症的猪的传染病主要有猪瘟、猪丹毒、猪链球菌病，还有猪副伤寒、李氏杆菌病等。

猪　　瘟

本病是由猪瘟病毒引起的猪的急性热性和高度接触性传染病。一类动物疫病。主要特征为发病急、高热稽留、细小血管壁变性、组织器官的广泛性出血和脾梗死。

【病原体】猪瘟病毒（HCV），呈20面体球状，有囊膜。猪肾细胞是最常用的培养细胞，在细胞质内复制，不产生细胞病变。病毒对环境的抵抗力不强，60℃ 10min可使细胞培养液失去传染性，对2%氢氧化钠敏感。

【流行病学】

1. 传播特性 猪是唯一的自然宿主，低毒力株持续性感染的猪是最危险的传染源。以淋巴结、脾和血液含毒量最高，粪便、尿及分泌物中也含有较多量的病毒。感染猪在发病前即可从口、鼻及泪腺分泌物、尿和粪便中排毒，并延续整个病程；康复猪在出现特异抗体后停止排毒。强毒株感染的猪在10~20d内大量排毒，而在出生后感染低毒株的则排毒期短。低毒株感染妊娠母猪时可侵袭胎儿，但仔猪出生时可表现正常并保持健康几个月，成为持续性感染来源并很难被发现，在流行病学上具有重要意义。主要经消化道、呼吸道、结膜和生殖道黏膜感染，也可经胎盘垂直传播。含毒猪肉及其制品几个月后仍有传染性，未经煮沸消毒的含毒残羹是重要的传播媒介，具有重要的流行病学意义。人和动物也能机械性传播。

2. 流行特点 流行无明显的季节性，但一般以春、秋季节多发。各种年龄均易感。引进外表健康的感染猪是暴发最常见的原因。急性暴发时，先是几头猪突然发病死亡，经过一段时间后病猪数量不断增加，待 3 周左右逐渐趋向低潮，这是本病特有的流行特点。

【症状】潜伏期 3~5d。根据症状和其他特征可分为以下四种类型。

1. 最急性型 常见于流行早期，稽留热，体温达 41℃ 以上，可视黏膜和腹下有针尖大密集的出血点，病程几小时至几天，多突然死亡。

2. 急性型 由强毒株引起。病初猪群仅有少数表现症状，精神委顿，弓背或呈怕冷状或低头垂尾，食欲减少，进而停食，体温升至 42℃ 以上，白细胞数量显著减少，初便秘后下痢，有些病例有呕吐，眼结膜炎，两眼有多量黏液-脓性分泌物，严重时眼睑完全封闭。随着病程的发展，群内有更多的猪发病，最初步态不稳，随后常发生后肢麻痹，腹下、鼻端、耳和四肢内侧等部位皮肤充血，后期变为紫绀或出血。大多数病猪在感染后 10~20d 死亡，症状较缓和的亚急性病程一般在 30d 之内。

3. 慢性型 病程分为 3 期。早期食欲不振，精神委顿，体温升高和白细胞减少；几周后进入中期，食欲和一般状况显著改善，体温降至正常或略高于正常，但白细胞仍减少；后期又出现食欲不振，精神委顿，体温再次升高，直至临死前不久才下降。病猪生长迟缓，慢性病猪可存活 100d 以上。

4. 迟发型 是由低毒力猪瘟病毒持续感染所引起的妊娠母猪的繁殖障碍。病毒通过胎盘感染胎儿而流产，产出木乃伊胎、畸形胎和死胎，以及有颤抖症状的弱仔或外表健康的感染仔猪。正常出生的仔猪，终生有高水平的病毒血症，但不产生中和抗体，是一种免疫耐受现象。子宫内感染的仔猪在出生后几个月可表现正常，随后出现轻度食欲不振，精神沉郁，结膜炎，皮炎，下痢和运动失调等，但体温不高，大多数能存活 6 个月以上，但最终以死亡为转归。

有些病例表现为温和型猪瘟，又称非典型猪瘟。症状轻缓，体温一般 40~41℃，皮肤一般无出血点，腹下多见瘀血和坏死，尾巴和耳部皮肤坏死，病期可达 2~3 个月。

【病理变化】

1. 最急性型 常缺乏明显病变，浆膜、黏膜和肾仅有少数点状出血，淋巴结轻度肿胀、潮红或出血。

2. 急性和亚急性型 主要以多发性出血为特征的败血症变化。具有诊断意义的特征性病变是脾梗死，脾边缘有针尖大小的出血点并有出血性梗死灶，突出于表面呈紫黑色。肾皮质上有针尖大小的出血点或出血斑。全身淋巴结水肿、周边出血，呈大理石样外观。全身黏膜、浆膜以及会厌软骨、心脏、胃肠、膀胱及胆囊等，均出现大小不等、多少不一的出血点或出血斑。胆囊和扁桃体有溃疡。脑膜和脑实质有针尖大出血点。

3. 慢性型 主要是坏死性肠炎，特征性病变是在回盲瓣口和结肠黏膜，出现坏死性固膜性溃疡性炎症，溃疡突出于黏膜似纽扣状称为扣状肿。肋骨的变化常见，表现突然钙化，从肋骨、肋软骨联合到肋骨近端出现明显的横切线。浆膜、黏膜出血和脾梗死性病变缺乏或不明显。

4. 迟发型 突出的变化是胸腺萎缩，外周淋巴器官严重缺乏淋巴细胞和生发滤泡。胎儿木乃伊化、死胎和畸形，死胎和出生后不久死亡的胎儿全身性皮下水肿，胸腔和腹腔积液，皮肤和内脏器官有出血点。

【诊断】早期确诊对及时采取防制措施，防止疫情蔓延和迅速扑灭具有重要意义。常根据流行病学特点、症状和病理变化特征进行综合诊断。

1. 流行病学诊断 一般开始流行，猪群仅有1~2头发病，并呈最急性经过，1~3周出现高峰。了解猪群免疫注射情况、药物治疗效果、邻近猪群是否发生类似疾病、传染来源等有助于诊断。

2. 临诊诊断 最具有诊断意义的是急性型的症状和病理变化。

3. 实验室诊断 采集脾和淋巴结接种于猪肾或睾丸原代培养细胞分离病毒，用已知猪瘟抗血清做病毒中和试验进行鉴定。可用荧光抗体病毒中和试验和ELISA检测血清中的抗体水平。

直接免疫荧光抗体试验是特异性较高的快速诊断方法。采集可疑病猪的扁桃体、淋巴结、肝、肾等，制作冰冻切片、组织切片或组织压印片，用猪瘟荧光抗体处理后，在荧光显微镜下观察，若在细胞中有亮绿色荧光斑块时判为阳性，呈青灰或带橙色时判为阴性。反转录聚合酶链反应（RT-PCR）也得到广泛应用。

将病料乳剂接种于家兔进行交互免疫试验，是准确实用的病原学诊断方法，其原理是猪瘟病毒能使兔产生免疫而不发病，兔化猪瘟病毒则能使兔产生热反应。将病猪的病料经抗生素处理后接种于兔，7d后再静脉注射兔化猪瘟病毒，每隔6h连续测温3d，若发生定型热反应则不是猪瘟，如无任何反应即是猪瘟。试验时应设对照组。

最急性猪瘟在临诊上与急性猪丹毒、最急性猪巴氏杆菌病、急性猪副伤寒类似。还要注意与败血性链球菌病和弓形虫病相鉴别。

【治疗】不予治疗，对患病动物一律扑杀。

【防制措施】平时要做到杜绝传染源的传入和通过传染媒介的传播，严格执行一般性卫生防疫措施，提高猪群的抗病力，利用残羹喂饲前应充分煮沸；坚持自繁自养，严禁从疫区引进猪；及时免疫接种，隔离观察2~3周；严禁非工作人员、车辆和其他动物进入猪场；加强对猪市场交易、运输、屠宰和进出口的检疫。

预防接种是预防猪瘟发生的主要措施。用猪瘟兔化弱毒疫苗，免疫后4d产生坚强免疫力，免疫期为1年以上。国内认为较合适的免疫程序是20日龄时首免，65日龄时二免。对发生疫情时假定健康群施以免疫接种时，每头猪的剂量可加至2~5头份。还有猪瘟-猪肺疫-猪丹毒三联苗，猪瘟兔化弱毒-猪丹毒二联苗。

猪 丹 毒

本病是由红斑丹毒丝菌引起的人和猪共患的急性热性传染病。人患本病称为类丹毒。二类动物疫病。主要特征为急性型表现为败血症，亚急性型表现为皮肤疹块，慢性型表现为关节炎和心内膜炎及皮肤坏死。

【病原体】红斑丹毒丝菌，又称丹毒杆菌，纤细，从慢性型病灶中分离的菌常呈分支的长丝状，在组织触片或血片中，呈单在、成对或丛状。不运动，无芽孢和荚膜，革兰氏染色阳性。2%福尔马林、1%漂白粉、1%氢氧化钠、5%石灰乳和热很快灭活，但对石炭酸、腐败和干燥环境有较强的抵抗力，在污水中可存活15d，深埋的尸体中可存活9个月。在土壤中可存活3~14个月，在流行病学上具有重要意义。

【流行病学】

1. 传播特性 有35%~50%健康猪的扁桃体和淋巴组织中存在本菌。排出的病菌污染环境、饲料和饮水等，主要经消化道感染，也可以通过损伤的皮肤感染，吸血昆虫可机械性传播。

2. 流行特点 主要发生于架子猪，随着年龄的增长而易感性降低，以3~12月龄多见。南方四季均可发生，北方多发于炎热多雨的夏季。常呈散发或地方流行性，但可以发生暴发性流行。食入屠宰和加工厂的废弃物、残羹、鱼粉和骨粉等动物性蛋白质饲料，均可诱发本病。从50多种哺乳动物、半数的啮齿动物和30种野鸟中都分离到了本菌。

【症状】

1. 急性败血型 在流行初期有一头或数头猪不表现任何症状而突然死亡，其后相继发病。体温升至42~43℃，稽留热型，体质虚弱，卧地不起，食欲废绝，有时呕吐，结膜充血，先便秘后腹泻，重者呼吸增快，黏膜发绀。部分病猪皮肤潮红，继而发紫，以耳、颈和背等部位较多见。病程3~4d，病死率80%左右。耐过的病例转为疹块型或慢性型。哺乳期刚断乳的仔猪，表现突然发病，神经症状，抽搐，倒地而死，病程一般不超过1d。

2. 亚急性疹块型 特征为皮肤表面出现疹块。病初少食，口渴，便秘，有时呕吐，体温升至41℃以上。发病后2~3d，皮肤出现方形、菱形或圆形疹块且凸出于皮肤表面。初期疹块充血，指压褪色，后期瘀血，呈紫蓝色，压之不褪。出现疹块后体温开始下降，病势减轻，病猪可能康复。若病势较重或长期不愈，则有部分或大部分皮肤坏死，久之变成革样痂皮。也有部分病例病情恶化，转变为败血型而死亡。病程1~2周。

3. 慢性型 常见有关节炎、心内膜炎及皮肤坏死。关节炎时出现四肢关节肿胀、变形，跛行，虚弱，消瘦，生长缓慢，病程数周至数月。心内膜炎时表现消瘦，贫血，喜伏卧，不愿走动，心跳加速，心悸亢进，呼吸急促，常因心脏麻痹而死亡。皮肤坏死常发生于背、肩、耳、蹄和尾部，局部皮肤隆起、坏死、色黑、干硬，经2~3个月脱落，遗留疤痕而自愈。

【病理变化】败血型主要以急性败血症的全身变化和皮肤红斑为特征。全身淋巴结发红肿大，切面多汁，呈浆液性、出血性炎症。脾肿大，呈樱桃红色。心内膜和外膜有小点状出血。胃底及幽门部黏膜弥漫性出血，十二指肠和空肠前段黏膜有出血性炎症。肾皮质点状出血，体积增大，呈弥漫性暗红色。

疹块型以皮肤疹块为特征性变化，死亡后与生前无明显差异。

慢性关节炎表现关节肿胀，关节囊内有多量浆液性、纤维素性渗出液，黏稠或带红色，后期滑膜绒毛增生肥厚。慢性心内膜炎时多见二尖瓣膜有溃疡性或花椰菜样疣状赘生物。

【诊断】

1. 临诊诊断 要点为发病季节、热型和各型的典型病理变化等。

2. 实验室诊断 急性型采集耳静脉血，死后采集心血、肝、脾、淋巴结等，亚急性采集疹块边缘皮肤，慢性型采集关节液和心内膜的增生物，抹片后染色、镜检。将病料接种于血琼脂，37℃培养36~48h，出现表面圆整光滑、呈微蓝绿色露珠状的菌落。

血清学检查主要用于本病的流行病学调查和鉴别诊断，用荧光抗体试验可直接检查病料中的细菌进行快速诊断，血清抗体检测及免疫效果评价可采用血清培养凝集试验，菌的鉴别和菌株分型可用SPA协同凝集试验、琼脂扩散试验等。

3. 鉴别诊断 急性败血型应与猪瘟、猪巴氏杆菌病、猪链球菌病和李氏杆菌病等相鉴别。

【治疗】早期治疗有显著疗效，对青霉素高度敏感，每天静脉注射1次，同时常规量肌内注射,体温和食欲恢复正常后继续用药24h,过早停药易于复发和转为慢性。

【防制措施】仔猪免疫接种可能受到母源抗体的干扰,应在断奶后进行。有猪丹毒灭活菌苗、猪丹毒弱毒活菌苗、猪瘟-猪丹毒二联苗、猪瘟-猪丹毒-猪巴氏杆菌病三联苗。病猪及时隔离治疗,同群未发病猪用青霉素预防,待药效消失后接种猪丹毒弱毒疫苗;用具和场地严格消毒;尸体、粪便和垫草等无害化处理。动物医学工作者和屠宰加工人员等应注意防护和消毒。

猪链球菌病

本病是由多种不同群的链球菌引起的猪等多种动物和人共患的传染病。二类动物疫病。主要特征为急性型表现出血性败血症和脑膜炎、病死率高,慢性型表现为关节炎、心内膜炎、组织化脓性炎和淋巴结脓肿。

【病原体】链球菌,种类繁多,急性型由C群链球菌引起,慢性型由E群链球菌引起。本菌呈圆形或卵圆形,常排列成长短不一的链状,不形成芽孢,一般无鞭毛,有的菌株在体内或含血清的培养基内能形成荚膜,革兰氏染色阳性。对外界环境抵抗力较强,在29～33℃的场地上能存活6d,对热和常用消毒剂敏感。

【流行病学】

1. 传播特性 一部分链球菌有致病性,另一部分无致病性。隐性感染的猪在扁桃体和上呼吸道正常带菌,是最危险的传染源。病猪的鼻液、唾液、尿、血液、肌肉、内脏和关节内均可检出。经呼吸道、消化道、受伤的皮肤和黏膜等感染。

2. 流行特点 以猪、牛、羊、鸡最常见。哺乳和断奶仔猪最易感,妊娠母猪的发病率也高。仔猪感染主要是由于引进隐性感染的母猪。猪群一旦发生则很难清除。流行无季节性,但以5～11月较多,与气候炎热等诱因有关,7～10月可出现大流行,地方性流行时多呈败血型。未经无害化处理的病死猪肉、内脏及废弃物是散播本病的主要原因。

【症状】

1. 猪败血性链球菌病 最急性型常见于流行初期,多不表现症状而突然死亡,或突然食欲废绝,精神委顿,体温升至41～42℃,卧地不起,呼吸促迫,多在1d内死于败血症。

急性型表现为突然发病,体温升至42～43℃,呈稽留热,喜卧,食欲减退或废绝,喜饮水,眼结膜潮红,流泪,呼吸促迫,间有咳嗽,流鼻液,颈部、耳郭、腹下及四肢下端皮肤呈紫红色并有出血点。多于3～5d因心力衰竭而死亡。

慢性型多由急性型转化而来。主要表现多发性化脓性关节炎,关节肿胀,高度跛行,疼痛,站立困难,严重时后肢瘫痪,最后衰竭、麻痹而死亡。

2. 猪链球菌性脑膜炎 多见于哺乳和断奶仔猪,以脑膜脑炎为主症。体温升高,拒食,便秘,流浆液或黏液性鼻液。之后迅速出现神经症状,盲目走动,步态不稳,转圈运动,触动时尖叫或抽搐,口吐白沫,四肢划动。多在1～2d死亡。

3. 猪淋巴结脓肿 以颌下、咽部、颈部等处淋巴结脓肿为特征。康复猪的扁桃体可带菌6个月以上,在传播上起重要作用。体温升高,食欲减退,由于脓肿压迫,致使采食、咀嚼和吞咽困难,甚至呼吸障碍。脓肿破溃后,全身症状明显减轻,脓汁排净后逐渐康复。病程2～3周,一般为良性经过。

【病理变化】败血型以出血性败血症病变和浆膜炎为主,血凝不良,皮肤有紫斑,黏膜、浆膜和皮下出血。胸腔积液，含有纤维素。全身淋巴结水肿、充血和出血。肺充血肿胀。心包积液，心肌柔软，色淡呈煮肉样。脾明显肿大，呈暗红色或紫蓝色，柔软易碎，包膜下有出血点，边缘有出血梗死区，切面隆起，结构不清。肝边缘钝厚，质地较硬，结构不清。肾肿大，皮质髓质界限不清，有出血点。胃肠黏膜和浆膜有小点出血。脑膜和脊髓软膜充血、出血。关节炎病变是关节囊膜面充血、粗糙，滑液混浊，关节周围组织有多发性化脓灶。

【诊断】症状和剖检变化复杂，易与猪丹毒、李氏杆菌病等相混淆，因此应进行综合性诊断和微生物学检查方可确诊。

采集肝、脾、肾、血液、关节液、脑脊髓液、脑组织等涂片，用碱性美蓝或革兰氏染色，镜检见到革兰氏染色阳性单个、成对、短链或呈长链的球菌，可以确诊。注意与双球菌和两极染色的巴氏杆菌等相区别。

【治疗】通过药敏试验选用敏感的抗菌药物。

【防制措施】免疫接种是最重要的措施，可用猪链球菌病灭活疫苗，皮下注射 3～5mL；或用猪败血性链球菌病弱毒疫苗，皮下注射 1mL，或口服 4mL。免疫期均为 6 个月。严格执行一般性卫生防疫措施；引入猪实行隔离观察；出现疫情后尽快确诊，封锁疫区，隔离病猪，严格消毒；对病猪施以治疗，可疑猪用药物预防或紧急接种；患病猪一律送到指定屠宰场宰杀后化制处理。

第四节 以神经症状为主症

以神经症状为主症的猪的传染病主要有伪狂犬病、李氏杆菌病，还有狂犬病、链球菌病、破伤风、仔猪大肠杆菌病、哺乳仔猪的繁殖与呼吸综合征等。

伪狂犬病

本病是由伪狂犬病病毒引起的猪等多种动物共患的急性传染病。二类动物疫病。主要特征为新生仔猪表现神经症状，成年猪为隐性感染，母猪流产和呼吸系统症状。

【病原体】伪狂犬病病毒（PRV），呈球形，有囊膜和纤突。只有一个血清型，但毒株间存在差异。对外界环境的抵抗力很强，在圈舍内能存活 30d 以上，对 0.5%～1% 氢氧化钠、福尔马林和日光敏感，常用消毒剂均可灭活。

【流行病学】

1. 传播特性 病猪、带毒猪和鼠是主要传染源，尤其隐性感染的猪是最危险的传染源，通过眼鼻分泌物、唾液、乳汁等排毒。经消化道感染，也可经呼吸道、生殖道及损伤的皮肤感染。泌乳母猪感染后 6～7d 乳中便有病毒，持续 3～5d，仔猪吮乳时感染。妊娠母猪可经胎盘感染胎儿。鼠类既是带毒者，又是传播者。

2. 流行特点 本病多发于冬、春季节，一般为散发，有时呈地方性流行。哺乳仔猪日龄越小，发病率和病死率越高，断奶后多不发病。成年猪多呈隐性感染。以猪、牛最易感，还可感染羊、犬、猫、兔、鼠及野生动物。人偶尔感染。

【症状】潜伏期一般为 3～6d。随着年龄的不同其症状有所不同。2 周龄以内的病情严重，体温升高，精神委顿，厌食，呕吐，下痢，有的呈腹式呼吸，然后出现神经症状，全身抖动，运动失调，作前进或后退运动，阵发性痉挛，后躯麻痹，倒地划动四肢，最后昏迷死亡。3~4周龄的猪病程稍长。部分耐过猪常有偏瘫和发育受阻等后遗症。2月龄以上的猪症状较轻或隐性感染，仅表现一过性发热，咳嗽，便秘，有时呕吐，几天内可完全恢复。如果体温继续升高，则会出现神经症状，也可死亡。妊娠母猪表现为发热、咳嗽，常发生流产、死胎、木乃伊胎和弱仔。

【病理变化】无特征性病变。有神经症状的仔猪脑膜充血、出血和水肿，脑脊髓液增多。

【诊断】根据流行病学和特征性症状可初步诊断，确诊需进行实验室检查。采集患病部水肿液、脊髓和脑组织等，制成10倍稀释乳剂，取离心后上清液1~2mL皮下接种家兔，48~72h注射部位出现奇痒，1~2d死亡，结合症状基本可以确诊。也可用直接免疫荧光法检查病料中的特异抗原，用中和试验检查血清抗体。PCR技术可快速诊断，还有琼脂扩散试验、补体结合试验和ELISA等。

【治疗】尚无特效药物，一般施以对症治疗。

【防制措施】消灭鼠类具有重要意义；每3~4周对猪群进行一次严格检疫，淘汰阳性猪，直到两次检疫全部为阴性；引进猪应隔离观察；流行地区可进行免疫接种，但无病猪场一般禁用疫苗，尤其在同一头猪只能用一种基因缺失苗，以避免疫苗毒株间的重组。发生疫情时应立即隔离或扑杀病畜，尸体销毁或深埋，未发病的猪群进行紧急免疫接种；圈舍、用具及污染的环境，用2%氢氧化钠、20%漂白粉等彻底消毒；粪便无害化处理。

李氏杆菌病

本病是由李氏杆菌引起的人和多种动物共患的散发性传染病。三类动物疫病。主要特征为脑膜脑炎、败血症和流产。

【病原体】产单核细胞李氏杆菌，革兰氏染色阳性，在抹片中单在或两菌呈V形排列，无荚膜，无芽孢，有鞭毛。在土壤、粪便中可存活数月，常规巴氏消毒法无效，65℃经30~40min才能灭活，常用消毒剂均有效。

【流行病学】

1. 传播特性　感染来源主要是病猪和其他带菌动物，通过粪便、尿、乳汁、流产胎儿和子宫分泌物等排菌。经消化道、呼吸道、眼结膜及损伤的皮肤感染。污染的饲料和饮水可能是主要传播媒介。

2. 流行特点　无年龄界限，以幼龄较易感，发病较急。通常散发，冬季和早春多发。气候骤变、缺乏青饲料、内寄生虫或沙门氏菌感染时，均可诱发本病。以绵羊、猪、兔、鸡、火鸡、鹅较多，牛和山羊次之，已从40余种哺乳动物、20余种禽类，以及鱼类、甲壳类动物中分离出本菌，它们都是重要的贮藏宿主。

【症状】潜伏期2~3周。主要表现神经症状，意识障碍和运动失常，盲目行走，转圈运动。有些病例表现头颈后仰、前肢或后肢张开，呈典型的观星姿势。肌肉阵发性痉挛，口吐白沫，侧卧倒地，四肢乱划。一般经1~4d死亡，长的可达7~9d。孕母猪常发生流产。

仔猪多发生败血症，体温升高，精神沉郁，食欲废绝，全身衰竭，咳嗽，呼吸困难，皮肤发绀，腹泻等。病程为1~3d，病死率高。

人主要经消化道感染，也可经胎盘和产道感染胎儿，眼睛和皮肤可发生局部感染。表现脑膜炎、粟粒性脓肿、败血症、心内膜炎等，以脑膜炎较为多见。孕妇可流产。

【病理变化】有神经症状的猪，脑膜和脑实质充血、水肿，脑脊液增多、混浊，脑干软化，有小脓灶。败血症仔猪有败血症病变和肝坏死灶。

【诊断】根据流行病学及剖检变化可疑为本病，确诊需进行实验室诊断。

1. 临诊诊断 要点为典型的神经症状，仔猪多发生败血症等。

2. 实验室诊断 采集血液、脑组织、脑脊液、肝、脾等涂片镜检。直接荧光抗体染色法可快速、准确诊断。用凝集试验和补体结合试验检测血清中的抗体。

3. 鉴别诊断 注意与表现神经症状的猪狂犬病和猪传染性脑脊髓炎等疾病相鉴别。猪狂犬病传播较快，大猪发病时症状较轻。猪传染性脑脊髓炎表现特殊的神经过敏，突然刺激时肌肉痉挛和角弓反张，用病变脑组织悬液滴鼻或腹腔注射只能使猪发病。

【治疗】对链霉素、四环素和磺胺类药物敏感，病初大剂量应用效果较好。

【防制措施】平时加强卫生防疫及饲养管理，禁止从疫区引进畜禽，驱除寄生虫，发病时采取隔离、消毒、治疗等防疫措施。人接触易感动物及其产品或剖检时应注意防护，防止被污染的乳、肉、蛋和蔬菜感染。

第五节 以贫血和黄疸为主症

以贫血和黄疸为主症的猪的传染病主要有钩端螺旋体病、猪圆环病毒病、附红细胞体病等。

钩端螺旋体病

本病是由钩端螺旋体引起的多种动物和人共患的自然疫源性传染病。二类动物疫病。症状表现复杂，征候群类型较多，主要有发热、黄疸、血红蛋白尿、出血性素质、流产、皮肤和黏膜坏死、水肿等。

【病原体】钩端螺旋体，多形状，纤细，有螺旋结构，一端或两端呈钩状，暗视野显微镜下观察呈小珠链状。用镀银法和姬姆萨染色法检查效果较好。耐寒冷，在含水的泥土中可存活半年，对热、酸和碱敏感，70%酒精、0.5%石炭酸、0.05%升汞、2%盐酸均可灭活。

【流行病学】

1. 传播特性 猪、牛、犬的带菌率和发病率较高，老鼠也是主要传染源之一，其排泄物污染食物或物品，经消化道感染，也可经损伤的黏膜或皮肤感染。

2. 流行特点 流行有明显的季节性，以7～10月为高峰期。饲养管理与本病的发生和流行关系密切，不良诱因可使处于隐性感染的动物发病和促使暴发。所有的温血动物均有易感性，发生于各种年龄，但以幼龄较多。公犬发病率高，但死亡率不高。猪与犬密切接触则使感染的机会增加。

【症状】潜伏期5～15d。

1. 急性型 体温升高，厌食，皮肤干燥，1～2d内全身皮肤和黏膜泛黄，尿呈浓茶色或血尿。数小时至几天内惊厥而死。病死率很高。

2. 亚急性型和慢性型 多发生于断奶前后或体重30kg以下的小猪，呈地方流行性或暴发。体温升高，眼结膜潮红，食欲减退，精神不振。几天后眼结膜潮红浮肿、黄疸，有些病例上下颌、头和颈部甚至全身水肿，出现血红蛋白尿甚至血尿。有时粪便干硬，有时腹泻。病程由十几天至一个多月。病死率50%～90%。恢复的猪生长迟缓，成为僵猪。妊娠母猪流产或产异常胎，甚至流产后急性死亡。

【病理变化】皮肤、皮下组织、浆膜和黏膜有程度不同的黄疸，胸腔和心包有黄色积液。心内膜、肠系膜、肠、膀胱黏膜等出血。肝肿大呈棕黄色，胆囊肿大、瘀血。

【诊断】

1. 临诊诊断 钩端螺旋体的血清群和血清型十分复杂，症状和病理变化多种多样，必须结合症状、病理变化、微生物学和免疫学综合分析才能确诊。

2. 实验室诊断 生前早期检查采集血液，中后期采集脊髓液和尿，死后一般采集肝、肾、脾、脑等组织，采集的病料放置不得超过3h，否则组织中的大多数菌体发生溶解。病料可直接进行暗视野镜检或用镀银染色后检查。将病料接种于钩端螺旋体培养基进行分离培养，用荧光抗体试验鉴定分离菌。间接血凝试验具有属特异性，可用于早期诊断；ELISA的特异性、敏感性和高检出率，可用于早期诊断；炭凝集试验具有群体特异性，常用于检疫；补体结合试验常用于流行病学调查或普查；DNA探针技术、PCR也广泛使用。

【治疗】大剂量双氢链霉素有一定的疗效，配合高免血清效果更好。施以对症治疗。

【防制措施】主要是消除传染源和切断传播途径，清除排菌和带菌动物，加强防鼠灭鼠工作，避免饮水、饲料和食物被污染；严格隔离病犬，禁止猪和犬密切接触，猪食用有肉类的食物要严格消毒；发生疫情时可用钩端螺旋体病多价苗对猪进行紧急免疫接种。

猪圆环病毒病

本病是由猪圆环病毒引起的猪的传染病。二类动物疫病。主要特征为体质下降、贫血、黄疸、腹泻和呼吸困难。

【病原体】猪圆环病毒（PCV），无囊膜。在环境中极其稳定，能抵抗60℃ 30min。

【流行病学】

1. 传播特性 传染源尚不十分清楚。病毒在猪群中分布极广，血清阳性率达20%～80%。

2. 流行特点 以散发为主，病程发展较缓慢，有时可持续12～18个月，但有时可出现暴发。哺乳仔猪很少发病，多集中于断奶后2～3周和5～8周的仔猪。饲养管理不当、环境恶劣、通风不良、饲养密度过大等各种应激因素，均可诱发本病，增加死亡率。

病毒能破坏猪的免疫系统而造成免疫抑制，因此，本病常与猪繁殖与呼吸综合征、猪细小病毒病、伪狂犬病、猪支原体肺炎、猪接触传染性胸膜肺炎、猪巴氏杆菌病和猪链球菌病等混合或继发感染，使病情加重。

【症状】除有以下3种表现形式以外，还有间质性肺炎型和新生仔猪传染性先天性震颤型。

1. 衰竭综合征型 仔猪断奶后呈多系统衰竭综合征，表现精神沉郁，食欲不振，呼吸困难，发育不良，消瘦，贫血，黄疸，腹泻，皮肤苍白，肌肉衰弱无力，体表淋巴结肿大。

2. 皮炎和肾病综合征型 特征性症状是在会阴部、四肢、胸腹部及耳朵等处的皮肤上，出现圆形或不规则的红紫色斑点或斑块，有时斑块相互融合呈条带状，不易消失。还表现发热，不食，消瘦，跛行，结膜炎和腹泻等。

3. 繁殖障碍型 主要发生于初产母猪，产木乃伊胎。经产母猪无症状，繁殖能力也正常。

【病理变化】
1. 衰竭综合征型 尸体消瘦,有不同程度贫血和黄疸。全身淋巴结高度肿大,切面呈均质苍白色。可见间质性肺炎和黏液脓性支气管炎变化,肺部有散在隆起的橡皮状硬块。严重病例肺泡出血,在心叶和尖叶有暗红色或棕色斑块。脾肿大。肾苍白并有散在白色病灶,被膜易剥落,肾盂周围组织水肿。胃在靠近食管区域常有大片溃疡。盲肠和结肠黏膜充血和有出血点,少数病例见盲肠壁水肿。

2. 皮炎和肾病综合征型 主要是出血性坏死性皮炎和动脉炎,以及渗出性肾小球肾炎和间质性肾炎。肾肿大、苍白,表面覆盖有出血小点。脾轻度肿大,有出血点。肝呈橘黄色外观。心脏肥大,心包积液。胸腔和腹腔积液。淋巴结肿大、切面苍白。胃有溃疡。

3. 繁殖障碍型 妊娠母猪有时可见死胎和木乃伊胎。新生仔猪胸、腹腔积水,心脏扩大、松弛、苍白。

【诊断】
1. 临诊诊断 要点为发病周龄和特征性病理变化等,贫血和黄疸具有诊断意义。
2. 实验室诊断 采集肝、脾、肾及淋巴结病料进行分离培养,做荧光抗体试验鉴定分离的病毒。可用 ELISA 检测血清中的抗体,但若病毒已经在猪场广泛存在,其结果不能作为确诊的唯一依据。

【治疗】目前尚无有效疗法。国外试用血清疗法,采集感染猪场健康成年猪的血液,分离血清,每毫升加 0.25mg 恩诺沙星,分装冷冻保存,仔猪出生 7d 后皮下注射 3mL。

【防制措施】坚持全进全出的饲养制度;在断齿、断脐、断尾、打耳号时一定要严格消毒;猪舍通风良好,经常清洗和消毒;定期驱虫和补铁;发生疫情时,扑杀病猪,并加强消毒。常与猪繁殖与呼吸综合征混合感染或继发感染,因此,常发地区应接种猪繁殖与呼吸综合征疫苗。

附红细胞体病

本病是由附红细胞体引起的多种动物和人共患的传染病。三类动物疫病。主要特征为贫血、黄疸和发热。

【病原体】附红细胞体,呈球形、卵圆形、逗点形或杆状等多形态,多在红细胞表面单个或成团寄生,有的在血浆中呈游离状态。姬姆萨染色呈紫红色,瑞氏染色呈淡蓝色。尚无纯培养的方法。对干燥和消毒剂的抵抗力弱,一般消毒剂几分钟内即可灭活。对低温的抵抗力强,5℃时可保存 15d,在冰冻血液中存活 31d,冻干可保存 765d。

【流行病学】
1. 传播特性 附红细胞体在猪群中广泛存在。传播途径尚不清楚,但猪通过摄食血液、舔舐伤口、互相斗殴或食入被污染的尿液等感染,还可经胎盘感染胎儿,导致猪死亡率高、精液带虫等。可通过断尾、注射、打耳号、去势及吸血昆虫叮咬而传播。附红细胞体有相对宿主特异性,动物种间互不传播。

2. 流行特点 猪、鼠类、绵羊、山羊、牛、犬、猫、鸟类和人均易感。绵羊附红细胞体只要感染一个细胞就能使绵羊发病,而山羊却不敏感。发生有季节性,多见夏秋或雨水较多的季节,可能与吸血昆虫大量滋生有关。

【症状】潜伏期 6~10d。动物感染附红体病后多呈隐性经过,有时受应激因素刺激可出现症状。表现发热，食欲不振，精神委顿，黏膜黄染，贫血，背、腰及四肢末梢瘀血，淋巴结肿大，还可出现呼吸加快、腹泻。急性病例病情恶化后，常于数天内死亡。母猪出现乳房炎，个别病例发生流产和死胎，转为慢性后不发情或不孕。血液学检查时红细胞数减少，血红蛋白下降，淋巴细胞数和单核细胞数上升等。

【病理变化】急性病例体表出现紫红色斑块，贫血和黄染少见。病程较长时，黏膜和浆膜黄染，贫血。肝肿大、质硬，胆汁浓稠。脾肿大，质软脆。肺气肿、水肿，有些病例出血严重。肾肿大和有不同程度的炎性变化。

【诊断】

1. 临诊诊断 要点为多数呈隐性经过，有时受应激因素刺激表现发热、贫血和黄疸等。

2. 实验室诊断 采集病猪血液涂片，用姬姆萨或瑞氏染色、镜检，可见紫红色或粉红色的病原体。或取猪耳尖血1滴，加等量生理盐水后加盖玻片油镜下观察，可见呈球形、逗点形和杆状等形态的病原体。附着在红细胞表面的病原体，因表面张力的作用，红细胞在视野内上下震颤或左右运动，红细胞呈锯齿状、星状等不规则形状；游离于血浆中的病原体，可做伸展和收缩等运动。用已知抗原做补体结合试验检测血清中的抗体。

【治疗】早期用药能收到良好效果，若体表出现暗红色瘀斑时则效果不理想。新胂凡纳明按每千克体重10～30mg，静脉注射，连用3d。贝尼尔按每千克体重5～7mg，每日1次或隔日1次，3次为1个疗程。

【防制措施】采取综合卫生防疫措施，尤其要避免昆虫叮咬；做好器械消毒；消除应激因素；对病猪及时隔离治疗，采取严格的消毒措施等。将土霉素或四环素族等按每吨饲料600g混入，连用2～3周，对受威胁猪群进行预防。

第六节 以皮肤和黏膜水疱为主症

以皮肤和黏膜水疱为主症的猪的传染病主要有口蹄疫、猪水疱病，还有已在有关章节阐述的征候群类型较多的钩端螺旋体病，以及猪水疱性口炎、猪水疱性疹等。

口 蹄 疫

本病是由口蹄疫病毒引起的偶蹄动物的急性热性和高度接触性传染病，俗称口疮、蹄癀。一类动物疫病。主要特征为口腔黏膜、蹄部和乳房皮肤发生水疱和溃烂。

【病原体】口蹄疫病毒（FMDV），呈球形或六角形，无囊膜。病毒具有多型性和易变异性，已知有7个血清型，即A、O、C、南非1、南非2、南非3型和亚洲1型，每一主型又分若干亚型，我国多为O、A型和亚洲1型。各主型之间无交互免疫性，同一主型各亚型之间有一定的交叉免疫性。病毒在流行中出现变异，所用疫苗的毒型与流行毒型不同时，则不能产生预期的防疫效果。病毒对外界环境的抵抗力很强，被病毒污染的饲料、土壤和毛皮可保持传染性数周至数月，对紫外线、热、酸和碱敏感，1％～2％氢氧化钠、3％～5％福尔马林、0.2％～0.5％过氧乙酸、0.1％灭菌净等均为良好的消毒剂。

【流行病学】

1. 传播特性 潜伏期和康复动物是危险的传染源。病毒随排泄物和分泌物排出，其中以水疱液、水疱皮、乳、尿、唾液和粪便含毒量最高、毒力最强，特别是猪通过气溶胶排毒量最大。通过直接接触和间接接触传播，主要经消化道感染，也可经呼吸道和损伤的皮肤黏膜感染。近年来证明通过污染的空气经呼吸道感染更为重要。饲料、垫草、用具、饲养员，以及犬、猫、鼠类和家禽等都可成为传播媒介。

2. 流行特点 传播迅速、流行猛烈、发病率高、死亡率低。幼龄较成年动物易感。四季均可发生，但在牧区一般从秋末开始，冬季加剧，春季减少，夏季平息，在农区季节性则不明显。常呈流行性或大流行性，自然条件下每隔1~2年或3~5年流行一次，往往沿交通线蔓延扩散或传播，也可跳跃式地远距离传播。易感动物多达30余种，但主要是偶蹄动物，其中奶牛、黄牛最易感，其次为猪、牦牛和水牛，再次为绵羊、山羊、骆驼。单纯性猪口蹄疫仅猪发病，不感染牛羊，不出现迅速扩散和跳跃式流行，主要发生于猪集中饲养的地区及交通密集的沿线。

【症状】潜伏期1~2d。发病迅速，很快蔓延全群。病初体温升至40~41℃，精神沉郁，食欲减少或废绝。不久在口腔、舌、唇、齿龈和颊黏膜形成小水疱，破溃后形成糜烂。蹄冠、蹄叉、蹄踵等处红肿，出现水疱，破溃后形成出血性溃疡，跛行。鼻盘和乳房也可见到水疱和烂斑。一般取良性经过，如无继发感染，约经1周即可痊愈，但继发感染后患部出现化脓、坏死，严重时蹄匣脱落。哺乳仔猪多呈急性胃肠炎和心肌炎而突然死亡，病死率高。

【病理变化】除口腔、蹄部出现水疱和烂斑外，咽喉、气管和支气管黏膜有时也出现圆形烂斑和溃疡，上盖有黑棕色痂皮，胃肠黏膜可见出血性炎症。急性死亡的幼龄动物出现心肌变性和出血。取慢性经过死亡的动物，心肌有灰白或淡黄色斑点或条纹，似虎皮上的斑纹，称为虎斑心，具有诊断意义。

【诊断】根据流行病学特点、症状和剖检变化等可初步诊断。

1. 临诊诊断 要点为口腔和蹄部的特征性变化，虎斑心病理变化具有重要的参考价值。

2. 实验室诊断 采集患病动物的水疱皮或水疱液为病料，水疱皮用pH7.4的0.01mol/L磷酸盐缓冲液（PBS）制备浸出液，或直接用水疱液接种于BHK细胞或猪甲状腺细胞进行病毒培养分离，然后作蚀斑试验。

血清学诊断有ELISA、免疫荧光抗体技术、中和试验、补体结合试验或微量补体结合试验、琼脂免疫扩散试验、反向间接血凝试验等。阻断夹心酶联免疫吸附试验等新方法已用于进出口动物的血清检测，国内外报道利用生物素标记探针技术检测病毒。

3. 鉴别诊断 与猪水疱病、猪水疱性疹和猪水疱性口炎相鉴别，可做乳鼠接种试验。采集病料分别给2日龄、7~9日龄乳鼠进行腹腔内或皮下接种，观察1~4d，2日龄和7日龄组均健活为猪水疱性疹；2日龄组死亡，而7日龄组健活即为猪水疱病；2日龄组和7日龄组均死亡即为口蹄疫或猪水疱性口炎。

【治疗】不予治疗，对患病动物一律扑杀。

【防制措施】平时加强检疫，禁止从疫区购入动物、动物产品、饲料和生物制品等；购入动物必须隔离观察，确认健康方可混群；常发地区定期用相应毒型的疫苗进行预防接种，有猪O型口蹄疫BEI（二乙烯亚胺）灭活油佐剂苗，免疫期可达6个月。

发生本病后应及时上报疫情，尽早确诊，划定疫点、疫区和受威胁区，按"早、快、严、小"的原则及时隔离封锁；病猪及同群猪应隔离急宰后销毁，被污染的圈舍、场所及用具等彻底消毒，圈舍和场地用2%氢氧化钠、10%石灰乳、2%福尔马林或含氯制剂消毒；对进出疫区的车辆严格消毒；对受威胁区的易感动物进行紧急预防接种。

猪水疱病

本病是由猪水疱病病毒引起的猪的急性传染病。一类动物疫病。主要特征为蹄部、口部、鼻端以及腹部和乳头周围皮肤发生水疱。

【病原体】 猪水疱病病毒（SVDV），对乙醚不敏感，说明无类脂质囊膜。病毒与口蹄疫病毒、水疱性口炎病毒和水疱疹病毒没有交叉免疫反应，这4种病毒虽然都能使动物出现相似的症状，但抗原性不同。病毒不耐热，60℃ 30min 和 80℃ 1min 即可灭活，在猪舍内可存活8周以上，常用消毒剂的常规浓度在短时间内不能使其灭活，低温时效果更差，以氨水效果较好，1‰过氧乙酸作用 60min 可灭活。

【流行病学】

1. 传播特性 病猪、潜伏期和病愈带毒猪是主要传染源，病毒随粪便、尿、水疱液、乳排出，经消化道、呼吸道黏膜和损伤的皮肤感染。粪便、屠宰病猪污染周围环境、未经煮沸的泔水等可造成传播。

2. 流行特点 在自然流行中仅发生于猪，不感染其他动物。四季均可发生。在猪高度集中或调运频繁的单位和地区易出现流行，分散饲养时则很少引起流行。健康猪与病猪同居 24～45h，虽未出现症状，但体内已含有病毒。

【症状】 潜伏期 2～5d，有些病例 7～8d 或更长。

典型病例的水疱常见于主趾和附趾的蹄冠，也见于鼻盘、舌、唇和母猪乳头，严重时蹄壳脱落，可因细菌继发感染而形成化脓性溃疡。体温升至 40～42℃，水疱破裂后体温下降至正常，如无并发症一般不引起死亡，但初生仔猪可造成死亡。病猪康复较快，两周后创面可痊愈，如蹄壳脱落，则需相当长时间才能恢复。

温和型病例症状轻微，只少数出现水疱。隐性型则不表现症状，但可以排毒。

【病理变化】 特征性病变是在蹄部、鼻盘、唇、舌面、乳房出现水疱。个别病例在心内膜有条状出血斑。水疱皮脱落后的创面有出血和溃疡。

【诊断】

1. 临诊诊断 本病在症状上与猪水性疹、口蹄疫和猪水疱性口炎不易区别，其中与口蹄疫的区别更为重要，须进行实验室诊断。

2. 动物接种诊断 采集水疱液，分别接种于 1～2 和 7～9 日龄小鼠，若两组小鼠均死亡为口蹄疫；1～2 日龄小鼠死亡，而 7～9 日龄小鼠不死亡则为猪水疱病。将病料经 pH3～5 缓冲液处理后，接种 1～2 日龄小鼠，若死亡为猪水疱病，反之为口蹄疫。以可靠的猪水疱病免疫猪或病愈猪与商品猪混群饲养，如两种猪都发病则为口蹄疫。

3. 血清学诊断 可用反向间接血凝试验、补体结合试验、荧光抗体试验、放射免疫、对流免疫电泳、中和试验等。

【治疗】 不予治疗，对患病动物一律扑杀。

【防制措施】 重要的是防止病原传到非疫区，应特别注意监督交易和转运的猪及其产品，对交通工具彻底消毒；屠宰猪的下脚料和泔水经煮沸方可喂猪；环境和猪舍要经常消毒，可用过氧乙酸、氨水和次氯酸钠等；人要加强自身防护。

猪感染水疱病病毒 7d 左右即在血清中出现中和抗体，28d 达到高峰，用猪水疱病高免血清和康复血清进行被动免疫有良好效果，免疫期达 1 个月以上，为此在商品猪中应用被动免疫，对控制疫情扩散和减少发病率均起到良好作用。

第七节　以繁殖障碍综合征为主症

以繁殖障碍综合征为主症的猪的传染病主要有流行性乙型脑炎（日本乙型脑炎）、猪细小病毒病、猪繁殖与呼吸综合征（猪蓝耳病），还有已经在有关章节阐述的钩端螺旋体病、伪狂犬病、猪瘟、猪流行性感冒、猪圆环病毒病、附红细胞体病，以及衣原体病、猪痘等。

流行性乙型脑炎

本病是由日本乙型脑炎病毒引起的多种动物和人共患的传染病，又称日本乙型脑炎，简称乙脑。二类动物疫病。主要特征为流产、死胎和睾丸炎。

【病原体】日本乙型脑炎病毒，呈球形，有囊膜。病毒对外界抵抗力不强，56℃ 2min 和常用消毒剂均可灭活。

【流行病学】

1. 传播特性　本病是自然疫源性疾病，动物和人感染后都可成为传染源。猪感染后病毒血症持续的时间很长，病毒含量高。蚊虫不但通过叮咬传播，还可带毒越冬或经卵传代，成为增殖宿主和贮藏宿主，造成动物-蚊-动物的循环传播。

2. 流行特点　猪感染率高、发病率低，绝大多数病愈后可获得终生免疫而成为带毒猪。有明显的季节性，多发于夏、秋季蚊虫活跃时期。一般为散发，但在新疫区常出现猪和马的集中发生。牛、羊、马、鸡、鸭、鹅和野鸟等都易感，幼龄较成年动物易感。

【症状】人工感染潜伏期3～4d。常突然发病，体温升至40～41℃，稽留热，沉郁嗜眠，食欲减少，渴欲增加，粪便干硬，尿色深黄。有些病例表现明显的神经症状，或后肢轻度麻痹，关节肿大，跛行；或视力减退，摆头，乱冲乱撞。后期后躯麻痹，倒地不起而死亡。

妊娠母猪突然性流产或早产，弱胎在出生后几天内痉挛而死亡。流产后症状很快减轻，体温和食欲逐渐恢复正常。公猪除有一般症状外，常发生睾丸炎。

【病理变化】脑膜和脑实质充血、出血、水肿。睾丸肿胀、充血、出血并有坏死灶。流产或早产胎儿有脑水肿，腹水增多，皮下血样浸润。

【诊断】

1. 临诊诊断　要点为发病的季节性、地区性、流产或早产和胎儿变化等。

2. 实验室诊断　人和动物感染后无论发病与否，血中均可产生补体结合抗体、血凝抑制抗体和中和抗体，所以仅凭血清学反应阳性，而无临诊症状时则不能确诊。特异性 IgM 抗体于发病后 3～4d 即可查出，2周达到高峰，所以，早期诊断需采集病期和恢复期双份血清做血凝抑制试验，如果恢复期血清效价为病期的 4 倍以上则可诊断。还可用荧光抗体法、ELISA、反向间接血凝试验、免疫黏附血凝试验等。

3. 鉴别诊断　与猪细小病毒感染和猪伪狂犬病等相鉴别。

【治疗】无特效疗法，可施以对症和支持疗法，并加强护理。

【防制措施】应从免疫接种、消灭传播媒介两个方面采取措施。在当地流行开始前一个月内，给猪接种我国研制的乙型脑炎弱毒疫苗，不但可预防流行，还可降低动物的带毒率；防止猪被蚊虫叮咬，灭蚊可用毒死蜱、双硫磷等杀虫剂，对圈舍定期进行超低容量喷洒。

猪细小病毒病

本病是由猪细小病毒引起的母猪的繁殖机能障碍性传染病。二类动物疫病。主要特征为母猪多为隐性感染，产出非正常胎及病弱仔猪，偶有流产。

【病原体】猪细小病毒，呈圆形或六角形，无囊膜。只有1个血清型，与其他细小病毒无抗原关系。病毒对外界抵抗力很强，能耐受56℃ 48h、72℃ 2h，但80℃ 5min可使其失去活力，0.5%漂白粉、2%氢氧化钠5min可灭活。

【流行病学】

1. 传播特性 猪是唯一的易感动物。母猪所产的死胎、活胎、仔猪及子宫分泌物中均含有高滴度的病毒。子宫内感染的仔猪至少带毒9周，有些具有免疫耐受性的仔猪可能终生带毒和排毒。公猪的精子、精索、附睾和副性腺都可分离到病毒。除通过胎盘、交配和人工授精感染以外，还可通过被污染的食物、环境，经消化道和呼吸道感染。

2. 流行特点 一般呈地方流行性或散发。不同年龄、性别都可感染，常见于初产母猪。猪群感染后，在猪场中不断出现母猪繁殖失败。被污染的猪舍空圈4.5个月，经一般方法清扫后，新放进的猪仍被感染。

【症状】可引起不孕。母猪产出死胎、木乃伊胎、弱仔或流产等，产仔数减少，初生仔猪体弱，有些病例可终生带毒而成为重要的传染源。对公猪的精子或性欲无明显影响。

【病理变化】母猪子宫内膜有轻度炎症，胎盘有部分钙化，子宫内的胎儿可被溶解、吸收。胎儿可见充血、水肿、出血、体腔积液、脱水及坏死等。

【诊断】采集小于70日龄的死胎的淋巴组织或肾，接种易感细胞培养，再以荧光抗体检查其中的病毒抗原。用血凝抑制试验检查猪血清中的抗体，血凝抑制价1∶256者判为阳性。

【治疗】尚无有效疗法，施以对症治疗。

【防制措施】坚持自繁自养的原则，必须引入种猪时，应隔离饲养半个月，经两次血清学检测，血凝抑制价在1∶256以下或阴性时，方可混群饲养。流行地区母猪配种时须用血凝抑制试验检测抗体水平，抗体滴度高时才能进行配种。母猪在配种前2个月接种猪细小病毒灭活疫苗，免疫期6个月。发生疫情后，严格对猪舍和环境进行消毒，将仔猪从污染猪群迁入洁净区；凡经确诊的流产母猪的后代，不能留作种用。

猪繁殖与呼吸综合征

本病是由猪繁殖与呼吸综合征病毒引起的猪的接触性传染病，又称猪蓝耳病。二类动物疫病。主要特征为母猪繁殖障碍、早产、流产、死胎，仔猪和育成猪表现呼吸系统症状。

由猪繁殖与呼吸综合征病毒变异株引起的急性高致死性猪蓝耳病为一类动物疫病。

【病原体】猪繁殖与呼吸综合征病毒（PRRSV），呈卵圆形，有囊膜。病毒不断出现变异。病毒在深层冷冻组织中可存活数年，在外界环境中生存能力较弱，4℃时存活1个月，pH5.0以上环境时易失活，37℃ 48h则完全丧失感染力，对氯仿等有机溶剂敏感。

【流行病学】

1. 传播特性 猪是唯一的易感动物，感染猪带毒至少5个月。病毒随粪便、尿、分泌物以及流产的胎儿、胎衣、羊水排出，污染饲料、饮水和环境，主要经呼吸道感染。接触性传播和垂直传播，也可经自然交配或人工授精传播。病毒可在猪群中生存、循环及持续传播。

2. 流行特点　为高度接触性传染病，传播迅速，呈区域性流行。主要侵害繁殖母猪和仔猪，妊娠中后期的母猪和胎儿最易感，肥育猪发病温和。四季均可发生，高热和高湿季节发病明显增多。卫生条件差，气候恶劣，饲养密度大、调运频繁等均可促使其流行。

【症状】潜伏期一般为14d。不同年龄和性别的猪症状差异很大。

母猪表现精神沉郁，食欲下降，发热。妊娠后期发生流产、早产，流产率可达30%以上，产死胎、木乃伊胎、弱仔。6周后可重新发情，但常出现不育或产乳量下降。少数病例的耳朵、外阴、腹部、尾部和腿等发绀，以耳尖最为常见。个别病例皮下出现一过性血斑。

仔猪的表现与日龄有关，2~28日龄症状明显，发病急，表现呼吸困难，肌肉震颤，后肢麻痹，共济失调，打喷嚏，昏睡，有时发生结膜炎和眼周水肿，有些病例耳朵发紫和躯体末端皮肤发绀。仔猪发病率可达100%，死亡率可达50%以上。日龄较大的病例较少死亡，但在整个育成期生长发育不良。

育成猪发病率低，表现双眼肿胀，结膜发炎，腹泻，并出现肺炎症状。

公猪表现食欲不振，精神倦怠，咳嗽，打喷嚏，呼吸急促，运动障碍，性欲减弱，精液质量下降。

本病可导致免疫抑制，常与其他病毒、细菌和寄生虫混合或继发感染，如猪瘟、猪圆环病毒病、猪伪狂犬病、猪巴氏杆菌病、猪大肠杆菌病、猪附红细胞体病、副猪嗜血杆菌病等。

【病理变化】仔猪皮下、头部水肿，胸、腹腔积液，肺充血、出血、水肿。育肥猪淋巴结肿大、出血，胃肠道卡他性炎症，肺轻度水肿，肾水肿、出血。

【诊断】
1. 临诊诊断　要点为发病日龄、后期流产、仔猪死亡率和皮肤发绀等。
2. 实验室诊断　采集可疑病猪的血清、死亡胎儿的体液和肺，接种于肺巨噬细胞培养物进行病毒分离，用已知抗血清做病毒中和试验鉴定病毒。还可用免疫过氧化物酶单层细胞试验、间接免疫荧光技术、间接ELISA和阻断ELISA法诊断。
3. 鉴别诊断　伴发流产的病例应与猪伪狂犬病和猪瘟等加以区别。

【治疗】尚无有效疗法。

【防制措施】做好预防免疫接种；实施严格的卫生防疫措施；禁止从疫区引进猪只，若引进应隔离饲养3周，并进行两次血清学检查，阴性者方可入舍混群；发生疫情时采取隔离、扑杀、销毁、消毒、封锁、紧急免疫接种等综合性防控措施。

复习思考题

1. 简述仔猪大肠杆菌病与猪传染性胃肠炎的鉴别诊断。
2. 简述猪副伤寒流行特点，亚急性型与肠型猪瘟的症状和病理变化区别。
3. 比较以消化系统症状为主症的猪传染病的流行病学、症状和病理变化。
4. 简述猪巴氏杆菌病各型的症状和病理变化，与猪支原体肺炎的鉴别诊断。
5. 简述猪传染性萎缩性鼻炎的症状及防制措施。

6. 比较以呼吸系统症状为主症的猪传染病的流行病学、症状和病理变化。
7. 简述猪瘟的传播特性以及急性型猪瘟具有诊断意义的特征。
8. 简述慢性型和迟发型猪瘟的症状和病理变化特点。
9. 简述猪瘟的预防和扑灭措施。
10. 简述猪丹毒亚急性疹块型的特点及防制措施。
11. 简述猪链球菌病各型的症状特点。
12. 简述猪狂犬病、猪伪狂犬病和李氏杆菌病的防制措施。
13. 简述钩端螺旋体病的综合诊断和防制措施
14. 简述猪圆环病毒病各型的特征。
15. 简述猪附红细胞体病的综合诊断。
16. 简述猪口蹄疫的流行特点和病理变化特征以及类症鉴别。
17. 比较以繁殖障碍综合征为主症的猪传染病的流行病学和症状。
18. 制订猪场或散养猪主要传染病的综合防制措施。

第三章 反刍动物的传染病

> **学习目标**
>
> 1. 掌握口蹄疫、蓝舌病、绵羊痘和山羊痘、副结核病、牛结核病、牛传染性鼻气管炎、牛出血性败血病、布鲁氏菌病的流行病学特点,以及典型症状、特征性病理变化、诊断要点、鉴别诊断、实验室诊断方法和防制措施。
> 2. 掌握牛病毒性腹泻/黏膜病、犊牛羔羊大肠杆菌病、羊梭菌病、牛流行热、传染性脓疱、牛恶性卡他热、弯杆菌病、绵羊地方性流产的流行特点,以及诊断要点、鉴别诊断和防制措施。
> 3. 了解炭疽、山羊关节炎脑炎、牛海绵状脑病、痒病、梅迪-维斯纳病、羊肺腺瘤病、牛白血病。

反刍动物的传染病除本章阐述的一些主症以外,还有以猝死为主症的炭疽、牛产气荚膜梭菌肠毒血症、牛巴氏杆菌病、一些血清型的大肠杆菌病等,以皮下和肌肉炎性水肿为主症的气肿疽、恶性水肿、牛巴氏杆菌病等,以贫血和黄疸为主症的附红细胞体病、无浆体病等,以角膜结膜炎为主症的牛传染性角膜结膜炎、恶性卡他热、牛传染性鼻气管炎等,以体表肉芽肿或恶性肿瘤为主症的放线菌病、结节性皮肤病、地方流行性牛白血病等,以关节炎为主症的山羊关节炎脑炎、羔羊非化脓性多发性关节炎、绵羊多发性关节炎、绵羊大肠杆菌病、羔羊副伤寒、羔羊双球菌性肺炎等。

第一节 以消化系统症状为主症

以消化系统症状为主症的反刍动物的传染病主要有副结核病(副结核性肠炎)、牛病毒性腹泻/黏膜病、犊牛羔羊大肠杆菌病、沙门氏菌病、羊梭菌病(包括羊肠毒血症、羊快疫、羊猝狙、羊黑疫、羔羊痢疾),还有弯杆菌病、轮状病毒病、牛冠状病毒病等。

副结核病

本病是由副结核分枝杆菌引起的牛等多种动物共患的慢性传染病,又称副结核性肠炎。二类动物疫病。主要特征为顽固性腹泻、肠黏膜增厚并形成皱襞。

【病原体】 副结核分枝杆菌,革兰氏染色阳性小杆菌,抗酸染色阳性,本菌为红色,其他菌为蓝色。对环境的抵抗力较强,在外界能存活 11 个月,3%来苏儿、3%福尔马林等常用消毒剂均能灭活。

【流行病学】

1. 传播特性 本菌存在于肠黏膜和肠系膜淋巴结,随粪便排出,有些病例存在于血液,随乳汁和尿排出。污染饲料、饮水和牧草,经消化道感染。

2. 流行特点 潜伏期可达 6~12 个月，甚至更长。幼年感染后，2~5 岁才表现症状，母牛在妊娠、分娩和泌乳时易出现症状。流行缓慢，病例间隔时间较长，呈散发或有时呈地方流行性。乳牛最易感，幼龄易感性更高；绵羊、山羊、猪、马属动物、骆驼、鹿等均可感染。

【症状】 主要为持续性下痢，病初体温和食欲无明显变化，表现间断性腹泻，以后逐渐变为顽固性腹泻，有的呈喷射状、粪便稀薄、恶臭、带有气泡、黏液和血凝块。随着时间的延长，食欲减退，脱水，眼窝下陷，消瘦，被毛粗乱，下颌及胸垂水肿，有时腹泻暂时停止，粪便也恢复常态，体重有所增加，然后再度腹泻，一般经过 3~4 个月因衰竭而死亡。绵羊和山羊的症状与牛相似。

【病理变化】 主要变化常限于空肠、回肠和结肠前段。肠壁显著增厚，呈硬而弯曲的皱褶，肠黏膜呈灰白或灰黄色，皱褶处充血。肠系膜显著水肿。肠系膜淋巴结高度肿胀呈条索状。

【诊断】 确诊需做皮内变态反应试验，必要时进行病原分离和鉴定。

1. 临诊诊断 要点为顽固性腹泻和肠的特征性病理变化等。以副结核菌素进行皮内变态反应试验，能检出大部分隐性病牛。

2. 实验室诊断 采集粪便中的黏液和血丝，加 3 倍量 0.5% 氢氧化钠溶液混匀，55℃水浴乳化 30min，以 4 层纱布过滤，取滤液以 1000r/min 离心 5min，去沉渣后，再以 3000~4000r/min 离心 30min，取沉淀物涂片，抗酸染色镜检，本菌为红色，常呈丛状，即可确诊。

ELISA 敏感性和特异性均很高，尤其适用于隐性感染和症状出现前补体结合试验呈阴性的牛。免疫斑点试验敏感度很高，而且简便、快速，更适用于生产现场。补体结合试验会出现假阳性，可与变态反应配合使用。

【治疗】 尚无有效药物。对症治疗如止泻、补液等只能减轻症状，停药后易复发。

【防制措施】 尚无有效疫苗。平时加强饲养管理，不从疫区引进牛，必须引进时应严格隔离，用变态反应进行检疫，确认健康时方可混群。发生疫情时及时隔离病牛，被污染的牛舍、场地、用具等，用生石灰、漂白粉、氢氧化钠或石炭酸等严格消毒，粪便发酵处理。

牛病毒性腹泻/黏膜病

本病是由牛病毒性腹泻病毒引起的牛和多种动物共患的传染病。三类动物疫病。主要特征为消化道黏膜发炎、糜烂、坏死和腹泻。

【病原体】 牛病毒性腹泻病毒，又称为黏膜病病毒，呈圆形，有囊膜。与猪瘟病毒、边界病毒有共同抗原。对乙醚、氯仿、胰酶和温度敏感，56℃很快灭活，在低温下稳定，常用消毒剂均可灭活。

【流行病学】

1. 传播特性 康复后的牛可带毒 6 个月。绵羊、山羊、猪、鹿、水牛、牦牛等多为隐性感染，是最危险的传染源。通过粪便、呼吸道分泌物、眼分泌物排毒。主要经消化道和呼吸道感染，亦可通过胎盘感染，公牛带毒精液也可传染。

2. 流行特点 各种年龄的牛均易感，6~18 个月龄居多。常年发生，但易发生于冬、春季节。新疫区急性病例多，老疫区急性病例少，发病率和病死率很低，但隐性感染率可达

50%以上。

【症状】潜伏期7~14d。在牛群中仅有少数发病，多数呈隐性感染。

1. 急性型 突然发病，体温升至40~42℃，持续4~7d，有的病例有第二次体温升高。精神高度沉郁，食欲减退或废绝。常为水样腹泻，粪便恶臭，内含黏液、纤维素性絮状物和血液。眼鼻有黏液性分泌物，口腔黏膜潮红，唾液增多。经2~3d后，鼻镜和鼻孔周围及口腔黏膜出现糜烂，舌面坏死，流涎增多，呼气恶臭。常有蹄叶炎及趾间糜烂、坏死，跛行。多数病例在1~2周内死亡，少数病程可拖延1个月。母牛流产或产先天有缺陷的犊牛，最常见的是小脑发育不全，表现共济失调或不能站立，有的失明。

2. 慢性型 蹄叶炎和趾间皮肤糜烂、坏死，跛行是最明显的症状。鼻镜糜烂，眼常有浆液性分泌物，颈部和耳后的皮肤呈皮屑状。多数病牛在2~6个月内死亡。

【病理变化】消化道黏膜充血、出血、糜烂或溃疡等。特征性病变是食道黏膜有大小不等、形状不一，呈直线排列的糜烂，肠系膜淋巴结肿胀。患病犊牛常见小脑发育不全和脑室积水。

【诊断】

1. 临诊诊断 要点为少数发病且病死率很高、消化道特征性病理变化等。

2. 实验室诊断 采集急性发热期病牛的血液、尿、鼻液和眼分泌物，剖检可采集脾、骨髓或肠系膜淋巴结等，将病料常规处理后接种于易感犊牛或乳兔，也可接种于牛胎肾或牛睾丸细胞分离病毒。病毒鉴定应用最广的是血清中和试验，还可用补体结合试验、免疫荧光抗体技术、琼脂扩散试验和PCR等。

3. 鉴别诊断 与牛瘟、口蹄疫、牛传染性鼻气管炎、牛恶性卡他热、牛水疱性口炎、牛蓝舌病等相鉴别。

【治疗】尚无特效疗法，用收敛剂和补液、补盐等对症疗法可减轻症状，用抗生素和磺胺类药物防止继发细菌感染。

【防制措施】本病隐性感染率高达50%以上，而且能较长时间保持中和抗体，因此，加强检疫，防止引入带毒动物至关重要。猪和羊作为隐性感染带毒者，可用弱毒苗或灭活苗预防。一旦发生疫情，对病牛要及时隔离治疗或急宰；被污染的圈舍、用具及环境彻底消毒。

犊牛羔羊大肠杆菌病

本病是由致病性大肠杆菌引起的犊牛和羔羊等多种动物和人共患的传染病。三类动物疫病。主要特征为不同的病型分别表现为败血症、肠毒血症和白痢。

【病原体】致病性大肠杆菌，与人兽肠道正常存在的非致病性大肠杆菌在形态、染色反应、培养特性和生化反应等均相同，只是抗原构造不同。由于菌体抗原、表面抗原和鞭毛抗原很多，因此构成许多血清型。即使在同一地区，各动物养殖场的优势血清型也不相同。在引起人兽肠道疾病的血清型中，有肠致病性大肠杆菌、肠产毒素性大肠杆菌、肠侵袭性大肠杆菌、肠出血性大肠杆菌。本菌中等大小，有鞭毛，无芽孢，一般无荚膜，革兰氏染色阴性。抵抗力弱，常用消毒剂数分钟即可灭活。

【流行病学】

1. 传播特性 犊牛和羔羊等通过粪便排出病菌，犊牛和羔羊吸吮乳汁或饮水时经消化道感染，牛可经子宫和脐带感染。

2. 流行特点 犊牛1~2周龄最易感，日龄较大者少见；羊2~6周龄多发。多发于舍饲期间，呈地方流行性或散发。体质不良、缺乏维生素和蛋白质、饥饿或哺乳不及时、乳房不洁或气候骤变等可诱发。常与轮状病毒、冠状病毒或球虫混合感染。

大肠杆菌可感染多种动物和人。感染仔猪时表现为黄痢型、白痢型、水肿型；感染禽时表现为急性败血症、气囊炎、关节滑膜炎、全眼球炎、输卵管炎和腹膜炎、脐炎、肉芽肿。本菌还能感染幼驹、兔、貂、鹿、狐等。

【症状】犊牛的潜伏期仅数小时，羔羊的潜伏期数小时至1~2d。

1. 肠毒血型 犊牛较少见，常突然死亡。病程稍长者，出现中毒性神经症状，先兴奋后沉郁，最后昏迷死亡，之前多有腹泻。此型由特异血清型的大肠杆菌增殖产生肠毒素被吸收后引起，所以不出现菌血症。

2. 白痢型 犊牛病初体温升至40℃，数小时后下痢，随后体温降至正常。粪便初为黄色粥样，后呈白色水样，内含气泡、凝乳块和血块，有酸臭味。后期腹痛，肛门失禁。脱水严重者，被毛无光泽，病情急剧恶化，经2~3d衰竭死亡。病死率一般为10%~50%。病程长者恢复很慢，发育迟缓，并伴有肺炎、脐炎和关节炎。

羔羊7日龄以上多发，病初体温升高，不久下痢，体温降至接近正常。粪便稀薄，由黄色变为灰色，以后呈含气泡的液状。腹痛，拱背，卧地。若不及时治疗，可于24~36h死亡。

3. 败血型 犊牛呈急性败血症经过。表现发热，精神沉郁，间有腹泻，常于出现症状后数小时至1d内死亡，有的未出现腹泻即死亡。

羔羊多发生于2~6周龄，体温升高，肺炎症状，少有腹泻。多于4~12h死亡。

【病理变化】肠型主要为急性胃肠炎病变，皱胃黏膜充血，内容物呈黄灰色液状，有凝乳块。小肠呈卡他性炎症变化，黏膜充血、出血，肠壁菲薄，内容物呈水样，混有血液和脱落的肠黏膜。直肠黏膜充血或出血。肠系膜淋巴结肿胀。病程长的病例有肺炎和关节炎病变。

【诊断】

1. 临诊诊断 要点为发病周龄、粪便性状和特征性病理变化等，注意与犊牛副伤寒相鉴别。

2. 实验室诊断 肠毒血型采集小肠前段肠黏膜，白痢型采集发炎的肠黏膜，接种于伊红美蓝琼脂培养基上，挑选有金属光泽、紫色带黑心的菌落进行生化反应鉴定，用凝集试验鉴定分离菌的血清型。DNA探针和PCR是目前最特异、敏感和快速的检测方法。

【治疗】尽早诊断和选择抑菌作用强的药物治疗，可获得较好效果，辅以止泻、腹腔内补液、补盐和强心等对症疗法。

【防制措施】加强母畜产前和产后的饲养管理和护理，分娩前对圈舍彻底消毒；新生仔畜及时吸吮初乳，减少各种应激因素；对患畜及时隔离治疗，对同群使用经药敏试验筛选的敏感抗生素进行预防。

羊梭菌病

本病是由梭状芽孢杆菌属的梭菌引起的羊的同类传染病的总称。二类动物疫病。共同特征为猝死。主要包括以下几种传染病：

羊肠毒血症　又称为类快疫，俗称软肾病，主要特征为一类表现搐搦，另一类表现为昏迷和安静死亡。

羊快疫 主要特征为真胃出血性炎症。

羊猝狙 主要特征为溃疡性肠炎和腹膜炎。

羊黑疫 又称传染性坏死性肝炎，是绵羊和山羊的急性高度致死性毒血症，主要特征为肝实质的坏死病灶。

羔羊痢疾 是新生羔羊的急性毒血症，主要特征为剧烈腹泻和小肠溃疡，死亡率极高。

【病原体】

1. 羊肠毒血症 产气荚膜梭菌，引起本病的主要为A型，少数为C型和D型。厌气性粗大杆菌，无鞭毛，不运动，在动物体内能形成荚膜，革兰氏染色阳性。常用消毒剂均易杀死繁殖体，但芽孢在95℃需2.5h方可杀死。

2. 羊快疫 腐败梭菌，厌气大杆菌，无荚膜，有椭圆形芽孢，革兰氏染色阳性。肝被膜触片中，常呈无关节的长丝状形态。3%福尔马林、20%漂白粉、3%~5%氢氧化钠等长时间才能将其灭活。

3. 羊猝狙 C型产气荚膜梭菌，有荚膜，芽孢卵圆形。不运动，厌氧大杆菌，革兰氏染色阳性。用5%氢氧化钠溶液消毒效果良好。

4. 羊黑疫 B型诺维氏梭菌，又称水肿梭菌或巨大杆菌。革兰氏染色阳性，单在、成双或呈3~4个组的短链，有周鞭毛，能运动，无荚膜，严格厌氧。芽孢对次氯酸盐敏感，95℃存活15min，在5%石炭酸、1%福尔马林中存活1h。

5. 羔羊痢疾 B型产气荚膜梭菌，厌气性粗大杆菌，无鞭毛，不运动，在动物体内能形成荚膜，芽孢位于菌体中央，革兰氏染色阳性。有时A、C、D型也能引起发病。

【流行病学】主要经消化道感染。

1. 羊肠毒血症 病原体为土壤常在菌。2~12月龄膘情较好的羊多发。多发于春末夏初和秋季，呈散发性。尤其是由干草变为青嫩多汁和富含蛋白质的饲料后，导致胃肠蠕动减弱时，存在于肠道的细菌大量繁殖，毒素进入血液而引发毒血症。

2. 羊快疫 病原体常以芽孢的形式存在于水塘、沼泽、土壤及人兽粪便中。属于条件性致病菌，因应激因素的不良刺激或抵抗力下降时，病原体释放外毒素进入血液并侵害神经系统，引发中毒性休克，导致快速死亡。如经伤口感染可引起恶性水肿。绵羊最易感染，尤其是膘情较好的6~18个月的幼羊更易感。山羊和鹿偶有感染。

3. 羊猝狙 属于条件性致病菌，在十二指肠和空肠大量繁殖，产生β毒素而引起毒血症，导致快速死亡。绵羊最敏感，1~2岁发病较多，山羊也能感染。常呈地方流行性，冬春季节多见，低洼、沼泽地区多发。常与羊快疫混合感染。

4. 羊黑疫 1岁以上的绵羊多发，2~4岁最易感，尤其是膘情较好的羊。易发于肝片吸虫流行的低洼潮湿地区。春、夏季节多发。山羊、牛、猪也可感染。

5. 羔羊痢疾 母羊为主要传染源，也可经脐带、伤口感染。以2~3日龄羔羊发病率最高，7日龄以上则很少。立春前后发病率骤然增加。母羊妊娠期间营养不良，所产羔羊体质衰弱，气候变化急骤，产房不洁或过冷时可诱发本病。

【症状】

1. 羊肠毒血症 症状与羊快疫相似，所以又称类快疫。潜伏期只有几小时到一天，病死率高。最急型以搐搦为特征，急性型以昏迷和安静死亡为特征，因吸收毒素的多少不同所致。

2. 羊快疫 潜伏期一般仅为数小时，未见明显症状即死亡。磨牙、腹痛、运动失调，随后昏迷，口鼻流出泡沫样液体，排粪困难，粪便常呈黑绿色柔软状。死前痉挛，结膜急剧充血，呼吸极度困难。

3. 羊猝狙 病程急促，突然死亡。新生羔羊发生紧张性痉挛，虚脱。

4. 羊黑疫 与羊快疫、羊肠毒血症等极其类似。病程不超过 3d。食欲废绝，呼吸困难，体温升高，在昏睡中突然死去。病死率近 100%。

5. 羔羊痢疾 潜伏期 1～2d，病程由数小时至数日。多为急性型，持续性腹泻，由粥状变为水样，呈黄白或灰白色，后期成为血便，严重脱水，最后昏迷而死。病死率 100%。

【病理变化】

1. 羊肠毒血症 死后肾组织易于软化，所以又称软肾病。幼羊肾呈血色乳糜状，称为髓样肾病。皱胃、空肠、回肠的某些区段呈出血性炎症变化。全身急性淋巴结炎。

2. 羊快疫 新鲜尸体腹部膨胀，天然孔内有血样分泌物。典型病变为皱胃呈出血性、坏死性炎症，黏膜下组织水肿，甚至形成溃疡，胃壁显著增厚，胃底和幽门部黏膜有出血斑。

3. 羊猝狙 最显著的病变是腹膜炎及出血性肠炎。另外，病羊在死后，由于细菌在骨骼肌内大量增殖，使肌间积聚血样液体，有气性裂孔，与"黑腿病"极为相似。

4. 羊黑疫 最显著的是肝表面有圆形凝固性坏死灶，界限清晰，呈黄白色或灰黄色，周围有显著充血呈鲜红色的环带，故称传染性坏死性肝炎。坏死灶内常有肝片吸虫的童虫。尸体皮下呈暗黑色，所以称为黑疫。

5. 羔羊痢疾 小肠尤其是回肠黏膜出血性炎症，溃疡周围有出血带环绕。皱胃内有未消化的凝乳块，肠内容物有时呈血色。肠系膜淋巴结肿大、充血和出血。尸体严重脱水。

【诊断】只根据流行病学、症状和病理变化很难确诊，确诊需进行病原分离鉴定。

1. 羊肠毒血症 高血糖和糖尿具有诊断意义。采集肠内容物进行病原分离和鉴定。毒素检查鉴定可用小鼠做中和试验。

2. 羊快疫 取肝浆膜，制成涂片或触片染色镜检，除有两端钝圆、单在及呈短链的菌体外，还可见无关节长丝状菌体，具有重要的诊断意义。必要时进行分离培养和动物试验。与其他羊梭菌病、巴氏杆菌病、炭疽等相鉴别。多与羊猝狙混合感染。

3. 羊猝狙 从体腔渗出液、脾取病料进行细菌的分离鉴定，以及用小肠内容物离心上清液，静脉接种小鼠，证明有无 β 毒素。与其他羊梭菌病、巴氏杆菌病、炭疽等相鉴别。

4. 羊黑疫 在肝片吸虫流行的地区，发现急死或昏睡状态下死亡的病羊，剖检见特殊的肝坏死性变化，有助于诊断。本菌在正常羊的肝、脾可能以芽孢形式存在，因此，即使分离到本菌，也还必须经综合诊断才能确诊。需与羊猝狙、巴氏杆菌病、炭疽等相鉴别。

5. 羔羊痢疾 查明肠道 B 型产气荚膜梭菌毒素具有诊断意义。发生于 1 周龄以内的羔羊，以腹泻和小肠出血性炎症为特征，以此区别羊快疫、羊猝狙和羊肠毒血症。应与羔羊肠型大肠杆菌病、下痢型沙门氏菌病区别，前者发病羔羊有化脓性纤维素性关节炎，后者主要发生于 4 月龄羔羊，皱胃和肠道黏膜充血、水肿。

【治疗】突然发病死亡，来不及治疗。羊黑疫可用抗诺维氏梭菌血清治疗。对病初的羔羊痢疾可用抗羔羊痢疾血清，或用大剂量的青霉素、环丙沙星等抗菌药物，同时对症治疗。

【防制措施】由于发病急、病程短，因此，必须坚持预防为主的原则，做好平时的卫生防疫工作。可用羊快疫-羊猝狙二联苗，或羊快疫-羊猝狙-羊肠毒血症三联苗，也可用羊快疫-羊猝狙-羊肠毒血症-羊黑疫-羔羊痢疾五联苗，还有羊快疫-羊猝狙-羔羊痢疾-羊肠毒血症-羊黑疫-肉毒中毒-破伤风七联干粉苗。由于羔羊可从免疫母羊的母乳中获得被动免疫，羊猝狙可维持4周，羊肠毒血症可维持5周，所以此期内不宜接种多价疫苗；对非免疫母羊所产的羔羊，可在15～20日龄接种。

在易感季节要加强饲养管理，不要喂食过多精料和青嫩牧草，防止应激因素诱发本病。发生时及时隔离病羊，尽早把尸体、粪便及污染的土壤全部深埋，羊舍严格消毒。预防羊黑疫要加强控制肝片吸虫的感染，禁止到低洼潮湿地区放牧。预防羔羊痢疾要加强对孕羊的饲养管理，常发地区可对刚出生的羔羊用土霉素等抗生素预防。

第二节 以呼吸系统症状为主症

以呼吸系统症状为主的反刍动物的传染病主要有结核病、牛传染性鼻气管炎、牛流行热、梅迪-维斯纳病、羊肺腺瘤病，还有巴氏杆菌病（包括牛出血性败血病、绵羊巴氏杆菌病）、牛副流行性感冒、犊牛地方流行性肺炎、羊支原体肺炎、山羊和绵羊肺炎等，另外，昏睡嗜血杆菌也能引起肺炎。我国于1997年宣布消灭了牛传染性胸膜肺炎（牛肺疫），在此不作阐述。

结 核 病

本病是由分枝杆菌引起的多种动物和人共患的慢性传染病。二类动物疫病。主要特征为在多种组织器官上形成结核结节、干酪样坏死和钙化灶。

【病原体】分枝杆菌，有结核分枝杆菌、牛分枝杆菌两个种，引起人和禽结核病的分别为人分枝杆菌和禽分枝杆菌，各种分枝杆菌的形态稍有差异。

结核分枝杆菌为直或微弯的细长杆菌，间有分枝状，呈单独或平行相聚排列。牛分枝杆菌稍短粗，且着色不均匀。本菌无芽孢、荚膜、鞭毛，不运动，革兰氏染色阳性。本菌对外界环境的抵抗力很强，在干燥痰液、病变组织和尘埃中能存活2～7个月，在水和粪便中可存活5个月；对热敏感，在直射阳光下经数小时灭活，60℃ 30min 即可灭活，70～80℃经5～10min即可灭活；对消毒剂抵抗力较强，5％石炭酸、5％来苏儿24h才能将其灭活。

【流行病学】

1. 传播特性 通过咳嗽、飞沫、呼吸道分泌物、粪便、尿和乳汁等排出，污染空气、环境、饲料和饮水。主要经呼吸道和消化道感染，也可经生殖道、胎盘和损伤的皮肤黏膜感染。

2. 流行特点 人和80余种哺乳动物及禽类可患本病，家畜中以牛最易感。结核分枝杆菌、牛分枝杆菌引起牛的结核病，特别是乳牛和人，其次是黄牛、牦牛和水牛，对家禽无致病性。人分枝杆菌引起人的结核病，多数动物可感染，山羊和家禽不敏感，对牛毒力较弱，多引起局限性病灶，缺乏眼观变化，即无病灶反应牛，一般不能成为传染源。禽分枝杆菌引起禽的结核病，对人有致病性，对牛毒力较弱。饲养管理不当与流行关系密切，禽舍通风不良、拥挤、潮湿、阳光不足、缺乏运动等可诱发本病。

【症状】潜伏期一般为10～45d，长者达数月至数年。常呈慢性经过，初期症状不明显，仅见消瘦、倦怠，随病情的发展逐渐明显。最常见肺结核、乳房结核和淋巴结核。

肺结核时，病初易疲劳，常发短而干的咳嗽。随病情进展转为湿咳并加重，呼吸加快或气喘，肺部听诊有干性或湿性啰音，严重的可听到胸膜摩擦音，叩诊有浊音区。常见肩前、股前、腹股沟、颌下、咽及颈淋巴结肿大。

乳房结核时，病初乳房上淋巴结肿大，继而后方乳腺区发生局限性或弥漫性硬结，无热无痛，泌乳减少，严重时乳汁呈水样。

犊牛多发肠结核，常见于空肠和回肠，主要表现为顽固性下痢和迅速消瘦。

【病理变化】特征是增生性结核结节和渗出性干酪样坏死或钙化灶。结核结节为粟粒至豌豆大呈灰白色，切开可见干酪样坏死。有些病例肺表面正常，但触摸有坚硬的结节，是剖检诊断的关键。肺结核钙化的结节，切开时有沙砾感，有的坏死组织溶解形成空洞。有的在胸膜和腹膜有密集的灰白色坚硬结节，又称珍珠病。乳房病变多数为弥漫性干酪样坏死。

【诊断】确诊需做变态反应诊断，必要时做病原分离和鉴定。

1. 临诊诊断 要点为感染的不同部位的典型症状和病理变化。

2. 实验室诊断 采集可疑结核结节的肺组织、淋巴结等制成10%乳剂，取2~4mL，加等量5%氢氧化钠溶液，充分振摇5~10min液化，经3000r/min离心15~30min，沉淀物加1滴酚红指示剂，以2mol/L盐酸中和至淡红色后，接种于配氏培养基和罗杰氏培养基进行分离培养，或将沉淀物直接涂片，经抗酸染色镜检呈红色即可诊断。用荧光抗体技术和ELISA检查病料，诊断快速、准确、检出率高。

3. 变态反应诊断 牛结核病检疫时用提纯结核菌素（PPD），性质稳定，特异性强，使用方便，检出率高。按乳牛检疫规程要求，以结核菌素皮内注射和点眼同时进行。

【治疗】一般不予治疗，患病动物淘汰。

【防制措施】尚无理想的疫苗。除常规性卫生防疫措施外，还有以下措施。

1. 严格检疫 对牛群用牛型结核分枝杆菌素做皮内变态反应试验。对无结核病史、连续3次检疫均为阴性的健康群，春秋各检疫1次。对曾经检出结核的阳性牛群，每年检疫阳性率在3%以下的为假定健康群，每年检疫4次；对阳性检出率在3%以上的污染群，每年检疫4次以上，每次间隔30~45d，直到检净为止，尽快过渡到假定健康群或健康群。对犊牛群于出生后20~30d、100~120d和6月龄时各检疫1次。

2. 分群隔离 根据检疫结果把牛群分为健康群、假定健康群、结核污染群（阳性群），分群隔离饲养。每次检疫阳性反应牛，应立即送到隔离群；疑似反应牛30~45d后复检；重症病例予以扑杀，病变内脏销毁或深埋。

3. 培育犊牛群 对隔离牛群所产的母犊牛，喂3~5d初乳或健康初乳，然后用健康消毒乳进行培育。于生后20~30d、100~120d和6月龄各检疫1次，阳性牛立即送到隔离牛群，对疑似牛30~45d后复检，若3次均为阴性可转入假定健康群。随后通过定期检疫、隔离、淘汰和分群的方法，培育出健康牛群。

4. 定期消毒 用5%来苏儿、3%氢氧化钠或0.1%~0.5%过氧乙酸定期对环境和用具等消毒。

牛传染性鼻气管炎

本病是由牛传染性鼻气管炎病毒引起的牛的接触性传染病，又称坏死性鼻炎，俗称红鼻病。二类动物疫病。主要特征为呼吸道黏膜炎症、呼吸困难、流鼻液，还可引起生殖道感染、结膜炎、脑膜脑炎、流产和乳房炎等。

【病原体】牛传染性鼻气管炎病毒，又称牛疱疹病毒。呈圆形，有囊膜。对0.5%氢氧化钠、1%来苏儿、1%漂白粉溶液敏感。

【流行病学】

1. 传播特性 隐性感染带毒牛在三叉神经结和腰、荐神经结中长期带毒，当受到应激因素刺激时，病毒被活化，并出现在鼻液和阴道分泌物中，是最危险的传染源。病毒随呼吸道分泌物排出，经呼吸道感染。人工授精和交配也可传染，可经胎盘感染胎儿。

2. 流行特点 以肉牛多发，20～60日龄犊牛最易感，且病死率较高。多发生于寒冷季节。舍饲牛群过分拥挤，可促进传播。

【症状】潜伏期一般为4～6d，有的20d以上。呼吸道型最常见，另外还有生殖道型、脑膜脑炎型和流产型，往往同时发生。

1. 呼吸道型 体温升至39.5～42℃，精神委顿，食欲不振或废绝，鼻镜高度充血、发炎，称为红鼻子，流出黏液脓性鼻液，并散在灰黄色小豆大脓疱。呼吸急促，呼出气有臭味，常有咳嗽。重症病例发病后数小时死亡，多数病程在10d以上。

2. 生殖道型 外阴肿胀，阴道黏膜充血，有脓样分泌物。重者阴门黏膜散发水疱或脓疱，破裂后形成溃疡和坏死伪膜。尿频且有痛感。公牛龟头、包皮充血肿胀，包皮可见与阴道黏膜相同的病变。公牛长期排毒成为传染源。生殖道型常伴随呼吸道型出现。

3. 脑膜脑炎型 发生于4～6月龄犊牛，病初体温升至40℃，流鼻液，流泪，呼吸困难，随后出现肌肉痉挛，惊厥，口吐白沫，不能站立，角弓反张，四肢划动，最后昏迷死亡。

4. 流产型 多发生于妊娠4～7个月的母牛，流产后约半数胎衣不下。常与呼吸道型、生殖道型并发。

【病理变化】呼吸道型在鼻、咽喉、气管黏膜发生卡他性炎症，慢性病例可见支气管肺炎，甚至有化脓灶，皱胃黏膜溃疡，大肠和小肠有卡他性炎症。生殖道型的病变基本同症状。脑膜脑炎型呈非化脓性脑炎变化。流产型为流产胎儿皮下水肿，肝、脾有坏死灶。

【诊断】

1. 临诊诊断 要点为特征性症状和病理变化等。

2. 实验室诊断 在发热期采集鼻腔洗涤物、流产胎儿胸腔液、胎盘子叶等，接种于牛肾细胞培养分离病毒，用中和试验或荧光抗体鉴定病毒。间接血凝试验或ELISA可做诊断或流行病学调查。另外，可用核酸探针技术或PCR技术检测潜伏期的病毒。

【治疗】尚无特效药物，用抗生素防止继发细菌感染。

【防制措施】隐性感染率较高，形成传染源，因此，每年定期进行检疫是防制的重要措施。发生疫情时应采取隔离、封锁、消毒、淘汰或扑杀等综合性措施。目前有弱毒疫苗、灭活疫苗和亚单位疫苗，但不能阻止野毒和潜伏病毒的持续感染，所以，对阳性牛予以扑杀是根除本病的唯一办法。

梅迪-维斯纳病

本病是由梅迪-维斯纳病毒引起的成年绵羊的接触性传染病。二类动物疫病。主要特征为经过漫长的潜伏期之后，表现间质性肺炎或脑膜炎，最后终归死亡。

梅迪和维斯纳原来是用来描述绵羊两种症状不同的慢性增生性传染病，梅迪是一种增进性间质性肺炎，维斯纳则是一种脑膜炎。当确定了病因后，则认为梅迪和维斯纳是由特性基本相同的病毒所引起，但具有不同病理组织学和症状的传染病。

【病原体】梅迪-维斯纳病毒，是两种多方面具有共同特性的病毒，纤突从囊膜伸出。对乙醚、氯仿、乙醇、过碘酸盐和胰酶敏感，能被0.1%福尔马林、4%酚和乙醇灭活。

【流行病学】病羊终身带毒，病毒随唾液、鼻液和粪便排出体外，经飞沫经呼吸道感染，也可经胎盘和乳汁垂直传播。吸血昆虫可能是传播媒介。多见2岁以上的绵羊，山羊也可感染。四季均可发生，多呈散发性。

【症状】潜伏期2年或更长。以呼吸道症状为主的病例，发生进行性肺部损害，症状发展缓慢，经过数月或数年逐渐加重。当病情恶化时，呼吸达80～120次/min，但有食欲，体温一般正常，听诊有啰音，最后因缺氧和并发细菌性肺炎而死亡。

以神经症状为主的病例，病初步态不稳，后肢发软易摔倒，随后关节不能伸直，后肢轻瘫，行走困难，唇和眼睑等颜面肌肉震颤，头稍微偏向一侧，最后全身瘫痪，麻痹而死亡。体温无明显变化。病程由数月至数年不等，病情发展常呈波浪式。

【病理变化】主要见于肺和肺淋巴结。肺体积膨大2～4倍，打开胸腔时肺塌陷，各叶之间粘连，颜色呈淡灰色或暗红色，质地坚实似橡皮，肺的前腹区坚实。支气管淋巴结增大，切面均质化、发白。胸膜下常见许多针尖大、半透明、暗灰白色小点。

【诊断】胸膜下的点状病灶具有诊断参考价值，当小点不清楚时，可用50%～98%的醋酸溶液涂擦肺表面，20min后，可见黄色背景上出现明显的乳白色小点。采集肺及其淋巴结，接种于绵羊的脉络丛或肾细胞进行分离培养，可用已知特异性抗血清做病毒中和试验进行鉴定。血清学诊断方法包括病毒中和试验、琼脂凝胶免疫扩散试验、补体结合试验、间接血凝试验、免疫荧光、ELISA等。注意与肺腺瘤病、蠕虫性肺炎、肺脓肿和其他肺部疾病相鉴别。

【治疗】尚无有效疗法。

【防制措施】关键在于防止感染羊接触健康羊，引进羊只必须隔离观察，确认健康后才能混群；定期做血清学筛查，被感染羊群全部扑杀，尸体深埋，污染物彻底销毁。

牛流行热

本病是由牛流行热病毒引起的牛的急性热性传染病，又称三日热或暂时热。三类动物疫病。主要特征为突发高热、泡沫样流涎、呼吸急促、后躯僵硬，大部分病例经2～3d即恢复正常。

【病原体】牛流行热病毒，呈子弹或圆锥形，有囊膜。耐反复冻融，对热敏感，56℃10min，37℃18h可将其灭活。

【流行病学】病毒存在于血液、脾、全身淋巴结、肺、肝等脏器中，经吸血昆虫传播。主要侵害奶牛和黄牛，膘情越好的牛病情越严重，产奶量高的母牛发病率高。多发于3～5岁牛，犊牛和9岁以上的牛很少。传播迅速，传染力强，呈流行性或大流行性，但死亡率低。具有明显的季节性和周期性，一般多发生于夏末秋初蚊、蠓滋生旺盛的季节。

【症状】潜伏期3～7d。体温突然升至39.5～42.5℃，2～3d后恢复正常。发热期内食欲废绝，反刍停止，流泪，结膜充血，眼睑水肿。病初流浆液性鼻液，后变黏稠，呼吸促迫。口腔黏膜发炎，流浆液性泡沫样涎。四肢关节水肿和疼痛，跛行。皮温不整，耳和肢端有冷感，有的便秘或腹泻。孕牛流产、早产或死胎。病程3~4d，多数取良性经过。

【病理变化】主要为间质性肺气肿、肺充血和肺水肿。病变多集中在肺的尖叶、心叶和膈叶前缘，肺膨胀，间质明显增宽，胶冻样浸润，并有气泡，触摸有捻发音，切面流出泡沫样暗紫色液体。淋巴结肿胀出血。消化道黏膜呈卡他性炎症变化。

【诊断】
1. 临诊诊断　要点为流行病学特点、特征性症状和间质性肺气肿等。
2. 实验室诊断　采集发热期血液，接种于仓鼠肾传代细胞进行病毒分离鉴定。用微量病毒中和试验检测血清中的抗体。

【治疗】尚无特效疗法，常采用退热、强心、补液等对症治疗。

【防制措施】本病具有明显的季节性，因此在流行季节到来之前，用牛流行热灭活疫苗在疫区和周边地区对牛实施接种；加强消毒，扑灭蚊、蠓等吸血昆虫，以切断传播途径；本病传播迅速，发生疫情时应限制牛群流动，对未发病的牛紧急预防接种；及时隔离病牛，对症治疗，用抗生素防止继发细菌感染。

绵羊肺腺瘤病

本病是由绵羊肺腺瘤病病毒引起的绵羊的接触性传染病，俗称驱赶病。三类动物疫病。主要特征为潜伏期长、肺泡和支气管上皮进行性肿瘤增生，咳嗽和呼吸困难，终归死亡。

【病原体】绵羊肺腺瘤病病毒，不易在体外培养，只能依靠人工接种易感绵羊获得。抵抗力不强，56℃ 30min灭活，对氯仿和酸敏感。

【流行病学】通过飞沫经呼吸道传播。羊只拥挤或密闭圈养有利于传播。冬季天气寒冷时病情加重，死亡增多，并易继发细菌性肺炎。

【症状】自然感染的潜伏期在半年以上，甚至几年。成年羊以虚弱、消瘦、呼吸困难为主要特征。病情可因放牧中赶路而加重，又称为驱赶病。肺有湿啰音和肺实变区，尤其下部明显。发病率2%~4%，死亡率100%。

【病理变化】单侧或双侧肺出现大量灰白色结节，质地坚实，切面呈明显的颗粒状突起，表面光亮，或有大小不等的肿瘤组织结节。细支气管周围淋巴结显著肿大。后期肺切面有水肿液流出。

【诊断】病毒很难分离培养，用病料经鼻或气管接种绵羊，经3~7个月的潜伏期后出现症状，在肺及其分泌物中含有较多的病毒。可做病毒中和试验、琼脂扩散试验、补体结合试验、免疫荧光和ELISA等进行诊断。

【治疗】尚无有效疗法。

【防制措施】平时加强羊群的防疫工作，建立洁净羊群，严禁从疫区引进羊只。对病羊应立即隔离、淘汰或屠宰。

第三节　以败血症为主症

以败血症为主症的反刍动物的传染病主要有炭疽、牛出血性败血病，还有牛肺炎链球菌病、羔羊大肠杆菌病（败血型）、羊败血性链球菌病等。

炭 疽

本病是由炭疽杆菌引起的多种动物和人共患的急性热性败血性传染病。二类动物疫病。主要特征为脾显著肿大、皮下及浆膜下结缔组织出血性浸润、尸僵不全、血液凝固不良呈煤焦油样。

【病原体】炭疽杆菌，是两端平截的粗大杆菌，单在、成双或链状排列，在体外能迅速形成芽孢，而在活体中不形成芽孢，在动物组织和血液中具有荚膜，无鞭毛，革兰氏染色阳性。繁殖体的抵抗力不强，但芽孢的抵抗力很强，在自然条件下能存活数十年，煮沸需15～25min，160℃干热灭菌1h才能灭活。芽孢对碘敏感，0.1%碘液、0.1%升汞、20%漂白粉、0.5%过氧乙酸、次氯酸钠、环氧乙烷等均能有效灭活。

【流行病学】

1. 传播特性 当动物处于菌血症时，可通过粪便、尿、唾液及天然孔出血等排菌。尸体的各脏器、组织、血液、皮毛、骨骼都含有细菌，如果未及时深埋或剖检，被其污染的土壤、饮水、牧草都可成为传染源，尤其是污染牧场后形成芽孢，成为长久疫源地。主要经消化道感染，也可经损伤的皮肤、黏膜及吸血昆虫叮咬感染，还可经呼吸道感染。

2. 流行特点 呈地方流行性，一般认为没有严格的季节性，但天气炎热的6～8月常见，冬季少见。干旱或多雨、洪水涝积、吸血昆虫都是促进暴发的因素。家畜、野生动物、人均有易感性，其中以草食兽最易感，猪和人的感受性较低。从疫区输入病畜产品也常引起暴发。野生动物吞食病畜尸体也能扩大传播范围。

【症状】潜伏期一般1～3d，最长可达14d。

1. 最急性型 牛少见，突然昏迷倒地，呼吸困难，可视黏膜发绀，全身战栗，心悸，濒死期天然孔出血。病程很短，数分钟至数小时死亡。

2. 急性型 牛多见，体温升至40～42℃，精神委顿，食欲减退或废绝，常伴有寒战，心悸亢进，可视黏膜发绀并有出血点，呼吸困难。病初便秘，后期腹泻并带有血液甚至血块。尿呈暗红色。妊娠母牛多数流产。濒死期呼吸高度困难。病程一般为1～2d。

3. 亚急性型 症状较轻，表现为体温升高，食欲减退，皮肤及口腔、直肠黏膜等处出现炎性水肿，初期有热痛，后期转变为无热无痛，最后中心部位发生坏死，即所谓炭疽痈。肠道炭疽痈时下痢带血。病程2～5d。

【病理变化】尸体迅速腐败而膨胀，尸僵不全，由天然孔流出暗红色凝固不良的血液，黏稠似煤焦油样。全身组织黄色胶冻样浸润并有出血点。除最急性型外，脾肿大2～5倍，软化如泥，切面脾髓呈暗红色，脾小梁和脾小体不清。肝和肾充血肿胀，质软易碎。心肌呈灰红色，脆弱。呼吸道黏膜及肺充血水肿。全身淋巴结肿大，切面呈黑红色并有出血点。消化道黏膜呈出血性坏死性炎症变化。

【诊断】严禁解剖，以防病原扩散。凡急性死亡、原因不明而又疑为炭疽时，必须进行细菌学和血清学诊断。

生前将耳部消毒后采集血液，病变部位水肿液或渗出液等可直接涂于载玻片，经碱性美蓝染色镜检，菌体为深蓝色，荚膜粉红色，呈竹节状排列的粗大杆菌，可初步确定。死后将耳割下，以5%苯酚溶液浸湿的棉布包好，放广口瓶中待检，并用烙铁烧灼切口止血。用已知抗血清做沉淀试验进行抗原性鉴定。

炭疽沉淀原耐腐败和高温,对于陈旧和腐败的病料仍能检出结果,所以常用于可疑皮张及其动物产品的检疫。但炭疽的菌体抗原与某些需氧芽孢杆菌(如蜡样芽孢杆菌)有一定的类属性,判定反应结果时应注意交叉反应。

【治疗】 轻症病例早期用大剂量青霉素和链霉素有良好效果,如抗炭疽血清与青霉素和链霉素联合治疗效果更佳。磺胺类有良好疗效。重症病例一律扑杀。

【防制措施】 常发地区每年应定期进行预防接种,用无毒炭疽芽孢苗,牛皮下注射1mL,14d产生免疫力,免疫期为1年。发生疫情时应尽早诊断,立即上报疫情,划定疫点、疫区,采取隔离、封锁措施;对假定健康牛群进行紧急接种;被污染的土壤铲除15~20cm,并与20%漂白粉液混合后深埋;圈舍及环境用20%漂白粉溶液或10%氢氧化钠溶液喷洒3次,每次间隔1h;垫草和粪便焚烧,尸体深埋或焚烧。最后一头病畜死后或痊愈后15d,如再无病畜出现,进行一次终末消毒后可解除封锁。坚决不能食用患炭疽病的动物肉品。

牛出血性败血病

本病是由多杀性巴氏杆菌引起的牛等多种动物的传染病,又称牛出血性败血症。二类动物疫病。主要特征为败血症和炎性出血,多与其他传染病混合感染或继发感染。

【病原体】 多杀性巴氏杆菌,小球杆菌,无芽孢,无鞭毛,新分离的强毒株有荚膜,革兰氏染色阴性,碱性美蓝染色呈典型的两极着色。各型多无交互保护或保护力不强,但各种动物之间可发生交叉感染。本菌抵抗力较弱,对热、日光敏感,常用消毒剂短时间可灭活。

【流行病学】

1. 传播特性 本菌随患病动物的分泌物、排泄物及咳嗽、喷嚏排出,污染空气、饲料和饮水。经消化道、呼吸道感染,也可经损伤的皮肤黏膜及吸血昆虫传播而感染。

2. 流行特点 为牛上呼吸道常在菌,当各种不良因素导致机体抵抗力下降时易诱发本病。各种年龄都可感染,但以幼龄多见。无明显的季节性。一般散发,有时呈地方流行性。猪、家禽和兔最常见,其次是黄牛、牦牛和水牛,绵羊、鹿、骆驼和马也可发病。一般种间不易相互传染,但有时猪巴氏杆菌可传染给牛。牛与水牛可相互传染,而禽与家畜之间则很少传染。人少见,多为伤口感染。

【症状】 分为败血型、水肿型和肺炎型,败血型以猝死为特征,而水肿型和肺炎型是在败血型的基础上发展而来,因此以肺炎型为主的混合型最为常见。

潜伏期2~5d。体温升至41~42℃,精神不振,食欲减退或废绝,呼吸急促。继而呼吸困难、黏膜发绀、咳嗽,先流泡沫样鼻液,有时带血,后变成黏液性脓性。胸部听诊有啰音,有时有摩擦音,触诊有痛感。病程为3~7d。病死率高达80%以上。病愈牛可产生坚强的免疫力。

【病理变化】 主要是败血症变化。皮下、肌肉、浆膜、黏膜均有出血点。内脏器官充血。肝和肾实质变性。脾有出血点,但不肿胀。淋巴结水肿。胸腔内积有渗出物。

【诊断】

1. 临诊诊断 要点为呼吸系统症状和败血症变化等。

2. 实验室诊断 从病变部位、渗出物、脓汁等处采集病料,涂片、染色、镜检,如见到两极着色的卵圆形短杆菌可疑为本病。必要时将病料接种于10%血液琼脂培养基进行细菌分离鉴定。可用间接血凝试验和琼脂扩散沉淀试验对病原菌进行分群和血清分型。

3. 鉴别诊断 与牛传染性胸膜肺炎相鉴别，该病经过缓慢，肺大理石变化明显。

【治疗】早期应用敏感抗生素有效，但晚期和重症病例难以奏效。辅以对症疗法。

【防制措施】用牛出血性败血病氢氧化铝菌苗进行预防接种；平时改善舍内通风和饲养管理，及时清除粪便和尿，降低舍内的湿度是预防最有效的措施。一旦发生疫情要尽早确诊和隔离治疗，加强消毒，病尸深埋或高温处理。

第四节 以神经症状为主症

以神经症状为主症的牛的传染病主要有牛海绵状脑病（疯牛病）、痒病、山羊关节炎脑炎，还有伪狂犬病、狂犬病、李氏杆菌病、梅迪-维斯纳病、肉毒梭菌中毒症、衣原体病、牛昏睡嗜血杆菌感染、牛散发性脑脊髓炎等，另外，羊梭菌病（包括羊肠毒血症、羊快疫、羊猝狙、羊黑疫、羔羊痢疾）濒死期均有神经症状。

牛海绵状脑病

本病是由朊病毒引起的牛的传染病，又称疯牛病。一类动物疫病。主要特征为潜伏期长、病情逐渐加重、行为反常、运动失调、轻瘫和体重减轻，以及脑灰质海绵状水肿和神经元空泡形成，终归死亡。

【病原体】朊病毒，是无核酸、具有传染性的蛋白颗粒。对物理和化学因素具有非常强的抵抗力。

【流行病学】患病种牛、带毒牛和绵羊为传染源，带毒动物肉骨粉亦是主要传染源。经消化道感染，亦可水平或垂直传播。3～11岁牛易感，4～6岁多发。感染与气温、季节、性别、品系、遗传、泌乳期、妊娠期和管理等因素无关。绵羊也易感，野生反刍动物也能感染。据报道可传染给人，与人的克-雅氏病关系密切。

【症状】潜伏期4～6年。症状各异。行为异常，不安，恐惧，敏感或沉郁，不自主运动，磨牙，震颤。感觉或反应过敏，对颈部触摸、光线的明暗变化以及外部声响过度敏感。运动异常，步态呈鹅步状，共济失调，四肢伸展过度，倒地则难站立。体重和体况下降，最后衰竭死亡。病程为14d至6个月。

【病理变化】特征病变是大脑灰质神经基质的海绵状病变和大脑神经元细胞空泡病变，空泡样变的神经元一般呈双侧对称分布，主要分布于延髓和脑干。

【诊断】目前尚无朊病毒体外分离培养的方法，亦不能进行血清学诊断。因此，诊断的主要依据是恐惧和过敏为主的神经症状、特征性的病理组织学变化。

【治疗】不予治疗，对患病动物一律扑杀。

【防制措施】发生本病的国家采取的主要措施有：建立持续监察和强制申报制度；呈现症状动物的任何部分或产品不得进入人和动物的食物链；病牛全部扑杀、销毁、可疑病牛及其产品，严禁出口和消费；禁止反刍动物饲料中使用反刍动物组织或脏器；重新进行某些特定产品的安全性评价。

我国尚未发现本病，除采取以上措施外，还必须禁止从疫区进口活牛、牛胚胎和精液、脂肪等产品；有计划地对过去从疫区进口的牛和以胚胎和精液繁殖的牛进行兽医卫生监控；对具有神经症状的病牛采集脑组织进行病理学检查。

痒 病

本病是由朊病毒引起的成年绵羊缓慢发展的传染性中枢神经系统疾病，俗称瘙痒病、慢性传染性脑炎。一类动物疫病。主要特征为潜伏期长、剧痒、运动失调和终归死亡。

【病原体】朊病毒，一种不含核酸、无免疫反应的侵袭性糖蛋白大分子物质。对不良的理化影响很稳定，采自脑组织的病原能耐高温和消毒剂。对氯仿、乙醇、乙醚、高碘酸钠和次氯酸钠敏感。

【流行病学】主要存在于中枢神经系统、脾和淋巴结中。传染源为病羊。传播途径尚不完全清楚，一般认为经口感染。主要发生于2～4岁成年绵羊。多呈散发性，羊群一旦被感染则很难清除。发病率20%，病死率100%。

【症状】潜伏期达18～60个月，甚至更长。主要表现奇痒和共济失调。后期机体衰弱，卧地不起，昏迷，死于衰竭。体温始终正常。病程为6周到8个月，甚至更长。

【病理变化】皮肤创伤、脱毛、消瘦，但内脏器官常无眼观变化。脑干和脊髓神经元空泡变性和灰质海绵状病变。

【诊断】主要发生于成年绵羊，表现以剧痒和运动失调为主的神经症状，病理组组织学变化具有诊断意义。尚无分离培养病毒和血清学诊断的方法。注意与螨病和虱病相鉴别。

【治疗】目前尚无有效疗法。

【防制措施】因本病具有潜伏期长、病情发展缓慢、无免疫应答等特征，所以普通的预防措施无效，唯一的办法是迅速确诊，立即隔离、封锁，对发病羊群扑杀，尸体焚烧，严禁食用和制成饲料。从可疑地区引进羊只应隔离5年，每6个月检查1次。

山羊关节炎脑炎

本病是由山羊关节炎脑炎病毒引起的山羊的传染病。二类动物疫病。主要特征为慢性多发性关节炎、间或伴发间质性肺炎或间质性乳房炎，羔羊常呈现脑脊髓炎症状。

【病原体】山羊关节炎脑炎病毒，不引起实验动物发病，能在山羊睾丸、胎肺、角膜、滑液膜细胞上增殖，但一般不引起细胞病变。病毒抵抗力弱，56℃ 30min即可灭活。

【流行病学】主要通过被污染的饲料、饲草、饮水经消化道感染，羔羊可因吮吸含有病毒的乳而感染。成年羊多呈隐性感染，但受到各种应激因素的刺激，则会出现症状。四季都可发生，一般呈地方流行性。患病母羊所产的羔羊发病率为16%～19%，病死率可达100%。

【症状】有关节炎型、脑炎型、间质性肺炎和间质性乳房炎型。关节炎型主要发生于1岁以上的山羊，病程缓慢；脑炎型主要发生于2～4月龄的羔羊；间质性肺炎和间质性乳房炎型较少见。

关节炎型与脑炎型常混合发生，潜伏期53～131d，主要发生于2～4月龄羔羊。病初精神委顿，单侧或双侧肢运动失调，后躯衰弱而后麻痹，卧地不起，呈游泳状，角弓反张，有些病例头颈歪斜或做圆圈运动。有时面部神经麻痹，吞咽困难，偶有膝反射或收缩反射消失，患肢肌肉萎缩。整个病程中一般无体温变化，但也可见一过性的轻度体温升高。病程可持续半个月至1年。多数死亡，偶有耐过的病例多留有后遗症。

【病理变化】在脑和脊髓白质切面上有软化灶。病理组织学变化为非化脓性脱髓鞘性脑脊髓炎，镜下可见血管周围有淋巴细胞浸润。

【诊断】

1. 临诊诊断 要点为发生的月龄、神经症状和病理变化等。

2. 实验室诊断 一般不需要进行病原分离鉴定，但需分离时，采集外周血液或刚挤出的鲜乳，接种于山羊胎儿滑膜细胞进行分离培养，用已知抗血清做病毒中和试验鉴定分离的病毒。

【治疗】目前尚无有效疗法。

【防制措施】目前尚无疫苗。对羊群进行定期检疫，及时扑杀阳性羊只；新生羔羊严格与感染群隔离饲养或放牧，每隔半年进行1次检疫，至少检疫2次，结果呈阴性后，可认为已净化为健康群；引进的羊只必须隔离1年，进行2次检疫，确定无病后才能混群；一旦发生疫情全部扑杀。

第五节　以水疱及糜烂或恶性肿瘤为主症

以皮肤和黏膜水疱及糜烂为主症的主要有口蹄疫、牛恶性卡他热、绵羊痘和山羊痘、羊传染性脓疱（羊传染性脓疱皮炎），还有牛病毒性腹泻/黏膜病、蓝舌病、水疱性口炎、牛传染性鼻气管炎、茨城病、牛瘟、羔羊坏死杆菌病等。

以体表恶性肿瘤为主症的主要有牛白血病。以传染性肉芽肿为主症的主要有放线菌病（大颌病）、结节性皮肤病等。

口 蹄 疫

本病是由口蹄疫病毒引起的人和偶蹄动物共患的急性热性高度接触性传染病，俗称口疮、蹄癀。一类动物疫病。主要特征为口腔黏膜、蹄部和乳房皮肤水疱和糜烂。

【病原体】口蹄疫病毒（FMDV），呈球形或六角形，无囊膜。病毒具有多型性和易变异性。已知有7个血清型，即A、O、C、南非1、南非2、南非3型和亚洲1型，每一主型又分若干亚型。各主型之间无交互免疫性，同一主型各亚型之间有一定的交叉免疫性。病毒在流行中出现变异，所用疫苗的毒型与流行毒型不同时，则不能产生预期的防疫效果。我国流行的口蹄疫毒型多为O、A型和亚洲1型。病毒对外界环境的抵抗力很强，被病毒污染的饲料、土壤和毛皮的传染性可保持数周至数月，对紫外线、热、酸和碱敏感，1%～2%氢氧化钠、3%～5%福尔马林、0.2%～0.5%过氧乙酸、0.1%灭菌净等均有良好的消毒效果。

【流行病学】

1. 传播特性 潜伏期和康复后的动物是危险的传染源。病毒随排泄物和分泌物排出，其中以水疱液、水疱皮、乳、尿、唾液和粪便含毒量最高，毒力最强。通过直接接触和间接接触传播，主要经消化道感染，经呼吸道、损伤的皮肤黏膜也可感染。近年来证明通过污染的空气经呼吸道传染更为重要。饲料、垫草、用具、饲养管理人员，以及犬、猫、鼠类、家禽等都可成为传播媒介。易感动物多达30余种，奶牛、黄牛最易感，其次为猪、牦牛和水牛，再次为绵羊、山羊、骆驼。幼龄较成年动物易感。

2. 流行特点 传播迅速，流行猛烈，发病率高，死亡率低。四季均可发生，但在牧区一般从秋末开始，冬季加剧，春季减少，夏季平息，在农区则不明显。常呈流行性或大流行性，自然条件下每隔 1~2 年或 3~5 年流行一次，往往沿交通线蔓延扩散或传播，也可跳跃式地远距离传播。单纯性猪口蹄疫仅猪发病，不感染牛羊，不出现迅速扩散和跳跃式流行，主要发生于猪集中饲养的地区及交通密集的沿线。

【症状】潜伏期平均 2~4d，最长可达一周左右。体温升至 40~41℃，精神委顿，食欲减退，闭口，流涎，开口有吸吮声。1~2d 后在唇内面、齿龈、舌面和颊部黏膜出现蚕豆至核桃大的水疱，口温高，口角流涎增多，呈白色泡沫状，常常挂满嘴边，采食、反刍完全停止。水疱约经一昼夜破裂，形成浅表的红色糜烂，糜烂逐渐愈合，全身症状逐渐好转，体温降至正常。如有细菌感染则糜烂加深，发生溃疡，愈合后形成瘢痕。

在口腔发生水疱的同时或稍后，趾间及蹄冠柔软皮肤迅速发生水疱并很快破溃，出现糜烂或干燥结成硬痂，然后逐渐愈合。若病牛衰弱或饲养管理不当，糜烂部位可能发生继发性感染、化脓、坏死，病牛站立不稳，跛行，甚至蹄匣脱落。

乳头皮肤有时也出现水疱，很快破裂形成红斑，如涉及乳腺可引起乳房炎，泌乳量显著减少，有时乳量减少达 75%，甚至停乳。

一般为良性经过，约经一周即可痊愈。如果蹄部出现病变时，病期可延长至 2~3 周或更久。病死率一般不超过 3%。但有时当水疱病变逐渐痊愈，病牛趋向恢复时，病情可突然恶化，全身虚弱，肌肉发抖，特别是心跳加快，节律失调，反刍停止，食欲废绝，行走摇摆，站立不稳，因心脏麻痹而突然倒地死亡，这种病型称为恶性口蹄疫，病死率高达 20%~50%，主要是由于病毒侵害心肌引起心肌炎所致。

哺乳犊牛患病时水疱不明显，主要表现为出血性肠炎和心肌麻痹，死亡率很高。病愈牛可获得一年左右的免疫力。

【病理变化】除口腔和蹄部的水疱和烂斑外，在咽喉、气管、支气管和前胃黏膜可见烂斑和溃疡，皱胃和肠黏膜出血性炎症。心包膜有弥散性及点状出血，心肌松软，心肌表面和切面有灰白色或淡黄色斑点或条纹，似老虎皮的斑纹，称为虎斑心，具有重要的诊断意义。

【诊断】
1. 临诊诊断 要点为口腔和蹄部水疱和烂斑、虎斑心和出血性胃肠炎病理变化等。
2. 实验室诊断 采集水疱皮用 PBS 液制备浸出液，或直接用水疱液接种于 BHK 细胞、猪甲状腺细胞进行病毒培养分离，然后做蚀斑试验。血清学诊断可用 ELISA、免疫荧光抗体技术、中和试验、补体结合试验或微量补体结合试验、琼脂免疫扩散试验、反向间接血凝试验等。阻断夹心酶联免疫吸附试验等新方法已用于进出口动物血清的检测。
3. 鉴别诊断 与牛恶性卡他热、水疱性口炎和牛瘟等相鉴别。

【治疗】轻者经过 1 周左右多能自愈。但为了缩短病程，防止继发感染，应在隔离条件下及时治疗。多饮清水，给予柔软草料，对症状较重但能吃进食的病牛，喂以糠麸稀粥、米汤，防止因过度饥饿使病情恶化而引起死亡。

对口腔病变，用清水、食醋或 0.1% 高锰酸钾溶液洗漱，溃烂面涂以 1%~3% 硫酸铜或 1%~2% 明矾或碘甘油，也可用冰硼散撒布。对蹄部病变，用 3% 来苏儿液洗净，然后涂龙胆紫溶液、碘甘油，绷带包扎，最后涂以氧化锌鱼肝油软膏。

【防制措施】无本病的国家一旦暴发，对患病动物一律扑杀。有本病的地区或国家，多采用以疫苗注射为主的综合防制措施。弱毒疫苗可能在畜体和肉品内长期存在，由于口蹄疫多代病毒通过易感动物后，可能出现毒力返祖现象，因此许多国家禁止使用弱毒疫苗。

一旦发生疫情，应立即实施封锁、隔离、检疫、消毒等措施，同时对易感畜群用与流行株相同血清型的疫苗进行紧急接种；对受威胁区内的健康牛群进行预防接种，建立免疫带以防止疫情扩散。

人主要通过破损的皮肤或食用生乳而感染，可并发胃肠炎、神经炎和心肌炎等；小儿发生胃肠卡他时，表现与流感相似，重者可因心肌麻痹死亡，因此，必须做好个人防护。

蓝舌病

本病是由蓝舌病病毒引起的反刍动物的传染病。一类动物疫病。主要特征为发热、消瘦，口、鼻和胃黏膜溃疡性炎症变化。

【病原体】蓝舌病病毒，呈圆形，无囊膜，双层衣壳。24个血清型之间无交互免疫力。抵抗力强，耐干燥，能抵抗氯仿和乙醚，对胰酶、2%~3%氢氧化钠敏感。

【流行病学】病羊及病愈后4个月内的带毒绵羊是主要传染源。1岁绵羊最易感，哺乳羔羊有一定的抵抗力。牛和山羊以隐性感染为主，是危险的传染源。天然传播媒介为库蠓，常发生于湿热的夏季和早秋季节，特别是池塘、河流较多的低洼地区。公牛可通过精液感染母牛。病毒可通过胎盘感染胎儿。

【症状与病理变化】潜伏期3~10d。常呈急性型，病初体温升至40~42℃，稽留5~6d。以口腔黏膜和舌充血、发绀呈蓝色，随后出现坏死、溃疡为特征。迅速消瘦，全身衰弱。病程6~14d，多因并发肺炎和胃肠炎导致死亡。

【诊断】临诊诊断要点主要为发病年龄、与库蠓分布的关系、病理变化等。可用已知抗血清做病毒中和试验鉴定分离的病毒。琼脂扩散试验、补体结合反应、免疫荧光抗体技术具有群特异性，可用于病毒血清型的检测。微量血清中和试验具有型特异性。

【治疗】尚无特效疗法。对口唇等发炎部位进行局部处理。

【防制措施】防止库蠓叮咬能降低发病率；及时淘汰病羊，血清阳性但无症状的羊隔离饲养；常发地区可采用与当地血清型相符的毒株苗或多价苗进行预防接种。

牛恶性卡他热

本病是由狷羚疱疹病毒引起的牛的致死性淋巴增生性传染病，又称恶性头卡他。二类动物疫病。主要特征为持续发热，消化道、呼吸道黏膜脓性坏死性炎症，典型病例有眼部症状。

【病原体】狷羚疱疹病毒Ⅰ型，主要由核芯、衣壳和囊膜组成。病毒在冷冻或冻干条件下，存活期均不过数天。感染动物血液中的病毒含量虽然很高，但因迅速死亡，毒力很快下降。

【流行病学】病毒存在于血液、脑、脾等组织中，血液中的病毒附着于白细胞上。一般认为无症状带毒绵羊和牛是牛群暴发的来源。自然情况下主要发生于1~4岁的黄牛和水牛，老牛少见。病牛不能直接感染健康牛，发病牛多与绵羊有接触史。多见于冬季和早春，常呈散发。多数地区发病率低，但病死率可高达60%~90%。

【症状】有最急性型、头眼型、消化道型、良性型和慢性型。但头眼型被认为最典型。

1. 最急性型 病初体温 41~42℃，眼结膜潮红，呼吸困难，有时出现急性胃肠炎症状，多在 1~2d 内死亡。

2. 头眼型 最初高热稽留，精神不振，意识不清，食欲减少或停止，初便秘，后腹泻。典型病例多有眼部症状，发炎、畏光、流泪，继而为虹膜睫状体炎和角膜炎。口腔和鼻腔黏膜充血潮红、坏死及糜烂，口腔流出臭味涎液。常伴有神经紊乱，肌肉震颤，共济失调，有时出现吼叫、冲撞等兴奋症状，最后全身麻痹。病程 4~14d。

3. 消化道型 高热稽留，严重腹泻，粪便混有黏液和血液，后期大便失禁。

【病理变化】病理变化依症状而定。最急性病例没有或只有轻微变化。头眼型以类白喉性坏死性变化为主，可由骨膜波及骨组织，特别是鼻甲骨、筛骨和角床的骨组织。消化道型以消化道黏膜变化为主。

【诊断】

1. 临诊诊断 要点为发病率和病死率、流行病学特点和典型症状等。

2. 实验室诊断 用特异性抗血清进行免疫荧光试验鉴定分离病毒。可用病毒中和试验、免疫印迹法、ELISA、免疫荧光法和免疫细胞化学法检测血清抗体。

3. 鉴别诊断 本病与牛巴氏杆菌病在体温和全身症状上有很多相似之处，但后者无结膜、角膜炎及神经症状。牛传染性角膜结膜炎表现只限于眼部，无全身症状。

【治疗】尚无有效疗法。

【防制措施】在流行区避免牛与绵羊接触；发现疫情时应立即隔离、消毒，并采取对症治疗，防止继发感染。

绵羊痘和山羊痘

本病是由痘病毒引起的绵羊和山羊的热性接触性传染病。一类动物疫病。主要特征为皮肤与黏膜发生特异性痘疹，出现典型的斑疹、丘疹、水疱、脓疱和结痂等。

【病原体】绵羊痘病毒，呈砖形或椭圆形，较其他动物痘病毒稍小而细长。病毒耐寒、耐干燥，但对热敏感，55℃ 20min 或 37℃ 24h 即可灭活，对常规消毒剂有一定的抵抗力，3%石炭酸、30%热草木灰水或 20%石灰水可将其灭活。

山羊痘病毒与绵羊痘病毒同一个属，在琼脂免疫扩散试验和补体结合试验时有共同抗原。

【流行病学】主要经呼吸道、受损的皮肤或黏膜感染，各种媒介因素均可传播。绵羊易感，山羊较少，羔羊较成年羊易感，病死率高。病愈羊可获得终身免疫。呈流行性，多发生于冬末春初。气候寒冷、饲养管理不良等因素可诱发并使病情加重。

【症状】绵羊痘潜伏期 2~3d，气温低时可达 15~20d。典型病例体温升至 41~42℃，精神沉郁，食欲不振，呼吸及脉搏加快，眼睑肿胀，结膜潮红，鼻腔流出浆液、黏液或脓性分泌物，手压脊柱时有严重的疼痛表现，此时称为前驱期，一般持续 1~2d。随后在无毛或少毛区出现红色绿豆大斑点，突起后形成丘疹、结节，几天后变为水疱、脓疱，如无继发感染，脓疱干燥成为褐色痂，脱落后 3~4 周痊愈。山羊痘的症状与绵羊痘相似。

非典型病例不呈现上述典型症状或经过，抵抗力强的仅表现呼吸道及眼结膜卡他症状，不出现或少量出现痘疹，但不变为水疱，数日内脱落消失，即顿挫型或称为石痘；脓疱多时相互融合形成融合痘；有时水疱或脓疱内部出血，全身症状明显，形成溃疡及坏死，称为黑痘或出血痘；若伴发整块皮肤坏死脱落则称为坏疽痘，通常引起死亡。

【病理变化】绵羊痘除皮肤与黏膜痘疹外，呼吸道有卡他性出血性炎症变化，咽喉、气管黏膜常有痘疹。食道、胃肠等黏膜上有大小不等的扁平灰白色痘疹。肺有单个或融合的干酪样结节。若继发化脓菌感染，则有脓毒症和败血症变化。山羊痘的病理变化与绵羊痘相似。

【诊断】根据流行病学、典型症状和病理变化基本可以诊断，采用病毒中和试验和琼脂扩散试验检测血清抗体。

【治疗】尚无特效疗法，轻症病例常采取对症治疗。局部可用0.1%高锰酸钾溶液洗涤，擦干后涂抹紫药水或碘甘油。康复血清有一定的防治作用，免疫血清效果较好。用抗生素防止并发感染。重症病例一律扑杀。

【防制措施】预防绵羊痘用羊痘鸡胚化弱毒苗，在尾部或股内侧皮内注射0.5mL，4～6d即可产生可靠的免疫力，免疫期一年。用山羊痘病毒通过组织培养制成的细胞弱毒苗，以0.5mL皮内或1mL皮下接种，效果很好。发生疫情后对病羊及时隔离，封锁疫区，对环境严格消毒；病死羊尸体深埋，严禁食用。患过或耐过山羊痘的山羊可获得坚强免疫力。山羊痘病毒能免疫预防疫羊传染性脓疱，但羊传染性脓疱病毒对山羊痘无免疫性。

羊传染性脓疱

本病是由传染性脓疱病毒引起的羊和人的急性接触性传染病，又称羊传染性脓疱皮炎，俗称口疮。三类动物疫病。主要特征为口唇等处皮肤和黏膜形成丘疹、脓疱、溃疡和疣状厚痂。

【病原体】传染性脓疱病毒，呈砖型，有囊膜。抵抗力强，在阳光下暴露30～60d才丧失活性，秋冬散播在土壤中的病痂到第二年春季仍有传染性，而且能存活数年。常用的消毒剂为2%氢氧化钠溶液，10%石灰乳，20%热草木灰溶液。

【流行病学】病羊的痂皮带毒时间较长，常为新感染暴发的来源。经损伤的皮肤和黏膜感染。主要感染绵羊和山羊，3～6个月的羔羊最多。幼羊常呈流行性，成年羊呈散发性。以春、夏发病较多。人多因与病羊接触而感染，人与人可相互传染，皮肤有伤口时可增加感染机会。

【症状】潜伏期4～7d。根据发病部位不同，分为唇型、蹄型和外阴型，偶见混合型。唇型最常见，病程2～3周，常伴有化脓菌与坏死杆菌的继发感染。蹄型一般仅发生于绵羊，偶有混合型。外阴型较少见，且很少死亡。

【病理变化】口唇等处皮肤和黏膜形成丘疹，脓疱，溃疡和疣状厚痂。

【诊断】临诊诊断要点为发病季节、月龄、特征性病理变化等。采集水疱液接种于绵羊睾丸细胞上分离病毒，用病毒中和试验鉴定。血清学诊断可用补体结合试验、琼脂扩散试验、反向间接血凝试验、ELISA、免疫荧光技术等。

【治疗】尚无特效疗法。对脓疱施以常规外科处置。用抗生素或磺胺类药物防止继发感染。

【防制措施】避免皮肤、黏膜发生损伤是关键。对流行区可用羊口疮睾丸细胞苗、羊口疮细胞苗、减毒疫苗，给待产母羊免疫，通过初乳能使羔羊获得一定的免疫力。一旦发病，则对病羊隔离治疗，重症病例应淘汰；对圈舍、工具、垫草、环境进行消毒；人接触病羊要注意防护，手臂有伤口时应避免接触。

牛白血病

本病是由牛白血病病毒引起的牛的慢性肿瘤性传染病。二类动物疫病。主要特征为淋巴样细胞恶性增生、进行性恶病质和高病死率。

【病原体】牛白血病病毒（BLV），呈球形，能凝集绵羊和鼠红细胞。病毒对温度较敏感，60℃以上迅速失去感染性，紫外线照射和反复冻融可灭活。

【流行病学】病毒主要感染B淋巴细胞，感染后在抗体产生之前即可出现病毒血症。主要是水平传播，也可垂直感染，但经初乳感染新生犊牛少见。吸血昆虫和医疗器械可机械性传播。主要发生于牛，水牛和绵羊也可感染。呈散发性。

【症状】多为亚临诊型，30%～70%发展为淋巴细胞增多症，但不表现症状，其中0.1%～10%演变为恶性肿瘤（淋巴肉瘤）而成为临诊型，表现生长缓慢，进行性消瘦，体温一般正常，有时略高。体表淋巴结尤其是肩前淋巴结、股前淋巴结和腮淋巴结明显肿大，无热痛，经直肠检查可摸到内脏淋巴结。当眶后淋巴结增大时可引起眼球突出。多数病例的白细胞总数明显增加，血液涂片镜检可查到大量成淋巴细胞（瘤细胞），具有诊断意义。病牛一般在数周至数月死亡。

【病理变化】肿瘤可广泛发生于全身所有淋巴结，或仅在个别淋巴结出现，淋巴结较正常大3～5倍。肿瘤常侵害皱胃、右心房、脾、肠、肝、肾、瓣胃、肺和子宫。病变部坚实或呈面团样，外观呈灰白色或淡黄色，切面如鱼肉样。

【诊断】

1. 临诊诊断 要点为淋巴结肿大和成淋巴细胞显著增多等。

2. 实验室诊断 采集抗体阳性牛的血液分离淋巴细胞，接种于传代细胞系等进行病毒分离培养，用已知抗血清做荧光抗体试验鉴定病毒。血清学诊断可用琼脂扩散试验和ELISA等。

【治疗】尚无特效疗法。

【防制措施】尚无有效的疫苗。根据发生呈慢性持续性感染的特点，应采取严格检疫、淘汰阳性牛为主的综合防制措施。无病地区应严格防止引入病牛和带毒牛，引进新牛必须进行严格检疫，对阳性牛扑杀，阴性牛也必须隔离3～6月方能混群；疫区每年应进行3～4次血液学和血清学检查，不断清除阳性牛，若感染牛较多或牛群长期处于感染状态时，应采取全群扑杀的措施。

第六节 以繁殖障碍综合征为主症

以繁殖障碍综合征为主症的反刍动物的传染病主要有布鲁氏菌病、弯杆菌病，还有沙门氏菌病、钩端螺旋体病、莱姆病、衣原体病、牛病毒性腹泻/黏膜病、牛流行热、牛传染性鼻气管炎、牛无浆体病、羊链球菌病、羊支原体性肺炎等。

布鲁氏菌病

本病是由布鲁氏菌引起的人和多种动物共患的传染病，简称布病。二类动物疫病。主要特征为母畜生殖器官和胎膜发炎、流产、不育，公畜睾丸炎。

【病原体】布鲁氏菌，细小的球杆菌，无芽孢和荚膜，有毒力的菌株有时形成菲薄的荚膜，无鞭毛，革兰氏染色阴性。柯氏染色时染成红色，其他细菌染成蓝色或绿色。对自然因素的抵抗力较强，在动物内脏、乳汁、毛皮内可存活 4 个月。对阳光、热及常用消毒剂的抵抗力弱，2％石炭酸、来苏儿、氢氧化钠溶液或 0.1％升汞，可在 1h 内灭活。

【流行病学】

1. 传播特性 病畜流产或分娩时大量排菌，流产后还可长时间随乳汁排菌，有时经粪便排菌。主要经消化道感染，其次是损伤的皮肤和黏膜，也可通过吸血昆虫感染。患睾丸炎的公畜精液中含有病菌，可随交媾传播。人主要是接触污染物及食品，通过皮肤、黏膜、眼结膜感染，也可经消化道、呼吸道感染。

2. 流行特点 无明显的季节性，但多发于产仔季节。母畜感染后一般只发生一次流产，以后则形成带菌免疫，使流行有一定的特点，即初次发病时流产率高，以后则逐年减少。动物的易感性似乎随着性成熟年龄的接近而增高。性别无明显差别，但公牛似乎有抵抗力。易感动物范围很广，羊、牛最易感。

【症状】牛的潜伏期 2 周至 6 个月。母牛最明显的症状是流产，妊娠后第 6~8 个月最多，多为死胎、弱胎。多数流产后胎衣滞留，流出污秽不洁的红褐色恶臭液体，如果引起子宫内膜炎可长期不育。若流产后胎衣不滞留，可康复并再次受孕。还常见关节炎、滑液囊炎，偶见腱鞘炎和乳房炎。公牛感染后发生睾丸炎和附睾炎。

羊常不表现症状。流产多发生于妊娠后 3~4 个月，有的山羊流产 2~3 次，流产前一般无明显症状。还可出现乳房炎、支气管炎、关节炎和滑液囊炎。乳山羊的乳房炎出现较早，乳汁有结块，泌乳量减少，乳腺有硬结节。公羊感染后常发生睾丸炎、附睾炎。

【病理变化】牛、羊病变大致相同。主要为胎衣水肿、呈胶冻样浸润，有些部位覆有纤维蛋白絮片和脓液，绒毛叶部分覆有灰色或黄绿色纤维蛋白、脓液絮片或脂肪状渗出物。胎儿淋巴结、脾和肝肿大，皱胃等胃内有淡黄色或白色黏液絮状物，脐带浆液性浸润、肥厚。公牛精囊内有出血点和坏死灶，睾丸和附睾有炎性坏死灶和化脓灶。

【诊断】

1. 临诊诊断 要点为流产等特征性症状。

2. 实验室诊断 取胎儿、胎衣、阴道分泌物、乳汁及肿胀部的渗出液涂片，经柯氏染色，镜检发现红色的细小球杆菌，可初步确诊，但检出率很低，应同时进行分离培养或动物试验。可用虎红平板凝集试验检疫牛群中血清阳性牛，但对处于潜伏期、少数妊娠后期及慢性病牛则不能全部检出。对初步筛选的阳性或疑似牛，用补体结合试验或 ELISA，更具有敏感性和特异性。

3. 鉴别诊断 与弯杆菌病很难区别，需进行病原分离鉴定或血清学诊断才能确诊。还要与钩端螺旋体病、乙型脑炎、衣原体病、沙门氏菌病、胎儿毛滴虫病和弓形虫病等相鉴别。

【治疗】本菌是兼性细胞内寄生菌，药物治疗无效。

【防制措施】突出体现预防为主的原则，采取综合防制措施。

1. 严格检疫 对非疫区以舍饲为主的清洁牛群，每年至少检疫一次，阳性牛及时隔离或淘汰。引进牛时需经产地检疫，并隔离观察 2 个月，期间进行 2 次血清学检疫，均为阴性者方可混群。在疫区每年至少进行 2 次检疫，阳性者淘汰；阴性者作为假定健康动物进行多次检疫，经1年以上无阳性出现，方可认为是健康群。

2. 严格消毒 流产胎儿、胎衣应深埋或烧毁，被污染的圈舍、场地和用具等彻底消毒，粪便经生物热发酵消毒，乳及乳制品加热后食用，皮张、毛在收购点消毒、包装后方可外运。

3. 培养健康牛群 由犊牛培育健康牛群，是根除本病的有效措施之一。即新生犊牛立即隔离，以初乳人工哺乳5～10d，以后喂健康牛乳或灭菌乳，5月龄和9月龄时各检疫1次，均为阴性时即可认定为健康犊牛。

4. 定期免疫接种 猪布鲁氏菌2号弱毒活苗和马耳他布鲁氏菌5号弱毒活苗，前者对牛、绵羊、山羊和猪均有较好的免疫效果，后者多用于反刍动物。

弯杆菌病

本病是由弯杆菌引起的多种动物和人共患的接触性传染病。三类动物疫病。主要特征为暂时性不育、发情期延长和流产等。

【病原体】 弯杆菌，又称弯曲菌，对人和动物致病的主要有胎儿弯杆菌和空肠弯杆菌。本菌细长，呈弧形、撇点或S型，有鞭毛，无芽孢，有些菌株有荚膜，革兰氏染色阴性。本菌对外界环境抵抗力不强，对干燥、阳光和常用消毒剂敏感。

【流行病学】 胎儿弯杆菌胎儿亚种存在于胎盘和胎儿胃内容物中，主要经消化道感染，引起绵羊地方流行性流产、牛散发性流产以及人的发热；胎儿弯杆菌性病亚种存在于牛的生殖道、流产胎盘及胎儿组织中，主要通过交配和人工授精感染，引起不育和流产。空肠弯杆菌除引起绵羊流产外，可导致牛、羊、猪、犬、猫、幼驹和雏鸡等动物严重腹泻。

母牛感染后一周即可从子宫颈、阴道黏液中分离出本菌，感染后20～90d最多。

成年母牛和公牛大多数有易感性，未成年者对其稍有抵抗力。

【症状】 公牛一般没有明显症状，精液正常，但可带菌，包皮黏膜可发生暂时性潮红。母牛感染后，病菌在阴道和子宫颈繁殖，引起阴道卡他性炎症，黏膜发红，特别是子宫黏液分泌增加，妊娠期引起子宫内膜炎和输卵管炎，可持续数周到数月，胚胎早期死亡并被吸收，导致妊娠失败并反复发生。有些牛发情周期不规则，至感染后6个月，大多数牛才可再次受孕。母牛多在妊娠的第5～6个月流产。

绵羊常在妊娠3个月流产，可达70%。母羊康复后产生特异性免疫力。多数在流产前无症状，并于流产后迅速康复。有的羊因死亡胎儿滞留子宫内，引发子宫炎和脑膜炎而死亡。

【病理变化】 胎盘水肿，胎儿淋巴结、脾和肝肿大。胃内有黏液絮状物，肠、胃和膀胱浆膜下可见出血点，脐带常呈浆液性浸润、肥厚。

【诊断】 症状与其他生殖道疾病很难区别，确诊需进行实验室检查。

1. 临诊诊断 要点为暂时性不育、发情期延长和流产。

2. 实验室诊断 采集种公牛精液或包皮垢、流产母牛阴道黏液、流产胎儿胃内容物，接种于10%血液琼脂培养基，在微需氧条件下培养，挑取典型菌落纯培养，做生化试验鉴定分离菌。用已知抗原对流产牛阴道黏液做凝集试验，是血清流行病学调查的最佳方法，但不能确定个体感染，仅能查出50%的感染牛。

3. 鉴别诊断 与流产性疾病相鉴别，如布鲁氏菌病、钩端螺旋体病、乙型脑炎、衣原体病、沙门氏菌病、胎儿毛滴虫病和弓形虫病等。

【治疗】一般认为局部治疗比全身治疗更有效。流产母牛可对子宫内膜炎进行常规处理。对公牛施以脊椎硬膜轻度麻醉后，将阴茎拉出，用多种抗生素软膏涂擦于阴茎和包皮，也可用红霉素水溶液每天冲洗包皮一次，连续3～5d。

【防制措施】淘汰有病种公牛，选用健康种公牛进行配种或人工授精，是控制本病的重要措施。疫苗接种有较好的效果，常用氢氧化铝甲醛灭活苗，第一次免疫后间隔4～6周进行第二次免疫。牛群暴发时应暂停配种3个月，流产胎儿和胎衣要深理处理，产房和污染的环境要进行彻底消毒，在隔离条件下对流产母牛用敏感抗生素治疗。

绵羊地方性流产

本病是由流产亲衣原体引起的绵羊的传染病。三类动物疫病。主要特征为流产。

【病原体】流产亲衣原体，专性细胞内寄生，有细胞壁，既有RNA，又有DNA，革兰氏阴性。对脂溶剂、去污剂和常用消毒剂均非常敏感，在几分钟内失去感染能力。

【流行病学】在绵羊流产、死产胎儿，胎衣及子宫分泌物中含有大量的衣原体，污染周围环境，通过污染的饲料和饮水经消化道感染。可传播给人，引起流产。

【症状】感染妊娠30～120d的绵羊，体温不高，感染后50～90d发生流产，产出死胎或弱仔。病羊大部分可恢复健康。

【病理变化】胎盘绒毛膜水肿和坏死，及流产胎儿水肿和充血。

【诊断】本病的流行病学、症状和病理变化，与布鲁氏菌病、羊流产沙门氏菌病、羊弯杆菌病等难以鉴别。采集流产羊的胎衣和流产胎儿的肝、脾、肺及胃液，接种于5～7d的鸡胚卵黄囊内分离病原体，用荧光抗体试验鉴定。血清学诊断常用补体结合反应。

【治疗】选用青霉素、庆大霉素、红霉素、泰乐菌素等进行治疗，将药物拌在饲料或饮水中喂服。病原体对链霉素、磺胺类杆菌肽有抵抗力。

【防制措施】国外用甲醛灭活苗接种于初产前的绵羊。平时采取常规性卫生防疫措施。

复习思考题

1. 简述副结核病的诊断。
2. 简述牛病毒性腹泻/黏膜病的类症鉴别。
3. 简述犊牛、羔羊大肠杆菌病各型的症状。
4. 简述羊梭菌病的症状比较。
5. 简述牛结核病的症状和病理变化特点以及防制措施。
6. 简述牛传染性鼻气管炎的各型的主要特征。
7. 简述梅迪—维斯纳病的流行特点和诊断。
8. 简述牛流行热的症状和病理变化。
9. 制订以呼吸系统症状为主症的反刍动物传染病的综合防制措施。
10. 简述炭疽的流行病学和防制措施，禁止剖检的原因。
11. 简述牛出血性败血症与牛传染性胸膜肺炎的鉴别诊断。
12. 简述以神经症状为主症的牛传染病的防制措施。
13. 简述口蹄疫的流行病学、病理变化、防制措施以及类症鉴别。

14. 简述蓝舌病的流行病学特点。
15. 简述牛恶性卡他热的症状。
16. 简述绵羊痘和山羊痘的防制措施。
17. 简述布鲁氏菌病的类症鉴别及防制措施。
18. 制订牛（羊）场或散养牛（羊）的主要传染病的综合防制措施。

第四章 家禽的传染病

> **学习目标**
> 1. 掌握新城疫、高致病性禽流感、禽沙门氏菌病、鸡传染性喉气管炎、鸡传染性支气管炎、禽霍乱、马立克病、鸡传染性法氏囊病、鸡产蛋下降综合征的流行病学特点，以及典型症状、特征性病理变化、临床诊断要点、鉴别诊断、实验室诊断方法和防制措施。
> 2. 掌握禽痘、小鹅瘟、鸡败血支原体感染、鸭瘟、鸭病毒性肝炎、鸭浆膜炎、禽白血病、禽网状内皮组织增殖症的流行特点，以及诊断要点、鉴别诊断和防制措施。
> 3. 了解禽传染性脑脊髓炎、鸡传染性鼻炎、禽结核病、鸭黄病毒病。

家禽的传染病除本章阐述的一些主症外，还有以贫血症状为主症的鸡包含体肝炎（贫血综合征）、鸡传染性贫血，以关节炎为主症的鸡病毒性关节炎、禽结核病、禽呼肠孤病毒感染、禽大肠杆菌病、慢性禽霍乱、禽葡萄球菌病、鸡滑液囊支原体感染等。

第一节 以消化系统症状为主症

以消化系统症状为主症的禽的传染病主要有沙门氏菌病（鸡白痢、禽伤寒、禽副伤寒）、禽痘、小鹅瘟，还有鹅口疮、番鸭细小病毒病、禽螺旋体病、幼禽溃疡性肠炎等。

禽沙门氏菌病

本病是由沙门氏菌引起的禽的多种传染病的总称，包括鸡白痢、禽伤寒和禽副伤寒，其中鸡白痢和禽伤寒为二类动物疫病。鸡白痢的主要特征为排白色糊状软便。禽伤寒的主要特征为排黄绿色稀便、肝肿大并有坏死结节。禽副伤寒的主要特征为下痢和内脏器官灶性坏死。

【病原体】

1. 鸡白痢 鸡白痢沙门氏菌，两端钝圆的小杆菌，不形成荚膜和芽孢，无鞭毛，不运动，革兰氏染色阴性。

2. 禽伤寒 鸡伤寒沙门氏菌，杆菌，不形成芽孢，无荚膜，不运动，革兰氏染色阴性。

3. 禽副伤寒 包括许多血清型的沙门氏菌，主要是鼠伤寒沙门氏菌，不形成芽孢，有鞭毛，能运动，革兰氏染色阴性。

沙门氏菌对干燥、腐败和日光具有一定的抵抗力，在外界环境中可存活数周到数月，对热和消毒剂敏感。

【流行病学】

1. 鸡白痢 2～3周龄的雏鸡最易感，呈流行性，耐过雏鸡或成年鸡多成为慢性和隐性带菌者。母鸡产带菌蛋，孵化时菌在蛋内繁殖使鸡胚死亡，孵出的幼雏粪便带有大量病菌。出雏时雏鸡啄食被污染的蛋壳而感染，或通过被污染的饲料和饮水等经消化道感染，经呼吸道和眼结膜也可感染。

2. 禽伤寒 主要发生于成年禽，也有人认为6月龄以下更易感。鸭、火鸡、鹌鹑、孔雀等也可感染，但野鸡、鹅和鸽不易感。一般呈散发。

3. 禽副伤寒 鸡和火鸡最常见，3周龄以内的雏鸡最易感，呈流行性，成年禽多为隐性带菌。耐过禽长期带菌，所产的蛋作为种蛋时可世代相传。鸡场一旦传入本病则长期存在，难以根除。本病能引起人感染和食物中毒。

【症状】

1. 鸡白痢 雏鸡和成年鸡的表现有明显差异。经卵感染的幼雏多于1周内发病或死亡；出壳后感染的雏鸡，7～10日龄出现症状，2～3周时达到高峰。最急性病例可无任何症状而突然死亡。急性病例精神委顿，不愿走动，拥挤成堆，食欲减少或废绝，粪便呈白色稀糊状，因粪便干结封住肛门而影响排便，常引起疼痛性尖叫，最后衰竭而死，有的出现失明或因关节炎而跛行。耐过雏鸡发育不良，成为隐性带菌者。成年鸡感染后多无症状，只是产蛋量和受精率降低，一些病例发生卵黄性腹膜炎而出现垂腹。

2. 禽伤寒 潜伏期4～5d。日龄较大的禽和成年禽突然发病，停食，排黄绿色稀便，体温升高，冠与肉髯苍白或皱缩，常常突然死亡。雏鸡和雏鸭症状与鸡白痢相似。

3. 禽副伤寒 经带菌蛋或在孵化器内感染的病例常呈败血症经过，无症状而突然死亡。雏鸡的症状与鸡白痢相似，出壳后2周内发病，6～10d时达到高峰，表现精神委顿，闭眼，嗜睡，翅膀下垂，拒食，饮水增加，下痢；中鸡雏表现水样腹泻，很少死亡；成年鸡一般无症状，呈隐性带菌。雏鸭可见颤抖和眼睑肿胀，突然死亡，俗称猝倒病；成年鸭为水样下痢。

【病理变化】

1. 鸡白痢 急性死亡的雏鸡一般无明显病变。病程稍长者，实质器官和肌胃有黄白色坏死灶和灰白色结节。胆囊充盈。输尿管因充满白色尿酸盐而扩张。盲肠有干酪样物阻塞肠腔。常见腹膜炎。几日龄内死亡的雏鸡有出血性肺炎，稍大者肺有结节和灰色肝变。

育成阶段的鸡，肝肿大2～3倍，呈暗红或深紫色，表面散在或弥漫小的红色或黄白色坏死灶，质脆易碎。内出血导致腹腔有大量血水，肝表面有凝血块。

成年鸡主要病变在生殖系统。鸡卵变形、变色，呈囊状，内含油脂或干酪样物。有的卵泡脱离卵巢游离于腹腔或黏附于腹膜上，引起卵黄性腹膜炎。常有心包炎。公鸡睾丸肿大或萎缩，有点状坏死灶，输精管增粗，充满黏稠渗出物。

2. 禽伤寒 成年鸡最急性病例的病变轻微或无病变。急性者常见肝、脾、肾充血肿大。亚急性和慢性病例肝肿大，呈淡绿色、棕色或青铜色，肝和心肌有灰白色粟粒大的坏死结节。雏鸡和雏鸭的病变以及成年鸡卵巢和腹膜炎病变同鸡白痢。

3. 禽副伤寒 最急性死亡的雏鸡无可见病变。急性病例可见肝、脾充血，有条纹状或点状出血和坏死灶，肺和肾出血，有心包炎和出血性肠炎。成年鸡慢性感染时常无明显病变，少数可见肝、脾、肾充血肿胀，有出血性或坏死性肠炎、心包炎和腹膜炎，卵泡异常，但不如鸡白痢明显和常见。雏鸭肝肿大，有坏死灶。

【诊断】

1. 临诊诊断 要点为病禽的周龄、粪便性状和典型病理变化等。

2. 实验室诊断　鸡白痢的诊断可采集病死鸡的肝、脾、卵巢、输卵管等，进行病菌的分离鉴定。可用全血凝集试验、血清凝集试验、微量凝集试验检测血清抗体，全血平板凝集试验适用于对成年禽的现场诊断和检疫。

禽伤寒的诊断可采集肝、脾、肺、心血、十二指肠等进行病菌的分离和鉴定。由于菌的血清型多，与其他肠道菌有交叉反应，所以慢性或隐性鸡很难用血清学方法检出。可用全血凝集试验、血清凝集试验、微量凝集试验、微量抗球蛋白试验、免疫扩散试验、ELISA等。

禽副伤寒的沙门氏菌与其他肠道菌可发生交叉凝集，血清学诊断尚未广泛应用。

3. 鉴别诊断　除各沙门氏菌病之间相鉴别外，还应与鸡球虫病等相鉴别，关键是病原体不同。

【治疗】治疗雏鸡急性病例可减少死亡，但愈后可成为带菌鸡，并注意出现耐药菌株。可选用磺胺六甲氧、氧氟沙星等，加入饲料或饮水中。

【防制措施】对种蛋、孵化器、出雏器和育雏室等严格消毒；平时注意鸡舍和用具消毒，搞好鸡场的环境卫生，用抗生素预防；每年对种鸡群检疫2～3次，坚持淘汰阳性鸡和可疑鸡，逐步净化种鸡场；特别注意在引入种蛋和种雏时，防止引入传染源；病愈后的家禽长期带菌，不可留作种用。人由于吃入带有病菌的肉、蛋及其制品而感染，表现急性胃肠炎症状。

禽　　痘

本病是由禽痘病毒引起的禽的接触性传染病。二类动物疫病。主要特征为发生痘疹，或在口腔、咽喉部黏膜形成纤维素性坏死性伪膜，因此又称禽白喉。

【病原体】禽痘病毒。各种禽痘病毒与哺乳动物痘病毒不能交叉感染或交叉免疫，但各种禽痘病毒之间在抗原性上极为相似，且都具有血细胞凝集性。50℃ 30min、60℃ 20min可灭活，1‰氢氧化钠、1‰醋酸5～10min可灭活。

【流行病学】

1. 传播特性　病毒随病变部上皮细胞和口腔、鼻腔分泌物排出，脱落和碎散的痘痂是病毒散布的主要形式。主要经皮肤或黏膜伤口感染，蜱和蚊等吸血昆虫可机械性传播。

2. 流行特点　鸡易感性最高，雏鸡和中雏最易发病，病情较重。四季均可发生，秋、冬季最易流行。不良因素均可诱发本病并加剧病情。若与传染性鼻炎、葡萄球菌病、慢性呼吸道病等并发感染，可造成大批死亡。

【症状与病理变化】潜伏期4～10d。根据病禽的症状和病变，可分为3种类型。

1. 皮肤型　主要发生在鸡体无毛或毛稀少部位，初期出现细薄的灰色麸皮状覆盖物，迅速长出结节，呈黄灰色，逐渐增大如豌豆。一般无明显的全身症状，但重症病例表现精神不振，拒食，体重减轻等。蛋鸡产蛋减少或停止。

2. 黏膜型　主要发生在口腔、咽喉和气管等黏膜表面。初期表现鼻炎症状，2～3d后出现黄白色小结节，逐渐扩散为大片的伪膜，随后变厚形成棕色痂块，不易脱落，强行撕脱则留下易出血的表面。伪膜有时伸入喉部，引起呼吸和吞咽困难，甚至窒息而导致死亡。多发生于中雏，病死率达50%。

3. 混合型　皮肤和口腔黏膜同时发生上述病变，病情较严重，死亡率也较高。

【诊断】

1. 临诊诊断　要点为流行病学特点、典型症状和病理变化等，据此可初步诊断。单纯的黏膜型易与传染性鼻炎相混淆，应注意区别。

2. 实验室诊断 采集病变痘痂或伪膜，用生理盐水制成 1∶5～1∶10 悬液，离心后取上清液，划痕接种于易感雏鸡的冠部或腿部，如有痘病毒，接种 5～7d 后出现典型的皮肤型鸡痘。病料接种于鸡胚绒毛尿囊膜上，若见典型的痘斑，证明病毒生长，再用已知抗血清做病毒中和试验鉴定分离病毒。血清学诊断有琼脂扩散试验、免疫荧光法、ELISA 及病毒中和试验等。

【治疗】尚无特效药。黏膜型禽痘剥掉伪膜后涂碘甘油有一定的治疗效果。

【防制措施】加强饲养管理，搞好鸡舍内的清洁卫生，减少不良因素的刺激，防止发生外伤；一旦出现疫情应隔离病鸡，轻者治疗，重者淘汰，病死鸡深埋或焚烧，假定健康鸡进行紧急接种，对鸡舍及周围环境严格消毒。用鸡痘病毒鹌鹑化弱毒疫苗，首免在 20～30 日龄，二免在开产前进行。

小 鹅 瘟

本病是由小鹅瘟病毒引起的雏鹅的急性或亚急性败血症性传染病。二类动物疫病。主要特征为急性型表现全身败血症、急性卡他性-纤维素性坏死性肠炎。

【病原体】小鹅瘟病毒（GPV），无囊膜。病毒对外界环境的抵抗力强，56℃加热 3h，2%～5%氢氧化钠，10%～20%的石灰乳能灭活。

【流行病学】

1. 传播特性 患病雏鹅和带毒成鹅，病雏的内脏组织、肠、脑和血液等都含有病毒，随粪便排出，主要经消化道感染，直接或间接接触传播。带毒母鹅可经种蛋垂直传播，使雏鹅群暴发。受污染的孵化室是最常见的传播地。

2. 流行特点 主要发生于 20 日龄以内的雏鹅和番鸭，其易感性随着年龄的增长而减弱。1 周龄以内最易感，死亡率 100%，1 月龄以上则极少发病。暴发与流行具有明显的周期性，在全部更新种鹅的地区，流行后的 1～2 年内一般不会再次流行，而每年只是部分更新种鹅的地区则可发病，但死亡率较低。鸭和鸡有抵抗力。

【症状】潜伏期与感染时的日龄有关，1 日龄感染的潜伏期 3～5d，2～3 周龄为 5～10d。3～5 日龄的鹅发病常取最急性经过，无前驱症状即极度衰竭，倒地乱划，不久死亡。5～15 日龄的鹅常为急性，病初精神委顿，食欲减少或废绝，离群，瞌睡，随后腹泻，排灰白或黄绿稀便，并混有气泡，呼吸困难，鼻流浆液性分泌物，喙端色泽变暗，临死前两腿麻痹或抽搐。15 日龄以上的雏鹅以精神委顿、腹泻和消瘦为主要症状。未死亡病例生长发育受阻。

【病理变化】最急性型除肠道呈急性卡他性炎症外，其他器官无明显病变。15 日龄左右的急性病例，特征性病变是空肠和回肠的急性卡他性-纤维素性坏死性肠炎，整片肠黏膜坏死脱落，与凝固的纤维素性渗出物形成栓子，或坏死脱落的肠黏膜与纤维素性渗出物构成伪膜，包裹肠内容物而堵塞肠管，使回盲部肠段极度膨大，质地坚实；食道和泄殖腔黏膜有坏死性伪膜和溃疡；肝坏死灶和出血点。

【诊断】

1. 临诊诊断 要点为不同日龄的症状表现有所不同、传染快而病死率高、典型病理变化等。

2. 实验室诊断 采集死亡雏的肝、脾、胰等组织制成混悬液，离心取上清液接种于

12～15日龄鹅胚尿囊腔内进行分离培养，用已知抗血清做琼脂扩散试验、病毒中和试验和ELISA等鉴定，也可用已知抗原进行鹅群检疫、流行病学调查和检测免疫鹅群的抗体水平。

【治疗】尚无有效疗法。可用抗小鹅瘟血清或卵黄抗体，能收到一定的效果。

【防制措施】做好平时综合性卫生防疫工作，尤其要搞好孵化室的清洁卫生，彻底清洗和消毒孵化用具，种蛋用甲醛熏蒸消毒；从已被污染的孵化室孵出的雏鹅，在出壳后用小鹅瘟高免血清预防注射，每只0.5～1mL，有一定的预防效果。一旦发生疫情，对雏鹅群全部注射抗血清或卵黄抗体，病死雏鹅焚烧或深埋，用具和场地严格消毒。

第二节 以呼吸系统症状为主症

以呼吸系统症状为主症的禽的传染病主要有鸡传染性喉气管炎、鸡传染性支气管炎、鸡毒支原体感染、传染性鼻炎，还有番鸭细小病毒病、禽曲霉菌病等。

另外，禽的多种疾病由于呼吸道病而使其更为复杂，病毒、支原体和其他细菌、免疫抑制因子以及不良的环境条件所导致的复杂感染比单一感染更为常见。其他传染性病原体与鸡败血支原体相互作用而产生致病协同效果，如鸡副嗜血杆菌、腺病毒、禽流感病毒、呼肠孤病毒和喉气管炎病毒等。免疫接种引起的呼吸道反应可促进呼吸道疾病的发生。

鸡传染性喉气管炎

本病是由传染性喉气管炎病毒引起的鸡的急性呼吸道传染病。二类动物疫病。主要特征为呼吸困难、咳出物有血丝，喉和气管黏膜肿胀、出血和糜烂，传播快、死亡率高。

【病原体】传染性喉气管炎病毒（ILTV），近似方形，有囊膜。抵抗力很弱，55℃可存活10～15min，37℃存活22～24h，对常用消毒剂敏感，3%来苏儿或1%氢氧化钠溶液1min即可灭活。

【流行病学】病毒大量存在于气管及其分泌物中，随黏液和血液咳出，经上呼吸道感染。被污染的饲料、饮水等可传播。不同年龄的鸡均易感，但成年鸡呈典型症状。在鸡群内传播很快，感染率可达90%，高产的成年鸡病死率较高。野鸡、孔雀、幼火鸡也可感染。

【症状】潜伏期6～12d。初期常急性死亡，随后出现明显症状。病初流半透明状鼻液，流泪，呼吸困难，有啰音，咳嗽，严重时咳出带血的黏液，有时窒息死亡，喉黏膜上附着有淡黄色凝固物，产蛋量迅速减少或停止，病程5～7d或更长，有的康复后成为带毒者。毒力较弱的毒株感染后流行较缓和，鸡表现生长迟缓，产蛋减少，流泪，结膜发炎，严重病例眶下窦肿胀，病程较长，发病率和死亡率较低，大部分病鸡可耐过。

【病理变化】轻者喉头和气管黏膜呈卡他性炎症，黏膜水肿、充血。重症病例喉和气管黏膜肿胀、充血、出血或有出血斑，其上覆有纤维素性干酪样伪膜，气管内有血性渗出物。

【诊断】

1. 临诊诊断 要点为流行病学特点、特征性症状和典型病理变化等，但症状和病变不典型时，与传染性支气管炎、鸡支原体感染、禽流感等不易区别，须进行实验室诊断。

2. 实验室诊断 活体用灭菌棉拭子伸入口、咽或气管采集分泌物，放入含青霉素、链霉素的灭菌生理盐水中；可采集病死鸡喉头和气管，经处理后接种于9～12日龄的鸡胚绒毛尿囊膜上，4～5d鸡胚死亡，绒毛尿囊膜上形成痘斑。采集发病后2～3d的喉头黏膜上皮或有灰白色坏死斑的绒毛尿囊膜进行包含体检查。也可做荧光抗体、免疫琼脂扩散试验等。

【治疗】尚无有效疗法。给发病鸡群投服抗菌药物，对防止继发感染和并发症有一定效果。

【防制措施】坚持严格的隔离、消毒等措施，严禁将康复鸡或接种疫苗的鸡与易感鸡混群。可用鸡传染性喉气管炎弱毒疫苗进行预防接种，首免和二免分别在 28 日龄和 70 日龄左右。免疫鸡可出现轻重不同的反应，甚至死亡，接种剂量和途径应严格按说明书操作。发现疫情时应立即封锁疫点，减少可能污染的人员、饲料、用具和鸡只的移动；对鸡群立即用弱毒疫苗紧急接种，可控制疫情蔓延。

鸡传染性支气管炎

本病是由传染性支气管炎病毒引起的鸡的急性高度接触性传染病。二类动物疫病。主要特征为咳嗽、喷嚏和气管啰音，传播极其迅速。

【病原体】鸡传染性支气管炎病毒（IBV），多数呈圆形，带有囊膜和纤突。多数毒株经 56℃ 15min 和 45℃ 90min 灭活，对常用消毒剂敏感，在 0.01% 高锰酸钾中 3min 内死亡。病毒在室温中能抵抗 1% 盐酸（pH2）、1% 氢氧化钠（pH12）1h，而新城疫病毒、鸡传染性喉气管炎病毒和鸡痘病毒则不能耐受，据此有一定的鉴别意义。

【流行病学】

1. 传播特性 康复鸡带毒长达 49d，在 35d 内有传染性。主要通过飞沫经呼吸道感染，数日内传遍全群。也可通过饲料、饮水经消化道传播。

2. 流行特点 仅发生于鸡，1~4 周龄发病最严重，死亡率也高。有母源抗体的雏鸡有 1 个月的抵抗力。过热、严寒、拥挤、鸡舍通风不良，维生素、矿物质和其他营养缺乏，以及气雾、滴鼻免疫可诱发本病。

【症状】潜伏期 1~2d。特征是突然出现呼吸道症状并迅速传播全群。4 周龄以内的雏鸡症状典型，表现精神不振，食欲减少，羽毛松乱，闭目昏睡，翅膀下垂，呼吸困难，喷嚏，咳嗽，呼吸有啰音。康复鸡发育不良。5~6 周龄的鸡，表现气喘，咳嗽，呼吸有啰音，减食，下痢等。

成年鸡感染后出现轻微的呼吸道症状，产蛋量下降，并产软壳蛋、畸形蛋、粗壳蛋，蛋白如水，蛋黄与蛋白分离。病程为 1~2 周，死亡率很低，康复鸡具有免疫力。

肾型毒株感染多发生在 20~30 日龄，仅表现轻微或不表现呼吸道症状，白色水样下痢，消瘦，饮水量增加。6 周龄以上的鸡死亡率低。

【病理变化】鼻腔、鼻窦、气管和支气管呈卡他性炎症，黏膜表面有黏液性或干酪样渗出物，气管或支气管有干酪样栓子。产蛋母鸡腹腔内有卵黄样液体，卵泡充血、出血、变形，有的输卵管发育异常，致使成熟期不能产蛋。肾型病变主要为肾肿大出血，多呈斑驳状的"花肾"，肾小管和输尿管因尿酸盐沉积而扩张。

【诊断】

1. 临诊诊断 要点为传播迅速、呼吸道症状和典型病理变化等。

2. 实验室诊断 采集支气管分泌物或肺组织，肾型采集肾病变组织。将病料常规处理后，接种于 9~11 日龄鸡胚尿囊腔内，经几次盲传后，如病毒生长，可使鸡胚卷曲、僵硬乃至死亡。分离的病毒用已知抗血清做病毒中和试验进行鉴定。ELISA、免疫荧光多用于群特异血清检测，中和试验、血凝抑制试验用于初期反应抗体的型特异抗体检测。

【治疗】尚无特异的治疗方法。可施以对症疗法，防止继发感染，降低死亡率。

【防制措施】平时加强饲养管理，补充维生素和矿物质；注意鸡舍环境卫生，保持通风良好，防止鸡群密度过大，做好冬季保温。发病后采取严格的隔离、消毒等措施，进行紧急免疫接种；淘汰发病鸡，鸡舍及环境彻底消毒后，再从无病鸡场引入新鸡。

呼吸型传染性支气管炎有两种疫苗，一种是H120，毒力较弱，适用于20日龄以内的雏鸡；另一种是H52，毒力较强，适用于20日龄以上雏鸡和成年鸡。一般的免疫程序是5～7日龄用H120首免，25～30日龄用H52二免，90～110日龄用灭活油乳剂苗三免。

肾型传染性支气管炎用MA_5弱毒疫苗，对1日龄和15日龄雏各免疫1次。

鸡败血支原体感染

本病是由鸡败血支原体引起的鸡的慢性呼吸道传染病。二类动物疫病。主要特征为咳嗽、流鼻液、呼吸啰音和张口呼吸。

【病原体】鸡败血支原体，细小球杆形，姬姆萨染色着色良好。对外界抵抗力不强，常用消毒剂均能灭活。

【流行病学】

1. 传播特性 由咳嗽、喷嚏排出病原体，通过飞沫和尘埃经呼吸道感染，也可通过被污染的饲料、饮水、用具在鸡群之间传播。

2. 流行特点 4～8周龄雏鸡最易感，成年鸡多表现散发性。在鸡群中传播较缓慢，但在新发病的鸡群中传播较快。四季均可发生，以寒冷季节流行严重，发生与各种不良诱因有密切关系。隐性感染率较高，用新城疫苗等气雾或滴鼻免疫时往往诱发本病。

【症状】潜伏期10～21d。4～8周龄的幼鸡出现典型症状，食欲不振，鼻流浆液或黏液性分泌物，堵塞鼻孔，呼吸困难，频频摇头，喷嚏，咳嗽。炎症蔓延至下呼吸道时，喘气和咳嗽更为明显，能听到气管啰音。后期由于鼻腔和眶下窦中蓄积渗出物，引起眼睑肿胀，流泪，发生结膜炎。如无继发感染，死亡率不高，但生长发育受阻。转为慢性后，若并发或继发鸡传染性支气管炎、鸡传染性喉气管炎、新城疫、鸡传染性法氏囊病、副鸡嗜血杆菌病和大肠杆菌病等，使病情严重和症状复杂化。成年鸡症状不明显，很少死亡。产蛋鸡只表现产蛋量下降，孵化率降低，弱雏多。

【病理变化】单纯感染时，鼻、气管、支气管和气囊内有黏稠分泌物，气囊膜变厚混浊，严重病例有干酪样渗出物。自然感染的病例多为混合感染，可见呼吸道黏膜水肿、充血、肥厚，窦腔内充满黏液或干酪样渗出物。若有大肠杆菌混合感染，则可见纤维素性肝周炎和心包炎等。

【诊断】

1. 临诊诊断 要点为发病周龄、呼吸道症状和病理变化等。

2. 实验室诊断 活禽从鼻腔、气管、泄殖腔中采集病料，死禽从鼻腔、气管或气囊采集。将病料接种于支原体固体培养基中，置于含5%二氧化碳的培养箱中37℃分离培养，经纯培养后进行生化试验鉴定分离菌。用快速血清凝集试验检测血清抗体。

【治疗】早期治疗有较好疗效。常用红霉素、罗红霉素、泰乐菌素、泰妙菌素、利高霉素、壮观霉素、阿奇霉素等，饮水或拌料，疗程为5~7d。可考虑交叉使用，单用一种在停药后易于复发。对新霉素和磺胺类药物有抵抗力。

【防制措施】平时加强饲养管理，消除引起机体抵抗力下降的因素；饲养密度适宜，鸡舍通风良好、阳光充足，经常消毒，饲料配合适当。感染鸡多为病原携带者，很难根除病原，所以最有效的措施是建立无病种鸡群。灭活疫苗用于1~2月龄的母鸡，开产前再注射1次；弱毒疫苗对1、3和20日龄雏鸡点眼免疫，免疫期6个月。

鸡传染性鼻炎

本病是由副禽嗜血杆菌所引起的鸡的急性呼吸道传染病。三类动物疫病。主要特征为副鼻窦炎、流鼻涕、打喷嚏、面部肿胀和结膜炎。

【病原体】副禽嗜血杆菌，幼龄时为革兰氏染色阴性的小球杆菌，不形成芽孢，无囊膜和鞭毛，不运动，美蓝染色时两极浓染。对理化因素抵抗力很弱，对热及消毒剂敏感。

【流行病学】通过飞沫和尘埃经呼吸道感染，也可通过污染的饲料和饮水经消化道感染。各年龄的鸡均可感染，4周至3年龄的最易感，但有个体差异。潜伏期短，传播速度很快，多发生于秋、冬季节。鸡舍通风不良、氨气浓度过大、寒冷潮湿，维生素A缺乏，或受寄生虫侵袭等均能促使鸡群严重发病，接种鸡痘疫苗引起全身反应也可诱发本病。

【症状】潜伏期1~3d。鼻腔和鼻窦发炎，初期流出稀薄的分泌物，后转为浆液黏液性，打喷嚏。如炎症蔓延至下呼吸道，则呼吸困难并有啰音，常摇头欲将呼吸道内的黏液排出。若无继发感染，则仔鸡仅表现生长发育受阻，产蛋鸡产蛋减少甚至停止。一旦继发或并发其他疾病，病情加重，死亡率也增高。

【病理变化】鼻腔和副鼻窦黏膜卡他性炎症变化，充血肿胀，表面覆有大量黏液。重者在副鼻窦和眶下窦内及眼结膜囊内有干酪样物。

【诊断】

1. 临诊诊断 要点为发病周龄、症状和典型性病理变化等。

2. 实验室诊断 无菌切开可疑病鸡的眶下窦，用棉拭子蘸取其中的黏液或浆液，在10%鲜血琼脂培养基上经纯培养后进行生化试验鉴定。用血清平板凝集试验、血凝抑制试验、ELISA等检测血清抗体。

【治疗】抗生素和磺胺类药物联用效果较好。

【防制措施】加强饲养管理，鸡舍保持通风良好，防止密度过大；供给营养丰富的饲料和清洁饮水；定期带鸡消毒；执行全进全出的饲养制度。发生疫情时鸡舍带鸡消毒，对尚未发病的鸡群紧急接种疫苗，并配合抗生素治疗。采用传染性鼻炎A型油乳剂灭活苗和A、C型二价油乳剂灭活疫苗，一般在30~40日龄首免，开产前再次免疫。

第三节 以败血症为主症

以败血症为主症的禽的传染病主要有新城疫、高致病性禽流感、禽霍乱、鸭瘟，还有禽大肠杆菌病、禽链球菌病、禽葡萄球菌病等。

新 城 疫

本病是由新城疫病毒引起的鸡等禽类的急性高度接触性传染病，旧称亚洲鸡瘟或伪鸡瘟。一类动物疫病。主要特征为呼吸困难、下痢、神经机能紊乱、黏膜和浆膜出血。

【病原体】 新城疫病毒（NDV），近似圆形，有囊膜，外层有放射状排列的纤突。根据不同毒力毒株感染鸡的表现不同分为：速发型或强毒型毒株、中发型或中毒型毒株、低毒型或无毒型毒株。病毒对各种理化因素的抵抗力较强，60℃ 30min 失去活力，日光直射 30min 死亡，在冷冻尸体中可存活 6 个月以上。常用消毒剂为 70%酒精、2%氢氧化钠、5%漂白粉等。

【流行病学】

1. 传播特性 感染来源主要是病鸡和流行间歇期的带毒鸡。感染鸡在出现症状前即可从口、鼻分泌物和粪便排毒。主要经消化道、呼吸道感染，也可经卵垂直传播，创伤和交配也可感染。非易感的野禽、外寄生虫、人和畜等均可机械传播。

2. 流行特点 雏鸡最易感，2 岁以上易感性较低。四季都可发生，以春、秋两季较多。鸡场常发生免疫失败或免疫鸡群出现非典型病例，给防制带来一定的困难。病毒一旦在鸡群建立感染便长期存在，通过疫苗免疫无法彻底清除，当鸡群免疫力下降时，就可能出现疫情。鸡最易感，火鸡、鸽子、鹌鹑及野鸡都有易感性。

【症状】 潜伏期一般为 3~5d。

1. 最急性型 突然发病，无明显症状而迅速死亡，多见于流行初期和雏鸡。

2. 急性型 最常见，体温升至 43~44℃，精神不振，闭目昏睡，食欲减退或废绝，垂头缩颈，翅膀下垂，鸡冠及肉髯暗红至暗紫色，产蛋停止或产软壳蛋等。随着病程的发展呈现典型症状，鼻流黏液性分泌物，咳嗽，张口呼吸，嗉囊内充满液体，倒提时常有大量酸臭液体从口流出，排黄白色或黄绿色稀便，有时混有少量血液，后期呈蛋清样。有些病例出现翅膀和腿麻痹，最后昏迷死亡。病程 2~5d，1 月龄以内的雏鸡病程短，症状不明显，病死率高。

3. 亚急性或慢性型 症状与急性型相似，只是表现轻微，但翅和腿麻痹明显，跛行或站立不稳，头颈向后或向一侧扭转，常伏地旋转，动作失调，一般经 10~20d 死亡。此型多见于流行后期的成年鸡，病死率较低。

非典型性病例多见于免疫程序不当的鸡群，当新城疫强毒在鸡群内循环传播或有新的强毒侵入时发生。仅表现呼吸道和神经症状，发病率和病死率均较低。

近年来，新城疫病毒对水禽的致病力有增强的趋势。患鹅精神委靡不振，食欲下降，饮水量增加，行动迟缓，不愿意下水。成年鹅缩头垂翅，并有扭颈、转圈和仰头等神经症状，重症病例从口腔内流出水样液体，并伴有呼吸困难、产蛋量下降等。鸭的症状与鹅类似。

【病理变化】 主要是全身黏膜和浆膜出血，以消化道和呼吸道最明显。特征性病变是嗉囊内充满酸臭液体，肌胃角质膜下有出血点，腺胃乳头有出血点、黏膜水肿或有溃疡和坏死。小肠、盲肠和直肠黏膜均有出血点和坏死性伪膜，其下有溃疡。盲肠扁桃体肿大、出血和坏死。气管黏膜出血或坏死，周围组织水肿，肺瘀血或水肿。心冠脂肪有出血点。产蛋母鸡卵泡和输卵管显著充血，卵泡膜极易破裂，卵黄落入腹腔而引起腹膜炎。脑膜充血或出血。

非典型病例仅见黏膜卡他性炎症，喉头和气管黏膜充血，腺胃乳头出血少见，直肠黏膜、泄殖腔和盲肠扁桃体出血，回肠黏膜表面常有枣核样肿大凸起。

患鹅和鸭的尸体严重脱水，脚蹼干燥，皮肤淤血。心肌恶变，食道下段黏膜有淡黄色或灰白色、芝麻大小的溃疡结痂，剥离后有瘢痕和溃疡面。肝淤血、肿大，有芝麻大小的坏死灶。空肠和回肠黏膜有淡黄色坏死性伪膜，剥离后有溃疡面。腺胃和肌胃黏膜有出血点。盲肠扁桃体肿大并有出血。有些病例死于脑充血、淤血等。

【诊断】

1. 临诊诊断 要点为严重下痢、呼吸困难、或有神经症状、特征性病理变化等。

2. 实验室诊断 采集病死鸡的脾、脑、肺等，磨碎制成组织悬液，离心取上清液 0.1mL，接种于 9～11 日龄非免疫鸡胚（或 SPF 胚）尿囊腔内分离培养。用已知抗血清做血凝和血凝抑制试验鉴定分离的病毒。

用已知抗原做血凝抑制试验，检测血清中的特异性抗体。当未接种疫苗的鸡，HI 效价在 1∶40 以上时，可判定为新城疫阳性。对已免疫接种的鸡群，HI 效价达 1∶128 以上时，表明鸡群中有强毒感染。

3. 鉴别诊断 与禽霍乱、鸡传染性支气管炎和高致病性禽流感等相鉴别。

【治疗】尚无有效疗法。

【防制措施】严格执行卫生防疫制度，防止一切带毒动物特别是鸟类和污染物品进入鸡群，进入人员和车辆要严格消毒；禁止从疫区购进饲料、种蛋和鸡苗，新购进的鸡必须接种疫苗，并隔离观察 2 周以上，证明健康者方可混群。发生疫情时要封锁鸡场，紧急消毒，分群隔离，尽快进行紧急接种；对病鸡和死亡鸡焚烧或深埋，常可阻止蔓延和缩短流行过程；在最后一个病例处理后 2 周内若鸡群无新病例出现，经严格的终末消毒后解除封锁。

注意疫苗的选择及使用方法，制定合理的免疫程序。目前使用的疫苗分为活疫苗和灭活苗 2 类。活疫苗中的 I 系苗为中等毒力疫苗，多数国家已禁用。Ⅱ、Ⅲ、Ⅳ系苗均是弱毒苗，饮水、点眼、滴鼻均可。注意气雾免疫易诱发其他呼吸道疾病。

母鸡经疫苗接种后，可将其抗体通过卵黄传递给雏鸡，3 日龄时抗体滴度最高，以后逐日下降，但母源抗体对雏鸡疫苗接种有一定的干扰作用。定期对免疫鸡群抽样采血做微量血凝抑制试验，既可作为制定免疫程序的依据，又可掌握免疫接种的效果。

高致病性禽流感

本病是由流行性感冒病毒引起的禽以及人和多种动物共患的高度接触性传染病，旧称鸡瘟。一类动物疫病。主要特征为发热、咳嗽，伴有不同程度的急性呼吸道炎症。根据病毒的致病性不同，分为高致病性禽流感、低致病性禽流感和无致病性禽流感，其中低致病性禽流感为二类动物疫病。

【病原体】流行性感冒病毒，分为 A、B、C 三型。A 型和 B 型呈多形性，核衣壳呈螺旋对称，囊膜上有辐射状突起，一种是血凝素（HA），另一种是神经氨酸酶（NA）。A 型的 HA 和 NA 容易变异，B 型的 HA 和 NA 不易变异。

A 型的 HA 有 16 个亚类（H1～H16），NA 有 9 个亚类（N1～N9），它们之间的不同组合使其产生许多亚型，各亚型之间无交互免疫力。大多数亚型的致病性均较低，只有 H5 和 H7（以 H5N1 和 H7N1 为代表）等少数亚型具有高致病性；H7N9 型对禽类的致病性低，但对人的致病性高。

B 型无亚型之分，与 C 型相同只感染人。

病毒不耐热，60℃ 20min 灭活，不耐酸和乙醚，对低温和干燥的抵抗力强，对紫外线、甲醛很敏感，常用消毒剂均可灭活。

【流行病学】

1. 传播特性 患病家禽和野生水禽是病毒循环感染的自然宿主。病毒主要在呼吸道黏膜细胞内增殖，随喷嚏和咳嗽飞沫排出，主要经呼吸道感染，也可通过被污染的饲料和饮水等经消化道感染。目前尚不能完全排除垂直传播的可能性，所以污染鸡群的蛋不能用作种蛋。

2. 流行特点 发病率和病死率受多种因素的影响，既与毒株的毒力有关，又与禽的种类、易感性、年龄、性别、环境因素、饲养条件和并发大肠杆菌病、新城疫等有关。

A 型可自然感染禽类、猪、马和人，鸡和火鸡最易感，鸭和鹅的易感性较低，某些野禽也可感染。病毒可能有宿主转移现象，即在不同动物或动物与人之间互相传播，如从猪群中分离出感染人的 C 型流感病毒等。

【症状】

1. 急性型 多见于由高致病性禽流感病毒感染的病例，潜伏期几小时到数天，发病急剧，发病率和死亡率高，传播范围较小，常突然暴发，无明显症状而迅速死亡。病程稍长时，体温升高，精神沉郁，羽毛松乱，咳嗽，呼吸困难，有啰音，鸡冠、肉髯和眼睑水肿、发绀或坏死，眼结膜发炎，眼、鼻有浆液性、黏液性或脓性分泌物，腿部鳞片有红色或紫黑色出血，排黄绿色稀便，蛋禽产蛋量明显下降，可见软皮蛋和畸形蛋。有些病例出现神经症状。

2. 亚急性或低毒力型 潜伏期稍长，发病较缓和，发病率和死亡率较低，疫情范围逐渐扩大，疫情持续期长且难以控制，疫区难以根除。主要侵害产蛋家禽，病禽采食量减少，饮水量增加，从鼻腔流出分泌物，鼻窦肿胀，眼结膜发炎并流出分泌物，头部肿胀，鸡冠和肉髯瘀血、变厚、变硬，腿部鳞片出血，有明显程度不一的呼吸道症状，产蛋量下降 20%~30%，畸形蛋明显增多。

3. 慢性型 病势缓和，病程长，症状不明显，仅表现为轻微的呼吸道症状，产蛋量下降。

【病理变化】眼、鼻有分泌物，鸡冠和肉髯发紫或水肿。喉头和气管黏膜充血、出血，严重时水肿，伴有黄色纤维素性渗出物或干酪样物。腺胃乳头、腺胃与肌胃交接处有出血点，腺胃黏膜有大量脓性分泌物，十二指肠和泄殖腔黏膜、扁桃体充血或出血。输卵管黏膜和卵巢充血、出血，卵泡变形，卵黄变稀，破裂后引起卵黄性腹膜炎。肾肿大，尿酸盐沉积。

【诊断】确诊必须进行实验室检查。

1. 临诊诊断 要点为呼吸道症状和病理变化等。

2. 实验室诊断 感染初期或发病急性期，从死禽采集气管、肺、肝、肾、脾、泄殖腔等病料，活禽用棉拭子涂擦喉头、气管或泄殖腔。用病料的离心上清液，接种于 9~11 日龄 SPF 鸡胚的尿囊腔进行分离培养，用已知抗血清做琼脂扩散试验鉴定分离的病毒，用已知抗血清作琼脂扩散试验和 ELISA，鉴定病毒的型特异性抗原。血凝试验和血凝抑制试验可用于病毒的血凝素亚型鉴定。

3. 鉴别诊断 与鸡新城疫相鉴别。

【治疗】尚无特效药物。

【防制措施】建立严格的消毒制度；从无禽流感的禽场引进禽类和产品；做好集市、屠宰场等检疫；对种禽场定期进行血清学监测，受威胁区进行预防接种。

一旦出现疫情，应立即上报主管部门，及时划定疫区和受威胁区并严格封锁，禁止禽类及其产品外运；对疫区和受威胁区内的鸡群进行高密度紧急免疫接种，但要注意病毒众多亚型之间缺乏明显的交互保护，疫苗毒株的亚型一定要与发病地区的毒株亚型一致；尽早鉴定所分离的病毒亚型、毒力和致病性；对禽舍、环境和用具等进行彻底消毒，常用酚类消毒剂、氯制剂、氢氧化钠、甲醛等，采用喷洒、气雾和火焰等消毒方法；扑杀所有感染的禽类，尸体进行深埋或焚烧。

禽 霍 乱

本病是由多杀性巴氏杆菌引起的禽的高度致死性传染病，又称禽出血性败血症。二类动物疫病。主要特征为全身出血性变化和肝表面出现针尖大的坏死点。

【病原体】多杀性巴氏杆菌，两端钝圆的球杆菌，无芽孢，无鞭毛，新分离的强毒株有荚膜，革兰氏染色阴性。病料组织或体液涂片，用瑞氏、姬姆萨或美蓝染色，呈现典型的两极着色。按菌株间抗原成分的差异分为不同的血清型，各型之间多无交互保护或保护力不强。本菌抵抗力较弱，对热和日光敏感，在干燥的空气中生存2～3d，常用消毒剂在短时间内可灭活。

【流行病学】

1. 传播特性 病原为条件性病原菌，存在于健康禽的呼吸道，因此，病禽作为传染源的意义有限。主要经消化道和呼吸道感染，也可经损伤的皮肤感染。

2. 流行特点 各种家禽和野禽均可感染，雏鸡有一定抵抗力。四季均可流行，但春、秋季节较多。饲养管理不当、气候骤变、营养不良、维生素和矿物质以及蛋白质缺乏、长途运输以及其他疾病等诱因，均可诱发本病。在一定条件下，禽类之间可发生交叉感染。

【症状】潜伏期2～9d。

1. 最急性型 见于流行初期，高产蛋禽常见。突然发病，倒地挣扎，短时间内抽搐死亡。

2. 急性型 最为常见。鸡表现体温升高，全身症状明显，厌食，闭目昏睡，羽毛粗乱，口、鼻流黏液性分泌物。常剧烈腹泻，排出黄绿色或灰白色稀粪便。呼吸加快。鸡冠和肉髯发绀。最后衰竭、昏迷而死亡。病程短则半天，长则1～3d。病死率很高。

3. 慢性型 由急性型转来，多见于流行后期，以慢性肺炎、慢性呼吸道炎和慢性胃肠炎、关节炎为特征。鸡肉髯肿大，有脓性干酪样物坏死。有些病例局部关节肿大、疼痛，跛行。病程可拖至1个月以上。

鸭霍乱多为急性型，表现不愿下水和活动，呆立一处，闭目缩颈，两翅和尾羽下垂，羽毛蓬乱，口、鼻有黏液流出，张口呼吸，常常摇头试图甩出黏液，俗称摇头瘟，剧烈腹泻，排灰白或铜绿色稀粪便，有时带血，有些病例双脚瘫痪，经1～3d死亡。病程稍长者多见跗、腕及肩关节发生关节炎。

成年鹅症状与鸭相似。仔鹅发病以急性为主，常于发病后1～2d死亡。

【病理变化】
1. 最急性型 只见心外膜有少量出血点,其他无可见病变。
2. 急性型 全身性出血明显,心包变厚,心包腔内积液,有时含纤维素性絮状片。肺充血、出血。肝稍肿,质地脆,呈棕色或黄棕色,表面散在灰白色针尖大的坏死点。肌胃出血明显,十二指肠有出血性和卡他性炎症,肠内容物含血液。
3. 慢性型 因侵害的器官不同而有差异,多呈局限性感染,如鼻窦炎、肺炎、气囊炎、化脓性关节炎、肠炎等。母鸡的卵巢明显出血,有的在卵巢周围有坚实、黄色干酪样物,有的附着在内脏器官表面。当以呼吸道症状为主时,鼻腔内有大量黏液性分泌物,肺有时硬变;当以关节炎为主时,关节肿大,有炎性渗出物和干酪样坏死。鸭和鹅的病理变化与鸡基本相似。育成鸭以败血症为主。

【诊断】
1. 临诊诊断 要点为急性型的典型症状和败血症病理变化等。
2. 实验室诊断 采集心血、心包液、肝等涂片,美蓝染色后镜检,可见两极着色的球杆菌。可进行分离培养和动物试验。用已知抗原做琼脂扩散试验,监测免疫效果和诊断。
3. 鉴别诊断 鸡霍乱与新城疫相鉴别,鸭霍乱与鸭瘟相鉴别。

【治疗】可选用阿莫西林、复方新诺明、庆大霉素、喹诺酮类,拌料或饮水,一般在2~3d即可控制发展。

【防制措施】加强饲养管理,坚持自繁自养和全进全出的饲养制度;从无病禽场引进禽时隔离观察1个月;搞好清洁卫生和消毒。发生疫情时立即隔离治疗,病死禽深埋或焚烧;禽舍、用具及环境进行严格消毒;对假定健康群紧急免疫接种;在饲料中添加抗生素控制发展。

在流行区做好常规预防免疫接种,弱毒菌苗有禽霍乱G190 E40苗等,免疫期为3~3.5个月;灭活苗有禽霍乱氢氧化铝疫苗、油乳剂灭活苗、蜂胶疫苗等。

鸭 瘟

本病是由鸭瘟病毒引起的鸭和鹅的急性接触性传染病,俗称大头瘟。二类动物疫病。主要特征为流泪和眼睑水肿、两腿麻痹、食道和泄殖腔黏膜有坏死性伪膜和溃疡、肝坏死灶和出血点。

【病原体】鸭瘟病毒,呈球形,有囊膜。对外界抵抗力不强,80℃ 5min即可灭活,夏季阳光直射9h灭活,在4~20℃禽舍内可存活5d,在低温条件下存活时间较长;对常用消毒剂较敏感,1%~3%氢氧化钠、10%~20%漂白粉、5%甲醛均能灭活。

【流行病学】
1. 传播特性 感染来源主要是病鸭和潜伏期的感染鸭以及病愈不久的带毒鸭,主要经消化道感染,还可经交配、呼吸道、眼结膜感染。吸血昆虫可机械性传播。
2. 流行特点 成年鸭、产蛋鸭发病率和死亡率均高,1月龄以下的雏鸭发病较少。鹅也可感染发病,鸡的抵抗力强。四季均可发生。

【症状】潜伏期3~4d。初期出现一般症状,之后出现特征性症状,表现两腿麻痹无力,行走困难,全身麻痹时伏卧不起,流泪,眼睑水肿、粘连。鼻流浆液或黏性分泌物,呼吸困难,咳嗽。排绿色或灰白色稀便。泄殖腔黏膜充血、出血、水肿,严重病例黏膜外翻。部分病鸭头颈肿胀，俗称大头瘟。病程一般为2～5d，慢性可达1周以上。

鹅表现体温升高，两眼流泪，鼻流浆液和黏液性分泌物，生长发育不良，肛门水肿，食道和泄殖腔黏膜有灰黄色伪膜，黏膜充血或斑点状出血和坏死。

【病理变化】 呈败血症病变。特征性病变是食道黏膜有纵向排列的灰黄色伪膜或小出血斑点，伪膜易剥离，剥离后可见有出血和溃疡；泄殖腔黏膜有坏死性伪膜、出血斑和水肿，伪膜不易剥离。十二指肠和泄殖腔黏膜充血、出血。肝不肿大，表面和切面有灰黄色或灰白色坏死灶，且间有出血点。雏鸭法氏囊呈深红色，表面有坏死灶，腔内有凝固性渗出物。

【诊断】

1. 临诊诊断 要点为特征性症状和病理变化等。

2. 实验室诊断 采集肝、脾等组织病料，接种于9～14日龄鸭胚绒毛尿囊膜进行分离培养，用已知抗血清做病毒中和试验鉴定病毒。

3. 鉴别诊断 鸭瘟与鸭巴氏杆菌病的某些症状相似，又易并发或继发感染。

【治疗】 尚无有效疗法。

【防制措施】 坚持自繁自养，严格检疫引进的种蛋、种雏或种鸭；用鸭瘟弱毒苗20日龄首免，4～5月后加强免疫1次，1周龄以内雏鸭免疫期为1个月，2月龄以上的鸭免疫期为6～9个月。一旦发生疫情，尽快划定疫区，施以严格的封锁、隔离、焚尸、消毒等措施，禁止病鸭外调和出售，对假定健康群立即紧急免疫接种。

第四节 以神经症状为主症

以神经症状为主症的禽的传染病主要有鸭病毒性肝炎、鸭传染性浆膜炎、禽传染性脑脊髓炎，还有新城疫、鸡马立克病等。

鸭病毒性肝炎

本病是由鸭肝炎病毒引起的雏鸭的高度致死性传染病。二类动物疫病。主要特征为病程短促、死亡率高、肝肿大并有出血斑点和死前角弓反张。

【病原体】 鸭肝炎病毒（DHV），无囊膜。有1、2、3三个血清型，我国主要为1型。病毒对外界环境的抵抗力强，对消毒剂也有较强的抵抗力，2%漂白粉、1%甲醛、2%氢氧化钠需要2～3h才能灭活。

【流行病学】 传染源为病鸭和带毒鸭以及带毒野生水禽。主要通过直接接触传播，经呼吸道也可感染，具有极强的传染性。1周龄以内最易感，4～5周龄发病率和死亡率较低。四季均可发生。不良因素能诱发本病。

【症状】 潜伏期1～4d。发病急，传播快，病程短，死亡多发生在3～4d内。雏鸭病初表现精神萎靡，缩颈，翅下垂，行动呆滞，常蹲下，眼半闭，厌食，有些病例出现腹泻，粪便稀薄带绿色。随后发生全身性抽搐，两腿痉挛，十几分钟至数小时死亡。死前头颈扭曲于背上，腿向后伸直呈角弓反张姿势，喙端和爪尖瘀血呈暗紫色。雏鸭发病率为100%，病死率90%以上。成年鸭表现暂时性产蛋下降，但不出现神经症状。

【病理变化】 肝肿大，脂肪变性，质地脆，色暗或发黄，表面有出血斑点。胆囊肿大，充满褐色、淡茶色或淡绿色胆汁。脾肿大，呈斑驳状。肾肿胀充血。

【诊断】要点为突然发病、传播迅速、病程短促、神经症状、肝肿大等。采集病料接种1～7日龄和具有母源抗体的雏鸭，与鸭瘟、禽霍乱、鸭传染性浆膜炎相鉴别。前者应复制出典型症状和病变，后者则应有80%～100%的保护率。

【治疗】尚无有效疗法。

【防制措施】平时加强饲养、卫生和消毒等，坚持自繁自养和全进全出的饲养制度，接种疫苗是预防的有效方法。发生疫情时除隔离、消毒等防疫措施外，可对发病或受威胁的雏鸭用高免血清或卵黄抗体进行治疗。

鸭传染性浆膜炎

本病是由鸭疫里默氏杆菌引起的鸭的接触性传染病。二类动物疫病。主要特征为共济失调、角弓反张等神经症状。

【病原体】鸭疫里默氏杆菌。无芽孢，不能运动，有荚膜的小杆菌，革兰氏阴性，瑞氏染色呈两极浓染。本菌对外界环境的抵抗力弱，常用消毒剂均可灭活。

【流行病学】引进的带菌鸭常为传染源，主要经呼吸道和脚部皮肤伤口感染，被污染的空气也是重要的传播媒介。1～8周龄易感，2～3周龄最易感。鹅也可感染。传播迅速，无明显季节性。发生与饲养环境不良、缺乏维生素或微量元素和蛋白质等诱因有密切关系。

【症状】潜伏期1～3d。最急性病例常无症状突然死亡。急性病例多见于2～4周龄，一般症状以后，出现共济失调，角弓反张等神经症状，病程一般为1～3d。4～7周龄雏鸭多呈亚急性和慢性，病程1周以上，除上述症状外，有时出现头颈歪斜，不断鸣叫，转圈或倒退运动，存活时间较长，但发育不良。

【病理变化】特征性病变是全身浆膜以及心包、肝、气囊均有纤维素性渗出性炎症。

【诊断】采集心血、肝、脾和脑做涂片，瑞氏染色后镜检，有两极浓染的小杆菌，可初步诊断。将病料经纯培养后做生化试验鉴定分离菌。用免疫荧光抗体检查病鸭组织或渗出液内的病原体。用ELISA检测血清抗体。

【治疗】选用头孢噻呋、氟苯尼考、氧氟沙星等有良好的治疗效果。用药前最好进行药物敏感试验。

【防制措施】改善育雏的卫生条件，特别注意通风、干燥、防寒以及饲养密度；实行全进全出饲养制度；用氟苯尼考等药物预防有良好效果；发病鸭群除严格消毒以外，及时选用敏感药物进行治疗。

禽传染性脑脊髓炎

本病是由禽脑脊髓炎病毒引起的雏鸡的传染病，又称流行性震颤。三类动物疫病。主要特征为共济失调、头颈部震颤、两肢轻瘫和不完全麻痹，产蛋量急剧下降。

【病原体】禽脑脊髓炎病毒（AEV），无囊膜。病毒抗原集中存在于鸡胚的腺胃、肌胃、肠道中，这些器官的组织匀浆是琼脂扩散试验的最佳抗原。在-20℃低温条件下可保存428d，耐热，对氯仿、酸、胰酶有抵抗力，福尔马林可迅速灭活。

【流行病学】携带病毒的雏鸡是主要传染源，通过污染的饲料、饮水、用具和人等传播，垂直传播在病毒的传播中起重要作用。

【症状】经胚胎感染的雏鸡的潜伏期1～7d，通过接触传播时潜伏期至少为11d。最初表现目光呆滞,随后出现进行性共济失调,最终倒卧一侧,头颈颤抖明显,虚脱而死亡,少数耐过鸡部分失明。1~2周龄的雏鸡症状明显,2~3周龄后很少出现症状。成年鸡可发生暂时性产蛋下降,但不出现神经症状。

【病理变化】 脑和脊髓的眼观病变不明显。主要病理组织学变化是中枢神经系统和某些内脏器官、脊髓膨大部和中脑神经细胞变性、坏死,其周围形成套管状细胞浸润,但外周神经不受影响,具有鉴别诊断意义。

【诊断】 采集脑、胰和十二指肠病料,接种于5~7日龄鸡胚卵黄囊,出壳后10d内若出现症状,则采集病鸡脑、胰和腺胃做组织学检查,或用已知荧光抗体鉴定病毒抗原。还可用已知抗原做病毒中和试验、荧光抗体试验、ELISA等,检测血清中的特异性抗体。

【治疗】 尚无有效疗法。可使用康复鸡或免疫鸡的卵黄抗体,每只0.5~1.0mL。

【防制措施】 用弱毒疫苗通过饮水或喷雾免疫产蛋前4周的母鸡,可保证性成熟后不被感染,母源抗体能保护2~3周龄的雏鸡,还可防止暂时性产蛋下降。产蛋鸡群使用灭活苗时可对产蛋产生影响。鸡群一旦出现疫情,必须隔离,采取常规综合防制措施。

第五节 以肿瘤为主症

以肿瘤为主症的禽的传染病主要有鸡马立克病、禽白血病、网状内皮组织增殖病等。

鸡马立克病

本病是由马立克病病毒引起的鸡的淋巴组织增生性传染病。二类动物疫病。主要特征为外周神经、性腺、虹膜、脏器、肌肉和皮肤的单核细胞浸润。

【病原体】 马立克病病毒(MDV),在鸡体内以两种形式存在,一种是无囊膜的裸体病毒,即不完全病毒,与细胞紧密结合,离开活体组织和活细胞很快死亡;另一种是有囊膜的完全病毒,存在于羽毛囊上皮细胞中,可脱离细胞存活,具有高度传染性,在传播上具有极其重要的作用。根据其毒力差异,分为温和毒、强毒和超强毒。病毒对理化因素、酸、有机溶剂和消毒剂的抵抗力弱,5%福尔马林、3%来苏儿、2%氢氧化钠甲醛蒸汽熏蒸等均可灭活。

【流行病学】

1. 传播特性 在羽毛囊上皮细胞中复制的病毒,通过直接或间接接触经消化道感染。鸡舍被污染的灰尘可长期保持其传染性。

2. 流行特点 病毒的毒力决定鸡的发病率和死亡率,年龄对发病的影响也很大,在出雏室和育雏室早期感染的雏鸡,发病率和死亡率均很高。成鸡感染后多不发病,但作为带毒者可持续排毒。

【症状】 潜伏期因毒株的毒力、数量和鸡的年龄、品种等多种因素不同而长短不一,短则3~4周,长则几个月。一般分为神经型、内脏型、眼型和皮肤型,有时混合发生。种鸡和产蛋鸡常在2~5月龄发病。

急性暴发时,多数病鸡没有明显的症状而突然死亡,少数鸡几天后出现共济失调,随后发生单侧或双侧肢体麻痹。

非急性暴发时,特征性症状是单侧或双侧肢体出现非对称进行性不全麻痹,随后发展为全麻痹,因侵害的神经不同而表现不同的症状。翅膀神经受害时,出现翅膀下垂;控制颈部肌肉的神经受害时，导致头下垂或头颈歪斜；迷走神经受害时引起嗉囊扩张或喘息；坐骨神经受侵害，由步态不稳发展为完全麻痹，不能行走，蹲伏地上，出现一腿伸向前方，另一腿伸向后方的特征性"劈叉"姿势；虹膜受害时导致失明，虹膜周围出现同心环状或斑点状以至弥漫性的灰白色肿瘤浸润，瞳孔缩小。病程长者，出现食欲不振、腹泻、消瘦等一般症状，常由于饥饿、失水或鸡的踩踏而死亡。

【病理变化】 主要病变在外周神经、内脏和法氏囊。外周神经肿瘤病变最稳定，神经横纹消失，变为灰白色或黄白色，有时肿大增粗，检查时将两侧对比则有助于诊断。最常侵害的内脏器官是卵巢，其次为肾、脾、肝、心、肺、胰、肠系膜、腺胃和肠道，可见大小不等、灰白色的肿瘤块，质地坚硬而致密，有时肿瘤呈弥漫性。内脏器官的病变很难与禽白血病等其他肿瘤病相区别，但禽白血病时法氏囊萎缩很少出现。

【诊断】

1. 临诊诊断 要点为发病年龄和特征性神经症状等。仅根据症状和剖检变化难以与网状内皮组织增殖症和禽白血病区别，需进行病理组织学检查。

2. 实验室诊断 用鸭胚成纤维细胞和鸡胚肾细胞分离Ⅰ型毒，鸡胚成纤维细胞分离Ⅱ、Ⅲ型病毒，用已知抗血清做琼脂扩散试验鉴定病毒抗原。用已知抗原做琼脂扩散试验，可检出感染3周后血清中的抗体。还可用直接或间接免疫荧光试验、病毒中和试验、ELISA等。

【治疗】 尚无有效疗法。

【防制措施】 应采取综合防疫措施，防止在出雏器和育雏室内早期感染，免疫接种也是预防的关键。应在1日龄内接种，7d才可产生坚强的免疫力，其间可因在出雏器和育雏室内早期感染而出现超量死亡。超强毒感染常常是导致免疫失败的原因之一。

禽白血病

本病是由禽白血病/肉瘤病毒群中的病毒引起的禽的多种肿瘤性传染病的统称，在自然条件下以淋巴白血病最为常见。二类动物疫病。主要特征为大多数鸡群均感染病毒，但出现症状的数量较少。

【病原体】 禽白血病/肉瘤病毒群的病毒，对脂溶剂和去污剂敏感，对热的抵抗力弱。

【流行病学】 鸡是自然宿主，通过蛋垂直传播，也可通过直接或间接接触传播。在感染鸡群中通常只有一小部分发生淋巴白血病，但不发病的鸡可排毒。感染时的年龄对发病的影响很大，出生后几周内感染时发病率高，性成熟时发病率最高，但无特征性症状，若感染时间延迟则发病率下降。

【症状】 人工感染的雏鸡潜伏期为14~30周。感染鸡以淋巴白血病最为常见，产蛋性能受到严重影响，性成熟延迟，蛋小而壳薄，受精率和孵化率低。肉鸡的生长速度慢。

【病理变化】 最常见的肿瘤在肝、法氏囊、脾、肾、肺、性腺、心、骨髓，大小不一，可为结节性、粟粒性或弥漫性。

【诊断】 16周龄以上性成熟时发病率最高，肝显著肿大并有肿瘤，法氏囊一般不萎缩，但常有肿瘤。在诊断中很少进行病毒分离鉴定。与鸡马立克病不易区别，但本病病鸡的外周神经无肿瘤病变。

【治疗】 尚无有效疗法。

【防制措施】由于具有垂直传播的特性，先天感染的免疫耐受鸡是最重要的传染源，所以疫苗接种对防制本病的意义不大。通常的做法是用 ELISA 检疫母鸡群，对阳性鸡淘汰，对孵化器、出雏器、育雏室等彻底消毒。

禽网状内皮组织增殖症

本病是由网状内皮组织增殖症病毒群引起的禽的传染病。二类动物疫病。主要特征为急性网状细胞肿瘤、矮小综合征、淋巴组织和其他组织慢性肿瘤。

【病原体】网状内皮组织增殖症病毒，略似球形，由壳粒和囊膜共同构成。病毒在 $-70℃$ 保存活力长期不变，$4℃$ 时相对稳定，$37℃$ 20min 即失活 50%，1h 失活 99%，对乙醚敏感，不耐酸，5.0%氯仿可灭活。

【流行病学】鸡、火鸡、鸭、鹅等易感，火鸡最易感染。可水平传播和垂直传播，接触感染可因禽的种类、日龄及毒株不同而异，人员和器械等可机械性传播，吸血昆虫在传播中也有一定的作用。

【症状】以类型有时难以区分，即使同一只病鸡也可见到不同的类型。

1. 急性网状细胞增生 主要由缺陷型毒株引起，潜伏期最短 3d，通常在接种后 6~21d 出现死亡，很少有特征性症状。新孵化雏鸡接种后死亡率可达 100%。

2. 矮小综合征 又称生长抑制综合征，是由完全型毒株引起的几种非肿瘤疾病的总称，患禽瘦小，羽毛发育异常。

3. 慢性瘤形成 包括鸡法氏囊源性淋巴瘤、非法氏囊源性淋巴瘤和火鸡淋巴瘤。

【病理变化】

1. 急性网状细胞增生 肝、脾肿大，有时有局灶性灰白色肿瘤结节，也可见于胰、心、肌肉、小肠、肾及性腺等。法氏囊常有萎缩。组织学变化以多灶性同型网状细胞或原始间质细胞浸润、增生为特征，有时可见纤维。血液中异嗜性白细胞减少，淋巴细胞增多。

2. 矮小综合征 胸腺、腔上囊发育不全或萎缩。前胃和肠发炎，肝、脾肿大，呈局灶性坏死。外周神经水肿，有各型的淋巴样细胞、浆细胞或网状细胞浸润。

【诊断】

1. 临诊诊断 根据流行病学、症状和病理变化可初步诊断，确诊需要做病原分离鉴定和抗体检测。

2. 实验室诊断 将病料接种于鸡胚成纤维细胞，盲传几代，观察细胞病变，或用免疫荧光、免疫过氧化物酶斑点试验测定培养物或血浆中的病毒。用琼脂扩散实验、直接或间接荧光试验、ELISA、病毒中和试验等，均可检出血清或卵黄中的抗体。

3. 鉴别诊断 与马立克病、淋巴细胞性白血病等相鉴别。

【治疗】尚无有效疗法。

【防制措施】尚无疫苗。主要以常规性卫生防疫措施为主，净化鸡群。一旦发现疑似病例，应立即隔离、消毒，通过检测及时淘汰感染及带毒鸡。

第六节 以免疫抑制或产蛋下降为主症

以免疫抑制为主症的禽的传染病主要有鸡传染性法氏囊病，伴发免疫抑制的传染病还有鸡马立克病、禽白血病、鸡传染性贫血病、网状内皮组织增殖症等。

以产蛋下降为主症的禽的传染病主要有鸡产蛋下降综合征、禽结核病、鸭黄病毒病，伴发产蛋下降的还有鸡大肠杆菌病、鸡沙门氏菌病（包括鸡白痢、禽伤寒、禽副伤寒）、禽霍乱、鸡败血支原体感染、鸡传染性鼻炎、鸡传染性支气管炎、鸡马立克病、新城疫、禽传染性脑脊髓炎、禽呼肠孤病毒感染等。

鸡传染性法氏囊病

本病是由传染性法氏囊病病毒引起的幼鸡的急性高度接触性传染病。二类动物疫病。主要特征为腹泻、颤抖，法氏囊、腿肌和胸肌、腺胃和肌胃交界处出血；幼鸡感染后发病率高、病程短、常继发感染而使死亡率上升，可出现免疫抑制。

【病原体】传染性法氏囊病病毒（IBDV），已知有血清Ⅰ型（鸡源性毒株）和血清Ⅱ型（火鸡源性毒株）。血清Ⅰ型毒株中可分为6个亚型（包括变异株），在抗原性上存在明显差别，可能是导致免疫失败的原因之一。病毒在外界环境中极为稳定，次氯酸钠、甲醛溶液和含碘的消毒剂效果好。

【流行病学】

1. 传播特性 病鸡粪便中含有大量的病毒，污染饲料、饮水、用具和人员等，通过直接和间接接触传播，经消化道感染。病毒可在鸡舍长期存在。

2. 流行特点 鸡是唯一的自然宿主。主要发生于2～15周龄的雏鸡，3～6周龄最易感，2周龄以内感染后不表现症状，但免疫抑制作用明显；成年鸡一般呈隐性经过。发病后在短时间内很快传播全群，在感染后第3天开始死亡，5～7d达到高峰，以后很快停息。超强毒感染时死亡率可达70%。由于出现免疫抑制，通常易与大肠杆菌病、新城疫、鸡毒支原体病等混合感染，使病情复杂，死亡率也提高。

【症状】潜伏期2～3d。病初精神委顿，食欲减退，畏寒，常堆在一起，羽毛松乱，随即腹泻，排白色稀便。严重者脱水，衰竭，闭目昏睡而死亡。近年发现亚型毒株或变异毒株感染的鸡表现为亚临诊症状，炎症反应弱，法氏囊萎缩，死亡率较低，但产生严重的免疫抑制，因此危害性更大。

【病理变化】病死鸡雏脱水，腿部和胸部肌肉出血。法氏囊水肿、出血，切开后皱褶混浊不清，黏膜有点状或弥漫性出血，严重者有干酪样渗出物。腺胃和肌胃交接处有条状出血。肾有不同程度的肿胀。病程稍长的病例法氏囊萎缩。

【诊断】

1. 临诊诊断 要点为发病周龄、感染率和特征性病理变化等。

2. 实验室诊断 取病鸡的法氏囊和脾，经研磨制成悬液，接种于9～12日龄SPF鸡胚绒毛尿囊膜进行分离培养，用已知抗血清做病毒中和试验鉴定分离的病毒，也可用已知抗原做琼脂扩散试验、病毒中和试验、ELISA等，检测血清中的抗体。

【治疗】早期使用高免血清、卵黄抗体有一定的治疗效果，可减轻症状，降低死亡，控制疫情。高免血清每只雏鸡注射0.3～0.5mL，卵黄抗体为1mL。

【防制措施】根本措施是搞好环境卫生和消毒，且必须贯穿选种蛋、孵化、育雏的全过程。对育雏舍、用具、鸡笼等每隔4～6h消毒2～3次。鸡群发病后，必须立即清除患病鸡、病死鸡，深埋或焚烧；对鸡舍、鸡体及环境进行严格彻底的消毒；同群鸡用双倍量中等毒力的弱毒疫苗进行紧急接种；加强饲养管理，降低饲料中的蛋白含量，提高维生素含量；饮水充足并加入口服补盐液，有利于减少对肾的损害；投服抗生素或磺胺药物，防止继发感染。

用灭活苗对18～20周龄的种鸡进行首免，于40～42周龄时二免。中等毒力苗、弱毒疫苗对法氏囊有轻微损伤，但保护率高，在被污染的鸡场使用效果较好。确定雏鸡的首免日龄十分重要，常用琼脂扩散试验根据雏鸡的母源抗体水平来确定。对琼脂扩散试验抗体阳性率不到80%的1日龄雏鸡群，首免为10～16日龄；阳性率80%～100%的雏鸡群，到7～10日龄时再测一次抗体水平，其阳性率达50%时，首免为14～18日龄。

鸡产蛋下降综合征

本病是由产蛋下降综合征病毒引起的鸡的传染病。二类动物疫病。主要特征为群发性产蛋率下降、产软壳蛋和畸形蛋。

【病原体】产蛋下降综合征病毒，无囊膜。70℃ 20min完全灭活，室温条件下存活6个月以上，0.3%福尔马林48h可完全灭活。

【流行病学】患病母鸡和种公鸡是主要传染源。以垂直传播为主，还可通过精液传播，可经消化道感染。主要侵害26～32周龄的鸡，35周龄以上则较少发病。产褐壳蛋的鸡易感，鸭和鹅也易感。

【症状】感染鸡无明显症状，主要以突然出现群体性产蛋下降为特征。产蛋率可比正常鸡下降20%～30%，甚至50%。出现软壳、无壳、畸形、大小不均等异常蛋，褐壳蛋褪色，蛋壳粗糙，蛋白呈水样，蛋黄颜色变淡或蛋白中有血液或异物等，发病后第5周开始恢复正常。对受精率和孵化率没有影响。

【病理变化】无明显病变。有些病例卵巢萎缩，子宫和输卵管黏膜出血和卡他性炎症。

【诊断】

1. 临诊诊断　引起鸡群产蛋下降的原因很多且复杂，应注意综合分析和判断。

2. 实验室诊断　采集病鸡的输卵管、子宫黏膜、泄殖腔、咽喉部拭子、劣质蛋清和抗凝血等病料，经处理后接种于10～12日龄鸭胚（无腺病毒抗体）尿囊腔分离培养，用已知抗血清做血凝抑制试验或病毒中和试验鉴定分离的病毒。用已知抗原做血凝抑制试验检测血清抗体，如果鸡群血凝抑制效价在1:16以上，则证明鸡群已被感染。还有琼脂扩散试验、病毒中和试验、免疫荧光法和ELISA等。

3. 鉴别诊断　本病与鸡传染性支气管炎均有群发性产蛋率下降，但后者有明显的呼吸道症状。还应与伴随产蛋下降的一些传染病相鉴别。

【治疗】尚无有效疗法。

【防制措施】禁止从疫区引进种鸡，引进时严格隔离检疫，确认血凝抑制抗体阴性者才能作种用；加强鸡场和孵化场消毒；在日粮配合中注意氨基酸和维生素的平衡；鸡在4月龄时免疫接种灭活疫苗，也可接种产蛋下降综合征-新城疫二联灭活疫苗。

禽结核病

本病是由禽分枝杆菌引起的禽和人共患的慢性传染病。三类动物疫病。主要特征为贫血、跛行和产蛋减少或停止。

【病原体】禽分枝杆菌，直或微弯的细长杆菌，间有分枝状。无荚膜、芽孢、鞭毛，革兰氏染色阳性。本菌对外界环境的抵抗力很强，对热敏感，在阳光直射下经数小时死亡，60℃ 30min即可死亡，70～80℃经5～10min即可灭活；对消毒剂抵抗力较强，5%石炭酸、5%来苏儿24h才能将其灭活。

【流行病学】病菌通过飞沫、呼吸道分泌物、粪便等排出，污染空气、环境、饲料和饮水，经呼吸道和消化道感染。禽分枝杆菌对人有致病性，对牛毒力较弱。引起牛结核病的分枝杆菌对家禽无致病性。饲养管理不当与流行关系密切，禽舍通风不良、拥挤、潮湿、阳光不足、缺乏运动等可诱发本病。

【症状】主要危害鸡和火鸡，其他家禽和野禽也可感染。成年鸡多发，表现贫血，消瘦，鸡冠萎缩，跛行，产蛋减少或停止。病程2～3个月，有时可达1年，因衰竭或肝变性破裂而突然死亡。

【病理变化】病变多在肠道、肝、脾、骨骼和关节。肠道溃疡。肝、脾肿大，切面有大小不一的结节状干酪样病灶。关节肿大，内含干酪样物质。

【诊断】确诊需做变态反应诊断，必要时做病原分离鉴定。用禽分枝杆菌提纯菌素，以0.1 mL注射肉垂，24h、48h判定，若注射部位出现增厚、下垂、发热、呈弥漫性水肿者为阳性。

【治疗】一般不予治疗，淘汰病鸡。

【防制措施】尚无理想的疫苗。严格执行常规性卫生防疫措施，加强检疫，防止本病传入，净化污染群，培育健康群等。

鸭黄病毒病

本病是由黄病毒引起的鸭的传染病，又称鸭出血性卵巢炎、鸭产蛋下降-死亡综合征。主要特征为产蛋量骤然减少或绝产、卵泡膜充血和出血、卵泡变形。是一种新的传染病。

【病原体】黄病毒，呈球形，有囊膜，表面有纤突。对乙醚、氯仿及去氧胆酸盐敏感，不耐热，50℃加热60min活性丧失，pH<5或pH>10时丧失感染性。

【流行病学】鸭、鹅易感，但番鸭未见发病，蛋鸡也可发病。产蛋鸭多见于210～280日龄，肉鸭多见于20日龄左右。能经粪便排毒，污染环境、饲料、饮水、器具及运输工具等而造成传播。

【症状】产蛋鸭主要表现采食量下降，产蛋量骤然减少，5d内超过90%产蛋下降或绝产；排绿色粪便，病程20～30d，随后逐渐康复，产蛋率回升。肉鸭表现发热，食欲减退，摇头和瘫痪等。

【病理变化】病死鸭病变主要在卵巢，初期可见部分卵泡充血和出血，中、后期严重出血、变性和萎缩，严重时破裂引发卵黄性腹膜炎，少部分鸭输卵管内出现胶冻样或干酪样物。肝轻微肿大、出血或瘀血，表面有针尖状白色点状坏死。部分鸭脾肿大，小肠黏膜出血。

【诊断】

1. 临诊诊断 根据发病日龄、症状和病理变化可初步诊断。

2. 实验室诊断 鸭黄病毒通常不凝集鸡、鸭、鸽红细胞，可通过1%鸡红细胞血凝和血凝抑制试验进行鉴定。还可采用中和试验、ELISA、分子生物学诊断技术等。

3. 鉴别诊断 与禽流感和产蛋下降综合征相鉴别。

【治疗】 尚无有效疗法，可在饮水中添加复合维生素和抗生素，防止继发感染。由于病鸭恢复后不再感染，所以可用康复鸭的卵黄抗体进行注射治疗。

【防制措施】 由于病毒在鸡胚和鸭胚上的繁殖力和效价低，不易制成灭活疫苗。主要措施是加强饲养管理，全进全出，杜绝鸡、鸭、鹅混合饲养；注意提高机体免疫力。

复习思考题

1. 简述禽沙门氏菌病的鉴别诊断。
2. 简述禽痘各型的特点。
3. 简述小鹅瘟的症状、病理变化以及防制措施。
4. 简述以呼吸系统症状为主症的禽的传染病，在病原体、侵害对象、流行病学、症状、病理变化等方面的区别，制订综合性防制措施。
5. 简述新城疫的流行特点、典型症状和防制措施，非典型新城疫的病理变化特点。
6. 简述高致病性禽流感的症状、病理变化以及防制措施。
7. 简述禽霍乱的病理变化。
8. 简述鸭霍乱与鸭瘟的鉴别诊断。
9. 简述鸭病毒性肝炎的症状和病理变化。
10. 简述禽传染性脑脊髓炎的症状和病理变化。
11. 简述鸡马立克病的特征性症状、病理变化以及防制措施。
12. 简述禽网状内皮组织增殖症各类型的特点。
13. 简述鸡传染性法氏囊病的流行病学、病理变化特点以及防制措施。
14. 简述鸡产蛋下降综合征应与哪些传染病相区别。
15. 制订鸡场主要传染病的综合防制措施。

第五章 其他动物的传染病

学习目标

1. 掌握狂犬病、犬细小病毒病、犬传染性肝炎、犬瘟热、兔病毒性出血病、兔黏液瘤病、野兔热的流行病学,以及典型症状、特征性病理变化、诊断要点和综合性防制措施。
2. 掌握猫泛白细胞减少症、水貂病毒性肠炎、水貂阿留申病的典型症状和特征性病理变化及防制措施。
3. 了解犬冠状病毒病、犬副流感病毒病、犬疱疹病毒病、犬腺病毒Ⅱ型感染、犬埃里希氏体病、兔葡萄球菌病、破伤风等。

本章主要阐述犬、猫、兔和貂的一些重要传染病,此外,还有以贫血和黄疸为主症的犬钩端螺旋体病、犬附红细胞体病等,以繁殖障碍综合征为主症的犬布鲁氏菌病、犬疱疹病毒病、兔链球菌病等,以肿瘤为主症的猫白血病等,以皮肤和黏膜炎症、结节和溃疡为主症的兔密螺旋体病等。可参照相关章节。

第一节 以消化系统症状为主症

以消化系统症状为主症的传染病主要有犬细小病毒病、犬冠状病毒病、猫泛白细胞减少症、水貂病毒性肠炎,还有犬瘟热、犬弯曲菌性腹泻、犬和兔轮状病毒病、犬和猫伪结核病、犬和猫弯曲菌性腹泻、兔梭菌性下痢、兔沙门氏菌病、兔大肠杆菌病、水貂巴氏杆菌病、水貂结核病等。

犬细小病毒病

本病是由犬细小病毒引起的犬的急性传染病。三类动物疫病。主要特征为出血性肠炎和非化脓性心肌炎,白细胞数急剧减少。

【**病原体**】犬细小病毒,与猫泛白细胞减少症病毒有密切的抗原组分关系,后者的疫苗可抗本病毒。病毒对外界环境具有较强的抵抗力,室温下能存活90d,4～10℃存活180d,37℃存活14d,60℃存活1h,80℃存活15min;对甲羟胺和紫外线敏感,对氯仿、乙醚等有机溶剂不敏感。

【**流行病学**】

1. 传播特性 感染犬通过粪便、尿液、唾液和呕吐物排毒,康复犬从粪便和尿中长期排毒。一般认为主要经消化道感染。

2. 流行特点 犬是自然宿主,其他犬科动物也可感染。各种年龄均有易感性,但幼犬更易感,断乳前后仔犬的发病率和病死率都高于其他年龄,往往以同窝暴发为特征。无明显的季节性，一般夏、秋季节多发。天气寒冷、气温骤变、拥挤、卫生不良和并发感染等，可使病情加重、病死率上升。

【症状】临诊上分为肠炎型和心肌炎型。

1. 肠炎型 潜伏期1~2周，多见于青年犬。常突然发生呕吐，随后腹泻，粪便呈黄色或灰黄色，覆以多量黏液和伪膜，然后排出恶臭带有血液呈番茄汁样的稀粪，有些病例只表现间歇性腹泻或仅排软便。精神沉郁，食欲废绝，体温升至40℃以上，迅速脱水，因急性衰竭而死。白细胞数急剧减少。成年犬一般不发热。病程4~5d，长的1周以上。

2. 心肌炎型 多见于28~42日龄幼犬，常无先兆症状而突然发病，精神和食欲正常，偶见呕吐或轻度腹泻和体温升高，继而突然衰竭，呼吸困难，可视黏膜苍白，脉搏增快而弱，心律不齐且有杂音，心电图呈现R波降低，S-T波升高。病死率60%~100%。

【病理变化】

1. 肠炎型 病死犬尸体脱水、消瘦，可视黏膜苍白，肛门周围附有或从肛门流出血样稀便。空肠、回肠浆膜暗红色，浆膜下充血、出血，黏膜坏死、脱落，绒毛萎缩，肠腔扩张，内容物水样，混有血液和黏液。大肠内容物稀软、恶臭，呈酱油色。肠系膜淋巴结充血、出血、肿胀。肝肿大，胆囊扩张。

2. 心肌炎型 主要病变限于心脏和肺。心脏扩张，心房和心室内有瘀血块，心肌和心内膜有非化脓性坏死灶，心肌纤维变性、坏死，受损的心肌细胞中常有核内包含体。肺水肿，局灶性充血、出血，致使肺表面色彩斑驳。

【诊断】

1. 临诊诊断 要点为肠炎型以青年犬多发、出血性腹泻、空肠和回肠病理变化，白细胞数急剧减少具有诊断意义。心肌炎型幼犬多发、突然发病、心脏听诊变化明显、心脏病理变化和死亡率高等。

2. 实验室诊断 采集粪便离心，加入高浓度抗生素或过滤除菌，接种于原代或次代犬、猫胎肾细胞培养物或细胞系进行培养。接种3~5d后用荧光抗体检测细胞中的病毒，用已知抗血清做血凝抑制试验鉴定分离的病毒。用血凝试验、血凝抑制试验、ELISA检测血清中的抗体。与犬冠状病毒病鉴别诊断需进行病原分离和鉴定。

【治疗】选用犬细小病毒单克隆抗体或抗犬细小病毒高免血清，每48h肌内注射1次，连用2~3次。同时应用抗病毒药物，增强治疗效果。

主要是对症和支持疗法。用抗生素防止细菌继发感染，可配合使用地塞米松或氢化可的松。及时、大量、快速、多途径补液，结合抗菌、解毒、抗休克、止吐和止泻等对症疗法，可较快解除症状和缩短病程。心肌炎型可用ATP、细胞色素C和肌苷等。

【防制措施】主要是免疫预防和严格检疫。犬瘟热-犬细小病毒病-犬传染性肝炎三联苗和犬瘟热-犬细小病毒病-犬传染性肝炎-狂犬病-犬副流感五联苗，均有良好的预防效果。一般幼犬于7~8周龄、10~11周龄分别进行免疫接种，妊娠母犬在产前20d接种1次，成年犬每年接种2次。一旦发病，应在严格隔离下治疗，污染的病犬舍经彻底消毒并空置1个月后，方可启用。

犬冠状病毒病

本病是由犬冠状病毒引起的犬的急性肠道传染病，又称犬冠状病毒感染。主要特征为呕吐、腹泻、脱水，容易复发。

【病原体】犬冠状病毒，对氯仿、乙醚、脱氧胆酸钠盐和热敏感，甲醛、紫外线可灭活，对胰蛋白酶和酸有较强的抵抗力，在粪便中可存活6~9d，在水中可存活数日。

【流行病学】

1. 传播特性 病犬和带毒犬随口涎、鼻液和粪便排毒，直接或间接接触传播，经呼吸道和消化道感染。

2. 流行特点 幼犬最易感，发病率近100%，病死率约50%。常年发生，但冬季多见。还可感染貂、貉和狐狸等犬科动物。气候骤变、卫生条件差、犬群密度大、断奶、转舍及长途运输等应激因素可诱发本病。传播迅速，数日内即可蔓延全群，很难控制。

【症状】潜伏期一般为1~3d。突然发病，厌食或食欲废绝，嗜眠，衰弱，多数无体温变化。病初有持续数天的呕吐，随后腹泻，粪便呈粥状或水样，黄绿色或橘红色，混有黏液，偶尔有少量血液，恶臭。病犬迅速脱水，体重减轻。多数在7~10d恢复，但有些病例特别是幼犬在发病后1~2d死亡。成年犬症状多轻微，几乎无死亡。

【病理变化】有不同程度的胃肠炎变化，肠黏膜充血、出血和脱落。尸体严重脱水，腹部增大，腹壁松弛。肠管扩张，肠壁菲薄，肠内充满白色或黄绿色液体，易发生肠套叠。胃、肠黏膜脱落出血。肠系膜淋巴结肿大。胆囊肿大。

【诊断】

1. 临诊诊断 症状表现与犬细小病毒病很难区别，但本病一般是先呕吐后腹泻，感染时间长，具有间歇性，可反复发作。常和犬细小病毒、轮状病毒、类星状病毒等混合感染，往往可从一窝患肠炎的幼犬中同时检出这几种病毒。

2. 实验室诊断 可采用中和试验、乳胶凝集试验、ELISA等检测血清抗体。

【治疗】主要采取止吐、止泻、补液等对症治疗方法，用抗生素防止继发感染等，同时投予肠黏膜保护剂。

【防制措施】加强一般性卫生防疫措施，对犬舍、用具和工作服等定期消毒；减少各种不良的刺激因素和诱因；对病犬严格隔离并保持良好的卫生条件；用1：30漂白粉水溶液或0.1%~1%甲醛对粪便严格消毒。

猫泛白细胞减少症

本病是由猫泛白细胞减少症病毒引起的猫及猫科动物的一种急性高度接触性热性传染病，又称猫瘟热、猫传染性肠炎、猫运动失调症。三类动物疫病。是猫最重要的传染病之一。主要特征是突发高热、双相热型、呕吐、腹泻、高度脱水和明显的白细胞减少，幼猫的发病率和死亡率均很高。

【病原体】猫泛白细胞减少症病毒，仅有1个血清型，与犬细小病毒、水貂肠炎病毒具有抗原相关性，但与其他种类的细小病毒无相关性。病毒对外界环境的抵抗力极强，对乙醚、氯仿、胰蛋白酶、石炭酸及酸性环境有一定的抵抗力，组织中的病毒在低温或50%甘油缓冲液中能长期保持感染性，50℃ 1h可灭活，0.2%甲醛处理20~24h即可灭活，次氯酸钠对其有杀灭作用。

【流行病学】

1. 传播特性 病猫和康复猫是主要传染源，康复猫和水貂的粪便和尿液中，几周甚至1

年以上还带有病毒。病毒通过粪便、唾液、尿液、呕吐物等排出，污染食物、用具及环境，主要经消化系统和呼吸道感染。妊娠母猫可通过胎盘传播给胎儿。在猫急性发病期间，跳蚤和吸血昆虫可成为传播媒介。

2. 流行特点 常见于猫和猫科动物。各种年龄的猫均可感染，1岁以内的猫多发，2~5月龄最易感，初生小猫可通过初乳中的母源抗体受到保护。成年猫虽可感染，但症状不明显。四季均可发生，但冬末至春季较多，尤以3月份发病率最高。长途运输、饲养条件突然改变以及与来源不同的猫混杂饲养等，可导致急性暴发性流行。

【症状】潜伏期2~10d，通常在6d以内。

1. 最急性型 病猫无任何前驱症状而突然死亡，往往被误认为中毒。

2. 急性型 病猫仅出现一些前驱症状，很快于24h内死亡。

3. 亚急性型 一般表现精神倦怠，食欲废绝，体温升高。第一次发热体温高达40℃左右，24h左右降至常温；2~3d后再次升高达40℃以上，呈明显的双相热型。第二次发热时症状加剧，精神高度沉郁，被毛粗乱，厌食、衰弱，伏卧，头搁于前肢，典型症状是呕吐、出血性肠炎、脱水和眼鼻流出脓性分泌物。呕吐物开始为食物，继而为无色液体，以后为呈胆汁色的泡沫样液体。后期腹泻物水样带血，有特殊的恶臭气味，迅速脱水，体重减轻，最终因心力衰竭而死亡。妊娠母猫可发生流产和产死胎。病毒可严重侵害胎猫的脑组织，致使胎儿小脑发育不全，出生后表现共济失调、旋转等神经症状。白细胞数迅速减少，以淋巴细胞和中性粒细胞减少为主，重症病例在血液涂片中几乎不见白细胞。

【病理变化】除最急性型以外，病猫消瘦、脱水，小肠有出血性炎症、黏膜肿胀，广泛出血，尤其是十二指肠和空肠最重。肠壁严重充血、出血和水肿，增厚似乳胶管样，肠腔内有灰红或黄绿色的纤维素性坏死性伪膜或纤维素条索。肠系膜淋巴结肿胀、出血，切面湿润，呈红、白相间的大理石样花纹，或呈一致的鲜红或暗红色。肝肿大呈红褐色。胆囊内充满黏稠胆汁。脾出血。肺充血、出血和水肿。长骨红骨髓呈脂样或胶冻样，失去正常硬度。肠绒毛上皮细胞变性。肝细胞和肾小管上皮细胞变形，均见有核内包含体。

【诊断】

1. 临诊诊断 根据发病年龄、双相热型、呕吐、出血性肠炎、白细胞大量减少等典型症状，以及肠道和实质器官的特征性病理变化等，可初步诊断。

2. 实验室诊断 急性病例采集患病动物血液、睾丸和排泄物，死后则采集脾、小肠和胸腺等病料，处理后接种于断奶仔猫或猫肾、肺原代细胞培养，观察接种动物发病、病理变化或接种细胞的核内包含体。采用免疫荧光试验或中和试验进行病毒鉴定。还可采用血凝试验、血凝抑制试验、中和试验、免疫荧光和对流免疫电泳等方法进行诊断。

【治疗】尚无有效疗法，可用抗生素或磺胺类药物对症治疗，对防止细菌继发感染、降低死亡率有一定效果。用高效价高免血清进行特异性治疗，同时配合对症治疗。

【防制措施】及时进行预防接种，因病毒仅有1个血清型，所以疫苗均具有长期免疫力。由于病毒可通过胎盘垂直传播，弱毒活疫苗可能会对胎儿造成危害，所以妊娠猫最好使用灭活疫苗。加强饲养管理，注意环境卫生，增强猫的抵抗力；不从疫区引进新猫，新引进的猫必须经免疫接种并观察60d后，方可混群饲养；一旦发病，立即隔离病猫，早期可采用综合性措施进行抢救，发病中后期的猫一律扑杀、深埋；污染的饲料、饮水、用具和环境用1%福尔马林彻底消毒。

水貂病毒性肠炎

本病是由水貂细小病毒引起的水貂等动物的高度接触性急性传染病。三类动物疫病。主要特征为胃肠黏膜发炎、急剧腹泻、粪便中含有多量黏液和脱落的肠黏膜、白细胞高度减少，发病率和死亡率均很高。

【病原体】水貂细小病毒，与猫泛白细胞减少症病毒类似。由于后者除感染猫外，也能感染水貂，因此认为前者是后者的一个变种。病毒对外界环境有较强的抵抗力，在冷冻状态下，1年毒力不下降；对胆汁、乙醚、氯仿和胰蛋白酶有抵抗力；煮沸能杀死病毒；在0.5%甲醛或氢氧化钠溶液中，室温条件下12h失去活力。

【流行病学】

1. 传播特性 患病动物和带毒动物是传染源，尤其是带毒母貂是最危险的传染源。康复动物可排毒1年以上。通过粪便、尿、精液、唾液等排毒，污染饲料、饮水和用具，经消化道和呼吸道感染。

2. 流行特点 水貂最易感，尤其幼龄更易感，病死率更高。猫科、犬科以及貂科等动物均有易感性。常呈地方流行性和周期性流行，大批发病，传播迅速。全年均可发生，但以夏季较多。

【症状】潜伏期为4~8d。

1. 最急性型 突然发病，不出现典型症状，12~24h很快死亡。

2. 急性型 精神沉郁，食欲废绝，渴欲增加，喜卧于室内，体温升高至40.5℃以上。有时出现呕吐，常严重下痢，在稀便内经常混有粉红色或淡黄色的纤维蛋白。高度脱水，消瘦。白细胞高度减少。重症病例可出现因肠黏膜脱落而形成的圆柱状灰白色套管。病程7~14d，终因衰竭而死亡。

3. 亚急性型 与急性型相似。腹泻后期，往往出现褐色、绿色稀便或红色血便，甚至煤焦油样便。高度脱水、消瘦。病程常拖至14~18d而死亡。极少数病例能耐过，但能长期排毒而散播病原。

【病理变化】主要在胃肠系统和肠系膜淋巴结。胃内空虚，含有少量黏液，幽门部黏膜常充血，有时出现溃疡和糜烂。肠内容物常混有血液，重症病例呈黏稠黑红色煤焦油样，部分肠管由于肠黏膜脱落而使肠壁变薄。多数病例在空肠和回肠有出血变化。肠系膜淋巴结高度肿大、充血和出血。肝轻度肿大呈紫红色，胆囊充盈。脾肿大呈暗红色，被膜上有时出现小出血点。小肠黏膜上皮细胞肿胀，并有空泡变性。发病初期的病例，小肠黏膜上皮细胞可发现核内包含体。

【诊断】

1. 临诊诊断 要点为大批发病和急性传染、胃肠炎症状、粪便性状、白细胞显著减少等，以及小肠上皮细胞空泡变性、出现包含体等病理变化，可初步诊断。

2. 实验室诊断 琼脂凝胶扩散试验、血凝和血凝抑制试验可准确诊断。

【防制措施】自愈的水貂可获得长期免疫，但可成为危险的传染源。除加强一般性卫生防疫措施外，主要措施是预防接种。

第二节　以呼吸系统症状为主症

以呼吸系统症状为主症的传染病主要有犬副流感病毒病、犬疱疹病毒病、犬腺病毒Ⅱ型感染，还有犬衣原体病、犬和猫结核病、猫呼肠孤病毒感染、猫杯状病毒感染、猫病毒性鼻气管炎、兔巴氏杆菌病、水貂结核病等。

犬副流感病毒病

本病是由副流感病毒 5 型引起的犬的传染病，又称副流感病毒感染。主要特征为突然发热、卡他性鼻炎和支气管炎。

【病原体】副流感病毒 5 型，又称犬副流感病毒，只有 1 个血清型，但毒力有所差异。病毒对热、乙醚、酸、碱不稳定。

【流行病学】处于急性期的病犬是主要传染源。病毒主要存在于呼吸系统，鼻液和咽喉拭子可分离到病毒。通过飞沫经呼吸道感染。各年龄均可感染，但幼龄犬病情较重。本病传播迅速，常突然暴发。

【症状】潜伏期较短。病犬突然发热，精神沉郁，厌食，鼻腔有大量黏性脓性分泌物，结膜炎，咳嗽和呼吸困难。若与支气管败血波氏杆菌混合感染，则症状加重，成窝犬咳嗽、肺炎，病程 3 周以上。有些病例表现后躯麻痹和运动失调。11～12 周龄幼犬死亡率较高。成年犬症状较轻，死亡率较低。病程从一周至数周不等，死亡率为 60%。

【病理变化】呈结膜炎、气管炎和肺炎病变。组织学检查鼻上皮细胞有水疱变性，纤毛消失，黏膜和黏膜下层有大量白细胞浸润，肺、气管及支气管有炎性细胞浸润。神经型病例出现急性脑脊髓炎和脑积水，脑皮质坏死，血管周围有大量淋巴细胞浸润及非化脓性脑膜炎。

【诊断】

1. 临诊诊断　要点为突然发热、卡他性鼻炎、支气管炎和呼吸系统病理变化等。

2. 实验室诊断　采取呼吸道病料分离病毒，用特异性豚鼠抗血清进行血凝抑制试验鉴定。用病毒中和试验、血凝抑制试验、乳胶凝集、对流免疫电泳和 ELISA 等检测血清抗体。

【治疗】尚无特效疗法。可施行对症疗法和支持疗法。

【防制措施】加强饲养管理，尤其是加强犬舍周围的环境卫生；对病犬及时隔离治疗，严防合并感染；新购入的犬进行检疫、隔离和预防接种；可用犬瘟热-犬细小病毒病-犬副流感病毒病-犬腺病毒病四联苗免疫预防。

犬疱疹病毒病

本病是由犬疱疹病毒引起的犬的接触性传染病，又称犬疱疹病毒感染。主要特征为仔犬呼吸困难，全身脏器出血性坏死，急性死亡。

【病原体】犬疱疹病毒，对热的抵抗力较弱，对乙醚等脂溶剂、胰蛋白酶、酸性和碱性磷酸酶等敏感，pH4.5 时经 30min 失去感染力。

【流行病学】患病仔犬和康复后带毒犬是主要传染源。仔犬主要通过带毒母犬分娩时与其阴道接触，或出生后由含毒的飞沫传播，或与病仔犬直接或间接接触感染，还可通过胎盘感染，但母源抗体滴度的高低可影响仔犬症状的严重程度。2周龄内仔犬最易感，病死率可达80%，成年犬常无明显症状。

【症状】潜伏期3~8d。2周龄以内的仔犬常呈急性型，开始粪便变软，1~2d出现病毒血症，体温升高，精神沉郁，食欲废绝，呼吸困难，呕吐，嘶叫，腹痛，粪便呈黄绿色，常于1d内死亡。个别耐过仔犬常遗留中枢神经症状，如共济失调、向一侧做圆周运动或失明等。2~5周龄仔犬常呈轻度鼻炎和咽炎症状，主要表现打喷嚏，干咳，鼻分泌物增多，经2周左右自愈。母犬出现繁殖障碍，如流产、死胎、弱仔或屡配不孕，无明显症状。公犬可见阴茎炎和包皮炎。

【病理变化】死亡仔犬的典型剖检变化为实质脏器表面散在多量芝麻大小的灰白色坏死灶和小出血点，尤其以肾和肺的变化更为显著。胸、腹腔内常有带血的浆液性液体积留。脾肿大。肠黏膜呈点状出血。全身淋巴结水肿和出血。鼻、气管和支气管有卡他性炎症。妊娠母犬胎儿表面和子宫内膜出现多发性坏死。少数有非化脓性脑膜脑炎变化。

【诊断】

1. 临诊诊断 要点为发病周龄、病死率、明显的呼吸系统症状和全身脏器出血性坏死病理变化等。

2. 实验室诊断 采取幼龄犬肾、脾、肝和肾上腺，用已知抗血清进行病毒中和试验鉴定分离病毒。用已知抗原做病毒中和试验和蚀斑减数试验，检测血清抗体。

【治疗】对新生犬急性全身性感染的治疗无效，在流行期间给幼犬腹腔注射1~2mL高免血清可减少死亡。对出现上呼吸道症状的病犬可用广谱抗生素防止继发感染，口服5%的葡萄糖液，防止脱水可改善症状，提高环境温度有利于病犬康复。

【防制措施】加强饲养管理，定期消毒，防止与外来犬接触；对病犬应采取严格的隔离措施，病重犬应及时淘汰，对污染的环境彻底消毒。

犬腺病毒Ⅱ型感染

本病是由犬Ⅱ型腺病毒引起的犬的急性热性传染病。主要特征为持续性高热和支气管肺炎，死亡率高。

【病原体】犬Ⅱ型腺病毒，形态特征与其他哺乳动物腺病毒相似，病毒只凝集人O型红细胞，不凝集豚鼠和兔红细胞，是区别Ⅰ型腺病毒的依据之一。

【流行病学】病犬、长期带毒犬和狐为传染源。通过飞沫经呼吸道感染。只感染犬和狐，各年龄均可感染，但常见于幼龄，尤其是刚断奶的仔犬和仔狐最易发病，且死亡率高。群体中一旦发生则不易根除。

【症状】以喉气管炎为主，表现发热，持续性干咳，呼吸促迫，精神委顿，食欲不振，肌肉震颤，可视黏膜发绀。有的病例出现呕吐和腹泻。最终因肺炎而死亡。

【病理变化】主要为肺炎和支气管炎。肺膨胀不全，充血，有实变区，有时可见增生性腺瘤病灶。支气管淋巴结充血、出血。

【诊断】

1. 临诊诊断 要点为呼吸系统症状和病理变化等。

2. 实验室诊断 用已知抗血清做血凝抑制试验鉴定分离病毒，用病毒中和试验和血凝抑制试验检测血清抗体。

【治疗】在病初发热期可用高免血清抑制病毒扩散，而一旦出现明显症状，大剂量高免血清也无效。轻症病例，采取支持疗法和对症疗法，可用磺胺类药物和抗生素防止细菌继发感染。

【防制措施】加强饲养管理，定期消毒，防止病毒传染人；病犬应采取严格的隔离措施，重症病例应及时淘汰，对污染的环境彻底消毒；可用犬Ⅱ型腺病毒弱毒疫苗，肌内注射或喷雾免疫预防。

第三节　以败血症为主症

以败血症状为主症的传染病主要有犬传染性肝炎、犬埃里希氏体病、兔病毒性出血病、兔葡萄球菌病，还有兔链球菌病、兔巴氏杆菌病等。

犬传染性肝炎

本病是由犬传染性肝炎病毒引起的犬等动物的急性高度接触传染性败血性传染病。三类动物疫病。主要特征为循环障碍、肝小叶中心坏死以及肝实质和内皮细胞出现核内包含体。

【病原体】犬传染性肝炎病毒，为犬腺病毒Ⅰ型，犬腺病毒Ⅱ型引起犬传染性气管炎。两者具有70%的共同抗原，故具有交叉免疫反应。病毒的抵抗力强，在污染物上能存活10~14d，60℃ 3~5min灭活，对乙醚、氯仿有耐受性，室温下能抵抗95%酒精达24h。

【流行病学】

1. 传播特性　在病犬的急性期，病毒分布于全身各组织，通过分泌物和排泄物排出体外，经消化道感染，还可经胎盘感染。体外寄生虫也可能传播。

2. 流行特点　各种年龄均易感，但1岁以内尤其是7周龄断奶的幼犬最易感发病。无明显的季节性。银狐、红狐和熊均可感染。人感染后不出现症状。

【症状】体温升高至40~41℃，持续1d降至常温，经过1d又第二次发热，呈波型热。食欲不振，渴欲增加，呕吐和腹泻。眼和鼻流浆液性分泌物。呼吸加快，心搏动增强。黏膜苍白，有时牙龈有出血斑，血液不易凝结，流血不止，出血时间较长的病例转归不良。扁桃体常急性发炎肿大。在急性症状消失后7~10d，约有20%康复犬的一眼或两眼呈暂时性角膜混浊（眼色素层炎），称为肝炎性蓝眼病。病程一般为2~14d，大多在2周内康复或死亡。幼犬常1~2d突然死亡，如耐过48h多能康复。成年犬一般不出现症状，多能耐过，并产生较强的免疫力。

【病理变化】常见皮下水肿，腹腔积液。肠系膜有纤维蛋白渗出物。肝略肿大，胆囊呈黑红色，胆囊壁水肿增厚，有出血点，并有纤维蛋白沉着。胸腺、体表淋巴结、颈淋巴结和肠系膜淋巴结出血。脾肿大。肝小叶中心坏死和肝细胞核内出现包含体。

【诊断】

1. 临诊诊断　要点为发病周龄和波型热等典型症状，以及肝小叶中心坏死和肝细胞核内出现包含体等特征性病理变化。

2. 实验室诊断　生前取发热初期的血液、扁桃体和尿液，死亡动物采集肝和脾等病料，经无菌处理后，接种于犬肾原代细胞或传代细胞分离病毒。用已知抗血清做血凝抑制试验鉴定分离病毒。可用病毒中和试验、凝集抑制试验、补体结合试验检测血清抗体。

【治疗】早期用抗血清或康复犬的全血、血清或球蛋白治疗，辅以对症支持疗法。每天用250~500mL含5%水解乳蛋白的5%葡萄糖盐水输液，腹腔穿刺排液，口服利尿剂。用抗生素防止并发或继发感染。

【防制措施】加强一般性卫生防疫措施。用弱毒苗在9周龄时首免，15周龄时二免，以后每半年免疫1次，免疫后1~11d可能出现轻度角膜混浊。用人腺病毒Ⅱ型弱毒苗免疫，可获得较高的免疫保护力。

犬埃里希氏体病

本病是由犬埃里希氏体引起的犬的败血性传染病。主要特征为出血、消瘦、浆细胞浸润、血细胞和血小板减少。

【病原体】犬埃里希氏体，呈圆形、椭圆形或杆状，革兰氏阴性，姬姆萨染色时菌体呈蓝色。埃里希氏体为专性细胞内寄生菌，以单个或多个形式寄生于单核细胞内和中性粒细胞的胞质内膜空泡内，也存在于白细胞和血小板中。对理化因素的抵抗力较弱，56℃ 10min或在普通消毒液中很快死亡。金霉素和四环素等广谱抗生素能抑制其繁殖。

【流行病学】

1. 传播特性 主要感染犬和啮齿类动物。主要传播媒介为血红扇头蜱，尤其是在犬感染后2~3周最易发生传播。

2. 流行特点 不同性别、年龄和品种的犬均可感染。多为散发，也可呈流行性。一般在夏末秋初有蜱活动的季节多发。

【症状】潜伏期7~12d。

1. 急性期 表现发热，厌食，精神沉郁，口鼻流出黏性脓性分泌物，体重减轻，结膜炎，淋巴结炎，肺炎，四肢及阴囊水肿。偶见呕吐，呼出气体恶臭，腹泻。有短暂的各类血细胞减少。与犬梨形虫混合感染时可出现黄疸症状。1~3周后转为亚临床期。

2. 亚临床期 体温恢复正常，症状不明显，但有轻度血小板减少和高球蛋白血症。40~120d后进入慢性期。

3. 慢性期 可持续数月至数年。可复发急性症状，如消瘦、精神沉郁。特征为各类血细胞减少、贫血、出血和骨髓发育不良。鼻出血，粪便带血，外伤出血不止。疾病发展及严重程度与感染菌株和犬的品种、年龄、免疫状态及是否并发感染有关。幼犬致死率一般比成年犬高。

【病理变化】消化道溃疡，胸水，腹水和肺水肿。器官和皮下组织浆膜和黏膜面上有出血点或瘀斑。全身淋巴结肿大，四肢水肿，有的病例见有黄疸。多数器官尤其在脑膜、肾和淋巴组织的血管周围有很多浆细胞浸润。慢性病例的骨髓单核细胞和浆细胞显著增加。

【诊断】

1. 临诊诊断 要点为传播特性和血液学变化等。注意与犬布氏杆菌病、霉菌感染、淋巴肉瘤及免疫介导性疾病相区别，尤其血小板减少症也可出现免疫介导性血小板减少性紫斑。

2. 实验室诊断 取病犬初期或高热期的血液涂片，姬姆萨染色，在单核细胞和中性粒细胞中可见犬埃里希氏体和膜样包裹的包含体。

病犬感染后7d产生抗体，2~3周达高峰。可用ELISA检测血清中的抗体。

取病犬急性期或发热期的血液分离白细胞，接种于犬单核细胞，培养后用荧光抗体技术检查病原体。用 PCR 和核酸探针技术检测，敏感性和特异性更高。

【治疗】选用四环素类抗生素，如果治疗见效，至少应持续 3~4 周。对慢性病例要持续 8 周。重度贫血的病例，可用维生素 B_{12} 0.1~0.2 mg 肌内注射。应配合支持疗法。

【防制措施】无有效疫苗。主要是加强卫生管理和监测，定期消毒，灭蜱；严格隔离病犬，及时治疗；疫区的犬口服四环素有一定的预防作用。

兔病毒性出血病

本病是由兔病毒性出血病病毒引起的兔的急性高度接触性传染病，又称病毒性出血症。二类动物疫病。主要特征为呼吸系统出血、肝坏死、实质器官瘀血和出血，传染性极强。

【病原体】兔出血病病毒，属于杯状病毒，无囊膜，表面有短的纤突。病毒对紫外线和干燥等不良环境因素的抵抗力较强。1％氢氧化钠 4h、1％~2％甲醛或 1％漂白粉 3h 可灭活。

【流行病学】

1. 传播特性 病兔、隐性感染兔和带毒野兔是传染源。病毒随粪便和皮肤、呼吸道及生殖道分泌物排出，经呼吸道或消化道等多种途径感染。

2. 流行特点 3 月龄以上的兔最易感，长毛兔的易感性更高于皮肉兔。四季都可发生，但北方一般以冬、春寒冷季节多发。在新疫区多呈暴发性流行，病势凶猛。

【症状】潜伏期 2~3d。根据病程分为最急性、急性和慢性三型。

1. 最急性型 多发生在流行初期。突然发病，一般在感染后 10~12h 迅速死亡，体温至 41℃，几乎无明显症状。死前尖叫，死后两鼻孔流出血样泡沫和鲜血。

2. 急性型 多在流行高峰期发生。感染后 24~48h，体温 41℃ 以上，心跳加快，食欲减退，迅速消瘦。死前有短期兴奋、挣扎、咬笼架，继而前肢俯伏，后肢支起，全身颤抖，倒后四肢划动，惨叫几声而死。少数病死兔鼻孔中流出泡沫样血液。病程 1~2d。

3. 慢性型 多见于老疫区或流行后期。潜伏期和病程较长。多见于老龄兔和 3 月龄以内幼兔。体温 41℃ 左右，精神委顿，食欲不振，被毛杂乱，消瘦，最后衰弱死亡。

【病理变化】以实质器官瘀血、出血为主要特征。可见鼻腔、喉头和气管黏膜瘀血和出血，气管和支气管内有泡沫状血液，肺充血，有数量不等的出血斑点，切开流出多量红色泡沫状液体。肝瘀血、肿大、质脆，被膜弥漫性网状坏死，而致表面呈淡黄或灰白色条纹，切面粗糙，流出多量暗红色血液。胆囊胀大，充满稀薄胆汁。脾有的充血增大 2~3 倍。肾皮质有散在针尖大出血点。心脏扩张瘀血。胃黏膜脱落，小肠黏膜充血、出血。肠系膜淋巴结水样肿大，其他淋巴结多数充血。膀胱积尿。孕母兔子宫充血、瘀血和出血。多数雄性病例睾丸瘀血。脑和脑膜血管瘀血。

【诊断】

1. 临诊诊断 要点为常呈暴发性流行、死后两鼻孔流出血样泡沫、发病率和病死率极高，以及呼吸系统出血、肝坏死、实质器官瘀血及出血性病理变化。

2. 实验室诊断 采集肝作为病料，处理后做血凝抑制试验鉴定病毒。用血凝和血凝抑制试验、间接血凝试验、ELISA 等检测血清抗体。

【治疗】尚无有效疗法。

【防制措施】严格执行卫生防疫措施，定期消毒；坚持自繁自养，对新引进的兔隔离观察2周以上，如无本病方可混群；常发地区用兔病毒性出血病甲醛灭活苗进行免疫接种，免疫期为半年，仔兔断奶后首免，以后每隔半年注射1次。

发生本病时，立即封锁疫点，严格隔离病兔，暂停种兔调剂，关闭兔及兔产品交易市场；对未发病的兔一律进行紧急接种；尸体要焚烧或深埋；对被污染的兔舍、饲养用具及运动场要彻底消毒。

兔葡萄球菌病

本病是由金黄色葡萄球菌引起的兔的多种疾病的总称。主要特征为出现仔兔脓毒败血症、转移性脓毒血症、脚皮炎、乳房炎、鼻炎及仔兔急性肠炎等多种类型。

【病原体】金黄色葡萄球菌，革兰氏阳性，无鞭毛，不形成芽孢和荚膜，常呈葡萄串状排列，在脓汁和液体培养基中常呈双球或短链状排列。本菌对外界环境的抵抗力较强，在尘埃和干燥的脓血中可存活几个月，加热80℃经30min才能灭活，对龙胆紫、青霉素、红霉素、庆大霉素等敏感，但易产生耐药菌株。

【流行病学】通过各种途径都可能发生感染，经损伤的皮肤和黏膜感染为主要途径，甚至可经汗腺和毛囊侵入。经消化道感染引起胃肠炎，经呼吸道感染引起支气管炎和肺炎。家兔最敏感。无明显的季节性。

【症状与病理变化】根据病性不同将其分为以下类型。

1. 仔兔脓毒败血症 以患部的皮肤和皮下出现小脓疱为特征，脓汁呈乳白色油状。仔兔出生后2~6d，皮肤出现白色脓疱，多数于2~5d内因脓毒败血症而死亡。10~21日龄的病兔，皮肤白色脓疱高出表皮，病程较长，但最终死亡。幸存者脓疱逐渐干涸、消失而痊愈。

2. 转移性脓毒血症 病兔或死兔的皮下、心脏、肺、肝、脾以及睾丸、附睾和关节、骨髓等处有脓肿。内脏脓肿常被有结缔组织包膜，脓汁呈乳白色乳油状。皮下脓肿经1~2个月后可自行破裂，流出浓稠、乳白色干酪状或乳油样脓液，引起瘙痒而进一步损伤皮肤，不断形成新的脓肿。当脓肿向内破溃时，通过血液、淋巴液导致全身性感染，呈现脓毒败血症而迅速死亡。

3. 脚皮炎 脚掌部表皮充血、红肿和脱毛，继而出现脓肿，以后形成经久不愈的出血性溃疡面。腿不能动，食欲减退，消瘦。有些发生全身性感染，呈败血症症状，很快死亡。

4. 乳房炎 急性乳房炎时，体温和乳房温度稍升高，乳房呈紫红色或蓝紫色。慢性乳房炎的初期，乳头和乳房局部发硬，逐渐增大。随着病程的发展，在乳房表面或深层形成脓肿。腹部皮下结缔组织化脓，脓汁呈乳白色或淡黄色乳油状。

5. 仔兔急性肠炎 又称仔兔黄尿病，是仔兔吃入患乳房炎母兔的乳汁引起的急性肠炎。一般全窝发生，仔兔臀部和后肢被毛潮湿、腥臭，昏睡，全身发软，病程2~3d，死亡率较高。小肠黏膜充血、出血，肠腔充满黏液。膀胱极度扩张并充满尿液。

6. 鼻炎 常与脚皮炎伴发。鼻黏膜充血，鼻腔流出大量脓性分泌物，在鼻孔周围干结成痂，呼吸困难，打喷嚏，用前爪摩擦鼻部，鼻部周围被毛脱落。有些病例有肺脓肿和胸膜炎病变。

【诊断要点】根据各型的典型症状、特征性病理变化和病原分离鉴定综合诊断。取化脓灶的脓汁或败血症病例的血液、肝、脾等，进行病原体分离培养和鉴定。

【治疗】选用庆大霉素、红霉素、卡那霉素和磺胺类药物等，新型青霉素的耐药性低。体表脓肿可排脓和清除坏死组织，患部用3%结晶紫石炭酸液或5%龙胆紫酒精涂擦。

【防制措施】平时保持兔笼和运动场的清洁卫生，清除一切锋利的物品；笼内避免拥挤，对性情暴躁好斗的兔要分开饲养；产仔箱要用柔软、光滑、干燥而清洁的物品铺垫；加强孕母兔产前和产后的饲养管理，防止乳汁过多过浓，断乳前减少多汁饲料，以免发生乳房炎；可采用当地分离的菌株制成灭活苗进行免疫接种，可预防或减少本病的发生；一旦发病，加强兔舍和运动场及饲养用具的消毒，避免兔发生外伤，加强饲养管理，增强兔群的抵抗力。

第四节 以神经症状为主症

以神经症状为主症的传染病包括狂犬病、破伤风，还有肉毒梭菌中毒症、犬和猫伪狂犬病、兔李氏杆菌病、貂脑膜炎等。

狂 犬 病

本病是由狂犬病病毒引起的犬和人以及多种动物共患的急性自然疫源性接触性传染病，又称恐水症，俗称疯狗病。二类动物疫病。主要特征为神经兴奋和意识障碍，继而局部或全身麻痹而死亡，死亡率100%。

【病原体】狂犬病病毒，呈子弹状，有囊膜，在唾液腺和中枢神经细胞（尤其在海马角、大脑或小脑皮质）的胞质内形成嗜酸性包含体，呈圆形或卵圆形，称为内基氏小体。病毒易被紫外线、70%酒精、0.01%碘液、1%~2%肥皂水等灭活，对酸、碱、福尔马林等消毒剂敏感，100℃ 2min可使其灭活，但在冷冻或冻干条件下可长期保存毒力。

【流行病学】

1. 传播特性 人和家畜的主要传染源是病犬，其次是带毒犬和猫。病毒主要存在于中枢神经组织、唾液腺和唾液内，主要通过咬伤传播，也可由带毒的动物唾液经损伤的皮肤和黏膜感染，亦有经呼吸道、消化道和胎盘感染的病例。

2. 流行特点 几乎所有的温血动物均易感，最易感的是犬科、猫科动物以及某些啮齿类动物和蝙蝠，他们也是病毒的主要自然贮藏宿主和传染源。散发，无季节性，流行的链锁性明显，致死率100%。

【症状】潜伏期一般为2~8周，平均为15d，最短的1周，最长的可达数年。与动物的易感性、咬伤部位与中枢神经的距离、入侵病毒的毒力和数量有关，临床上分3期：

1. 前驱期 通常持续2~3d，表现为恐惧、忧虑和孤独。轻度刺激就可引起兴奋，有时望空扑咬。瞳孔扩大或两瞳孔大小不等，眼睑与角膜反射迟钝，唾液增多。

2. 狂暴期 持续1~7d，烦躁不安，易激动，对听、视刺激的反应增强，高度兴奋，怕光。进而不听呼叫，逃出不归，无目的地游荡，攻击咬伤人畜，有异嗜现象。常发生肌肉不协调，定向能力障碍或全身性癫痫大发作。

3. 麻痹期 持续2~4d，麻痹有时可从损伤处开始，进行性发展至全身。主要表现喉头和咬肌麻痹，口腔内流出大量的唾液，吞咽困难，用力呼吸。随后发展至后躯麻痹，不能站立，昏睡。由于昏迷或呼吸麻痹而死亡。

【病理变化】最明显的是非化脓性脑脊髓炎，血管周围有淋巴细胞浸润。炎症主要发生于脑桥、延脑、脑干前部和丘脑，也是病毒滴度最高的部位。特征性病变是在感染的神经元内出现胞质内嗜酸性包含体，即内基氏体，在海马回的锥体细胞以及小脑的潘金氏细胞内最易发现，有时也可在唾液腺的神经细胞内见到。

【诊断】

1. 临诊诊断 要点为出现攻击人畜等明显的神经症状，可初步诊断。

2. 实验室诊断 采集大脑海马角或小脑病料做触片，用复红美蓝染色 8~10s 后镜检，若在胞质内见有染成鲜红色椭圆形的包含体可确诊，但阳性检出率仅为 70% 左右。还可取脑或唾液腺制成乳剂接种乳鼠，死后采集其脑组织检查包含体。荧光抗体试验是特异、敏感、快速的诊断方法，其阳性检出率可达 95%，还可采用中和试验和补体结合试验。

【治疗】不予治疗，对患病动物一律扑杀。

【防制措施】对家犬进行免疫接种和消灭野犬是最有效的预防措施，当犬的免疫覆盖率连续数年达到 75% 以上时，就能有效地控制本病的发生；对发病的动物应立即扑杀，将尸体焚烧或深埋。

人和动物被疑为狂犬病的动物咬伤时，立即使伤口局部的血液彻底排出，用大量肥皂水冲洗后，再用无菌清水冲洗，最后用 3% 碘酊消毒；紧急接种狂犬病疫苗，使其在潜伏期内产生免疫，有条件时可结合免疫血清治疗。

破伤风

本病是由破伤风梭菌引起的犬等动物和人的急性中毒性传染病，又称强直症。主要特征为骨骼肌持续性痉挛和神经反射兴奋性增高。

【病原体】破伤风梭菌，为两端钝圆的细长大杆菌，无荚膜，有鞭毛，有芽孢。芽孢呈圆形位于菌端，使菌体呈鼓槌状。革兰氏阳性，培养 48h 后转为阴性。在厌氧的条件下生长繁殖产生两种外毒素。一种为破伤风痉挛毒素，毒力非常强，可引起神经兴奋性异常增高和骨骼肌痉挛；另一种为破伤风溶血素，与致病性无关。

本菌繁殖体抵抗力不强，一般消毒药均能在短时间内将其杀死，但芽孢体抵抗力强，在土壤中可存活几十年，5% 石炭酸 10~15h 才可将其杀死。

【流行病学】由外伤形成深部创囊，造成厌氧条件时，由创伤感染的破伤风梭菌大量繁殖，产生外毒素而感染发病。各种动物均具有易感性，但犬有一定的抵抗力。流行无季节性。

【症状】一般在创伤发生后 5~10d 发病，全身肌肉强直，步态僵硬，尾高举，角弓反张，因吞咽困难而流涎，结膜外露，面肌痉挛，神经反射兴奋性增高。常死于呼吸中枢麻痹。

【病理变化】创伤深部发炎，内脏无眼观变化。

【诊断】要点为流行无季节性、具有深部创伤病史，以及经 1~2 周潜伏期后出现骨骼肌持续性痉挛和神经反射兴奋性增高的神经症状等。

【治疗】需尽早发现、尽早治疗。治疗原则为加强护理，消除病原，中和毒素，镇静解痉等对症疗法。早期用破伤风抗毒素疗效好，它能中和组织中未与神经细胞结合的毒素，但不能进入脑脊髓和外周神经中。静脉注射时为防止过敏反应，可预先注射糖皮质激素或抗组织胺药。将病犬置于干净且光线幽暗的环境中，保持环境安静，减少各种刺激因素，给予易消化且营养丰富的食物和足够的饮水，饮食饮水困难时应补糖补液。

破伤风梭菌主要存在于感染创中，所以对病犬应仔细检查，发现创伤中有脓汁、坏死组织及异物等，应及时清创和扩创。用3%的双氧水、1%高锰酸钾或5%～10%碘酊消毒，再撒布碘仿硼酸合剂，并结合青霉素、链霉素做创伤周围分点注射，以消除感染，减少毒素产生。

【防制措施】每年注射破伤风类毒素。第一次注射时应注射2次，间隔3周，可获得1年的保护期，以后每年注射1次；平时加强管理，防止发生外伤，一旦出现外伤，要及时处理，防止感染；对病犬要及时治疗，尸体要深埋；对尚未发病的犬要紧急接种，加强管理。

第五节　以其他症状为主症

以其他症状为主症的传染病主要阐述较为重要的犬瘟热、兔黏液瘤病、野兔热、水貂阿留申病。

犬　瘟　热

本病是由犬瘟热病毒引起的犬和肉食动物的高度接触性传染病。三类动物疫病。主要特征为早期呈双相热型、急性鼻卡他，随后并发支气管炎、卡他性肺炎、严重的胃肠炎、神经症状。

【病原体】犬瘟热病毒，只有1个血清型。病毒在-70℃可存活数年，冻干可长期保存。对热和干燥敏感。3%福尔马林、5%石炭酸及3%苛性钠等均有良好的消毒作用。

【流行病学】

1. 传播特性　病毒存在于病犬的鼻、眼分泌物和唾液中，还有血液、脑脊液、淋巴结、肝、脾、脊髓、心包液、胸水和腹水中，可通过尿液长期排毒。通过气溶胶和污染的饲料、饮水，主要经消化道和呼吸道感染，也可经眼结膜和胎盘感染。

2. 流行特点　犬和雪貂最易感，凡是养犬的地方几乎都存在本病。犬不分年龄、性别均可感染，但2月龄以内的仔犬如有母源抗体，则80%不受感染，3～12月龄最易感发病，2岁以上有抵抗力，康复犬可获得终身免疫力。多发生于寒冷季节。一般每2～3年流行1次，但有些地区常年发病。狐狸、貂、水貂、獾、水獭、狼、豺等也易感，猫和猫属动物可隐性感染。

【症状】潜伏期一般3～5d。继发性细菌感染对症状表现起很大作用。呈双相热型。病初发热，达39～41℃，精神委顿，食欲减少或废绝，眼、鼻流浆液性分泌物，后变脓性，有时带有血丝。发热3d后体温下降至正常，食欲恢复，精神好转。2～3d后再次发热，并持续几周，病情恶化，鼻镜、眼睑干燥甚至龟裂。厌食，呕吐，严重时出现严重的胃肠炎，水样腹泻且恶臭，混有黏液和血液。常伴有肺炎症状，消瘦，脱水，病程可延长。脚垫和鼻过度角质化。

7日龄以内的犬常出现心肌炎、双目失明、牙齿生长不规则，常有嗅觉缺损。妊娠母犬发生流产、死胎和仔犬成活率下降。

神经症状一般多出现在感染后3～4周、全身症状好转之后的几天至十几天，经胎盘感染的幼犬可在4~7周龄时出现，且全窝发作。症状表现由于病毒侵害的中枢神经部位不同而异，或癫痫、转圈，或共济失调、反射异常，或颈部强直，肌肉痉挛，最常见的是咬肌反复有节律性的颤动。最后出现惊厥而死亡。耐过的犬遗留舞蹈病或某部肢体麻痹、瘫痪等。

水貂呈慢性或急性经过。慢性病程2~4周，以皮肤水疱性疹、化脓和结痂为特征。急性型病例的病程3~10d，除皮肤病变外，还有体温升高、结膜炎、鼻炎、下痢和肺炎等。

【病理变化】本病是一种泛嗜性感染，病变分布广泛。有些病例皮肤出现水疱性脓疱性皮疹，有些病例鼻和脚底表皮角质层增生而呈角化病。上呼吸道、眼结膜呈卡他性或化脓性炎。肺卡他性或化脓性支气管肺炎。胃黏膜潮红，肠道卡他性或出血性肠炎，直肠黏膜出血。脾肿大。胸腺常明显缩小，且多呈胶冻状。肾上腺皮质变性。睾丸炎和附睾丸炎。

【诊断】

1. 临诊诊断 要点为早期呈双相热型，眼和鼻流浆液性分泌物、肺炎、严重腹泻、神经症状，以及病理变化分布广泛等。因本病多与犬传染性肝炎等混合感染并易继发细菌性感染而使症状表现复杂化，所以，需要结合流行病学和实验室诊断进行综合确诊。

2. 实验室诊断 发病早期采集淋巴组织，急性病例采集胸腺、脾、肺、肝、淋巴结，呈脑炎症状者采集小脑等病料，制成10%乳剂，经无菌处理后接种于犬肾原代细胞、鸡胚成纤维细胞或仔犬肺泡巨噬细胞，进行病毒分离。用已知抗血清做病毒中和试验鉴定分离毒。也可用PCR方法检查病原体。用病毒中和试验、琼脂扩散试验和ELISA等，检测血清中的抗体。

3. 鉴别诊断 与犬传染性肝炎、犬细小病毒性肠炎、犬钩端螺旋体病、狂犬病等鉴别诊断。

【治疗】发热初期给予大剂量高免血清，效果良好，但出现神经症状时则效果不佳。继发细菌感染时，使用抗生素或磺胺类药物。根据病型和症状，采取对症疗法。

【防制措施】加强一般性卫生防疫措施；对病犬应严格隔离，尸体焚烧或深埋，污染的犬舍、场地和用具用3%甲醛、3%氢氧化钠、5%石炭酸消毒；假定健康和受威胁的犬进行紧急接种。

预防接种可用犬瘟热鸡胚弱毒苗或犬瘟热-犬传染性肝炎-犬细小病毒三联苗。用病毒中和试验检测母源抗体，滴度1∶100以下时进行首免，或按9周龄首免，15周龄二免，以后每年免疫1次。还可对刚断奶的幼犬用人的麻疹疫苗2~3份首免，半个月后再以2~3周的间隔注射2~3次犬瘟热弱毒苗，但成年犬注射犬瘟热苗后易发生接种性脑炎，母犬分娩后3d注射疫苗时，易使哺乳仔犬发生脑炎。

兔黏液瘤病

本病是由黏液瘤病毒引起的兔的高度接触性传染病。二类动物疫病。主要特征为眼睑、面部和耳朵发生肿胀，随后几乎遍及全身，对家兔的致死率为100%。

【病原体】黏液瘤病毒，只发现一个血清型，但不同的毒株在抗原性和毒力方面有差异，弱毒株引起的死亡率不到30%，最强毒株引起的死亡率超过90%。

病毒在干燥的黏液瘤结节中可保持毒力3周，在8~10℃潮湿环境的黏液瘤结节中可保持毒力3个月以上。病毒在26~30℃时能存活10d，50℃ 30min被灭活，在2~4℃冰箱中，以磷酸甘油作为保护剂能长期保存。对蛋白酶有抵抗力，对石炭酸、硼酸、升汞和高锰酸钾有较强的抵抗力，0.5%～2.2%的甲醛1h内灭活。对乙醚敏感，此特性与其他痘病毒不同。

【流行病学】

1. 传播特性 主要通过排泄物排毒，接触病兔和其排泄物而感染。吸血昆虫如蚊、跳蚤、刺蝇等可为传播媒介。病毒在兔蚤体内可存活105d，但不能在节肢动物体内繁殖。兔的寄生虫也能传播本病。

2. 流行特点 只发生于家兔和野兔，但有些野兔不易感，其他动物和人类也不易感。家兔和欧洲野兔最易感，死亡率可达95%以上，但流行地区兔的死亡率逐年下降。

【症状】 一般潜伏期为3～7d，最长可达14 d。兔被带毒昆虫叮咬后，局部皮肤出现原发性肿瘤结节，5～6d后病毒传播到全身各处，皮肤次发性肿瘤结节散布全身各处，较原发性肿瘤小，但数量多。随着子瘤的出现，病兔的口、鼻、眼睑、耳根、肛门及外生殖器均明显充血和水肿。继发细菌感染的病例，眼鼻分泌物由黏液性变为脓性，严重病例上下眼睑互相粘连，使头部呈狮子头状外观。呼吸困难、摇头、喷鼻、呼噜。10d左右病变部位变性、出血、坏死，多数惊厥死亡。

【病理变化】 特征性变化是皮肤肿瘤结节和皮下胶冻样浸润。颜面部和全身天然孔皮下充血、水肿，脓性结膜炎和鼻漏。淋巴结肿大、出血，肺肿大、充血，胃肠浆膜下、胸腺、心内外膜可能有出血点。

组织学变化比较特征，皮肤肿瘤的表皮细胞核固缩、细胞质呈空泡状，真皮深层有大量呈星形、菱形、多角形、核肿胀的嗜酸性黏液瘤细胞，同时有炎性细胞浸润。

【诊断】

1. 临诊诊断 要点为流行病学特点、全身肿瘤结节等。但在新疫区或毒力较弱的毒株所致的非典型病例或因兔群抵抗力较高，症状和病变不明显时，则要进行实验室诊断。

2. 实验室诊断 取病变组织做切片或涂片检查星状细胞，或取新鲜病料分离和鉴定病毒。琼脂凝胶双向扩散试验，无论以已知病毒检测病兔体内特异性抗体，或用标准阳性血清检测病毒抗原，都可在12～24h内判定结果，准确率极高，不仅可用于临诊诊断，更适用于口岸检疫。血清学方法还有ELISA、dot-ELISA、IFA及补体结合试验等。

【治疗】 尚无有效疗法。

【防制措施】 严禁从有本病发生和流行的国家或地区进口兔及其产品；新引进的兔须在防昆虫舍内隔离饲养14d，检疫合格后方可混群饲养；发现疑似本病时，应及时报告疫情，迅速确诊，采取扑杀病兔、销毁尸体、用2%～5%福尔马林液彻底消毒、紧急接种、严防野兔进入饲养场以及杀灭吸血昆虫等综合性防制措施。国外使用的疫苗有Simpe氏纤维瘤病毒疫苗，预防注射3周龄以上的兔，4～7d产生免疫力，保护期1年，免疫保护率达90%以上。

野 兔 热

本病是由土拉热弗朗西氏菌引起的急性人兽共患的自然疫源性传染病，又称兔热病、土拉热、土拉菌病、土拉弗氏菌病等。二类动物疫病。主要特征为全身淋巴结肿大、脾和其他内脏点状坏死变化。

【病原体】土拉热弗朗西氏菌，根据对家兔等实验动物的致病性及分解甘油的能力不同，被分为旧北区变种（欧亚变种，也称 B 型菌）和新北区变种（美洲变种，也称 A 型菌），A 型菌多数能分解甘油，毒力强；B 型菌多数不分解甘油，对人毒力弱。此外，尚有介于两者之间的变种。

本菌呈多形态，在动物血液中近似球形，在培养物中呈球状、杆状、豆状、丝状和精子状等，无鞭毛，不能运动，不产生芽孢，在动物体内可形成荚膜。革兰氏阴性。美蓝染色两极着染，经 3‰盐酸酒精固定标本，用碳酸龙胆紫或姬姆萨染液极易着色。该菌为专性需氧菌，营养要求较高。

本菌对外界的抵抗力很强，在低温条件下和水中能长时间生存，在 4℃的水中或潮湿的土壤中能存活 4 个月以上，且毒力不降低。在动物尸体中，低温下可存活 6～9 个月，在肉品和皮毛中可存活数十天，但对理化因素的抵抗力不强，在直射阳光下只能存活 20～30min，紫外线照射立即死亡，60℃以上高温和常用消毒剂可很快灭活。

【流行病学】

1. 传播特性　病毒存在于血液中，通过吸血昆虫叮咬传播。已发现有 83 种节肢动物能传播本病，主要有蜱、螨、牛虻、蚊、虱、吸血蝇类等。被污染的饲料、饮水也是重要的传染源。

2. 流行特点　野兔和其他野生啮齿类动物是主要易感动物及自然宿主，已发现有 136 种啮齿动物是本菌的自然贮藏宿主。猪、牛、山羊、骆驼、马、驴、家禽、犬和猫及各种毛皮兽均易感。在野生啮齿动物中常呈地方性流行，洪灾或其他自然灾害可导致大流行，家畜中以绵羊尤其是羔羊发病较严重。人可因食用未经处理的病肉或接触污染源而感染。本病一般多见于春末、夏初季节，主要与啮齿动物以及吸血昆虫繁殖活动有关。

【症状与病理变化】野兔的潜伏期为 1～9d。

兔的一些病例常不表现明显症状而迅速死亡，大部分病例病程较长。呈高度消瘦和衰竭，颌下、颈下、腋下和腹股沟等体表淋巴结肿大，鼻腔黏膜发炎，体温升高 1～5℃。脾、肝肿大充血，有点状白色病灶。肺充血、肝变。

绵羊和山羊体温升高，呼吸加快，后肢麻痹。羔羊腹泻、黏膜苍白、麻痹、兴奋或昏睡，不久死亡。妊娠母羊流产。淋巴结肿大，有时出现化脓灶。

牛多为慢性经过，症状不明显，妊娠母牛流产，犊牛虚弱、腹泻、体温升高。

猪多发生于小猪，表现体温升高、咳嗽、腹泻，病程 7～10d，很少死亡。

【诊断要点】

1. 临诊诊断　要点为全身淋巴结肿大、脾和其他内脏点状坏死变化。

2. 实验室诊断　采集组织器官如肝、脾等压片或切片，或血液涂片染色可检出细菌。免疫荧光抗体试验是一种非常可靠的方法。可采集动物淋巴结、肝、肾和胎盘等病灶组织，处理后接种豚鼠或鼠进行病原的分离和鉴定。血清学诊断可采用试管凝集试验、ELISA 等方法。

【治疗】尚无有效疗法。

【防制措施】在流行地区，应驱除野生啮齿动物；经常进行杀虫、灭鼠；厩舍进行彻底消毒；扑杀患病动物和同群动物，并进行无害化处理；被污染的场地、用具、厩舍等应彻底消毒，粪便无害化处理；注意人身防护。

水貂阿留申病

本病是由貂阿留申病毒引起的水貂的慢性进行性传染病，又称貂浆细胞增多症。三类动物疫病。主要特征为侵害网状内皮系统致使血清γ球蛋白、浆细胞增多和终生病毒血症，并伴有动脉炎、肾小球肾炎、肝炎、卵巢炎或睾丸炎等。

【病原体】貂阿留申病毒，抵抗力极强，耐热、耐酸、耐乙醚。病毒在组织悬液中80℃可耐受30min，99.5℃ 3min 仍能保持感染性，5℃时可被紫外线或0.8%碘液灭活，可被强酸、强碱和煮沸灭活，1%福尔马林、0.5%～1%氢氧化钠是有效的消毒剂。

【流行病学】

1. 传播特性 主要传染源是发病貂和处于潜伏期的病貂，其组织、唾液、粪便、尿、血清及全血中的病毒均有感染性，经消化道、呼吸道以及损伤的黏膜和皮肤均可感染。水貂感染后10d，即可在肝、脾和淋巴结中检出病毒，且能持续较长时间。

除病貂与健康水貂接触以外，在笼养条件下主要是间接传播，污染的饲料、饮水、食具等，特别是饲养人员往往是主要传播媒介。接种疫苗、外科手术和注射等，也能造成传播，蚊子也是传播媒介。

公貂的精液可以带毒，患病公貂可通过交配引起母貂感染，母貂通过胎盘感染胎儿，在产仔前两周被感染的妊娠母貂，其后代可几乎全被感染，大多数慢性感染的母貂不能妊娠，或发生流产和胎儿被吸收。

2. 流行特点 各种年龄、性别、品种的水貂均可感染，但以阿留申基因型貂更易感。对成年貂，尤其是母貂危害更大，几乎均以死亡告终。当引进潜伏带毒的病貂时，常在引进后第一年引起发病和死亡。在2～3年内，貂场中仍有缓慢流行，感染率可达25%～40%。本病虽然常年都能发病，但在秋冬季节的发病率和死亡率大大增加。肾高度损害的病貂，表现渴欲增高，而在秋冬季节，由于冰冻往往不能满足其饮水，致使原来就衰竭的病貂发生大批死亡。

【症状】潜伏期平均为2～3个月，长的达7～9个月甚至1年以上。

急性病例往往不出现明显症状而突然死亡。慢性经过时，病貂食欲减退，渴欲明显增加，消瘦，口腔黏膜及齿龈出血或有小溃疡，粪便呈黑煤焦油状，被毛粗乱，眼球凹陷无神，精神沉郁，嗜睡，步态不稳，表现出贫血和衰竭症状。神经系统受到侵害时，伴有抽搐、痉挛、共济失调、后肢麻痹或不全麻痹。后期出现拒食、狂饮，多因尿毒症而死亡。公貂性欲下降，交配无能、死精、少精或产生畸形精子。母貂不孕，或怀孕后流产及胎儿被吸收。患病母貂产出的仔貂软弱无力，成活率低，易于死亡。

【病理变化】主要表现在肾、脾、淋巴结、骨髓和肝，尤其肾变化最为显著。肾的特征性病变依病期而异，初期肾体积增大，呈灰色或淡黄色，有时呈土黄色，表面出现黄白色小病灶，有点状出血，后期萎缩，呈灰白色。肝肿大，从急性经过的红色到慢性经过的黄褐色或土黄色，实质内散在有灰白色针尖大小的病灶。脾肿大，呈暗红色，慢性经过时脾萎缩，边缘锐利。淋巴结肿胀、多汁，呈淡灰色。特征性组织学变化是浆细胞的异常增殖，特别是肾、肝、脾及淋巴结的血管周围发生浆细胞浸润。

【诊断】

1. 临诊诊断 要点为饮欲增加、粪便性状、神经症状等典型症状，以及肾等器官的特征性病理变化，可初步诊断。

2. 实验室诊断 多采用对流免疫电泳法检查，即在貂感染后第9天产生沉淀性抗体，可持续190d。阳性检出率达100%，具有很高的特异性。

3. 防制措施 引进种貂要严格检疫；采用对流免疫电泳方法，在每年11月选留种时和2月配种前，分别对貂群进行检疫，淘汰阳性貂。连续检疫3年，有可能培育成健康群。

复习思考题

1. 简述人与犬、猫等动物共患的传染病，其防制的公共卫生意义。
2. 简述犬细小病毒病各型的典型症状、特征性病理变化和防制措施。
3. 简述犬冠状病毒病与犬细小病毒病的鉴别诊断。
4. 简述猫泛白细胞减少症亚急性型的症状、特征性病理变化和防制措施。
5. 简述水貂病毒性肠炎的流行特点、典型症状和特征性病理变化。
6. 简述犬传染性肝炎的流行病学、典型症状和特征性病理变化。
7. 简述兔病毒性出血病的流行病学、症状、病理变化和综合性防制措施。
8. 简述狂犬病的传播特性、流行特点、症状、诊断和综合性防制措施。
9. 简述犬瘟热的流行特点、症状和临诊诊断要点。
10. 简述兔黏液瘤病、野兔热的流行病学，症状，病理变化和综合性防制措施。
11. 简述水貂阿留申病的症状和病理变化。
12. 制订犬、兔或貂场传染病综合性防制措施。

第六章 实践技能训练指导

> **学习目标**
> 1. 掌握动物传染病疫情调查分析的内容和方法。
> 2. 掌握动物传染病防疫计划制订的方法。
> 3. 掌握动物免疫接种、消毒、传染病病料的采取和保存及运送、动物尸体的处理技术。
> 4. 掌握牛结核、布鲁氏菌病以及鸡白痢的检疫技术。
> 5. 基本掌握巴氏杆菌病、猪瘟、猪丹毒、新城疫、鸡马立克病实验室诊断技术。

实训一 动物传染病疫情调查分析

【实训内容】
(1) 动物传染病疫情调查。
(2) 动物传染病疫情调查资料的初步统计。

【实训目标】掌握动物传染病疫情调查的内容及方法,能进行调查资料的初步统计和整理。

【材料准备】
(1) 动物疫情调查表。
(2) 某乡、村或动物养殖场的疫情资料。

【方法步骤】
1. 疫区或疫点疫情调查的内容 见第一章第三节。
2. 疫情调查材料的初步整理 将调查所获得的原始材料整理成系统的资料,再进一步研究分析。

(1) 依次表。是将原始数字由小到大按顺序排列成表。由依次表可以看出数字大概变化的情形。最小数与最大数之差称为全距,全距愈大,表示变异愈大,反之则表示变异愈小。用于小样本得到的少数 (10~30) 数字资料。

例: 10个猪群猪瘟的发病头数分别是 9、11、10、9、12、13、11、12、10、11 头。排列成依次表为:9、9、10、10、11、11、11、12、12、13,其全距为 $13-9=4$。

(2) 次数分布表。是按数字大小分组,在某一限度内的归为一组,然后按每组的次数排列成表。次数 (f) 是指在各组中变数 (x) 出现的次数。用于大样本数字资料。

例: 40 个村猪瘟的发病头数分别为 7、10、12、10、11、13、10、8、10、12、9、11、10、7、12、11、10、11、13、10、10、14、10、11、12、11、9、13、10、10、8、10、14、11、12、12、11、10、12、13。所有变数中最少为 7 头,最多为 14 头,将发病头数按数序

进行排列（表 6-1）。

表 6-1　次数分布表

变　数（x）	划　　　　记	次　数（f）
7	∥	2
8	∥	2
9	∥	2
10	++++　++++　++	13
11	++++　++	8
12	++++　+	7
13	+++	4
14	∥	2

（3）统计表。根据整理和计算得出的数量结果用表格的形式表达出来，便于资料的比较，如各组的均数或百分数。统计表一般包括有表号、表目（标题）、表身、说明或脚注等部分（表 6-2）。表格内容要简明扼要；标题要包括何事、何时、何地；统计指标的单位一律附于标目之后，较复杂的单位可在说明或脚注中表达；表内尽量少用线条和文字，必要的说明可在右上角加星号，然后在表格底下说明。

【实训报告】根据调查结果整理出该乡、村或动物养殖场的疫情统计表（表 6-3）。

表 6-2　统　计　表

第一横线	表　号		表　目（标题）	
	（主　词）		（宾　词）	
第二横线			纵　标　目	纵　标　目
	横　标　目		统计指标	统计指标
	横　标　目		（表　体）	
第三横线				

说明：×××××

例：猪传染性胃肠炎发病率和死亡率统计表。其中：A 为主词，B 为宾词，C 为横标目，D 为纵标目，E 为表体中的统计指标。

表 6-3　2014 年各类猪传染性胃肠炎发病率和死亡率统计表*

类　别（A）	总头数 (B)（D）	发　病（B）		死　亡（B）	
		头数（D）	%（D）	头数（D）	%（D）
种公猪（C）	12（E）	11（E）	92（E）	0（E）	0（E）
经产母猪（C）	79（E）	68（E）	86（E）	0（E）	0（E）
后备母猪（C）	32（E）	27（E）	84（E）	0（E）	0（E）

* 本表资料引自××猪场

实训二　动物传染病防疫计划的制订

【实训内容】

（1）动物传染病防疫计划的编制。

（2）动物养殖场疫病预防计划的编制。

【实训目标】初步掌握动物传染病防疫计划的编制方法。

【材料准备】

（1）某乡、村或养殖场、养殖户动物流行病学调查资料。

（2）预防接种计划表、检疫计划表、生物制剂和抗生素及贵重药品计划表、普通药械计划表等。

【方法步骤】

1. 防疫计划的内容 各级各类动物疫病防疫机构和部门，每年末都应制订次年的动物传染病防疫计划。动物传染病区域性防疫计划包括一般传染病预防、某些慢性传染病检疫以及控制和扑灭遗留疫情等。一般由以下 7 部分组成。

（1）基本情况。简述本地区与流行病学有关的自然概况以及社会和经济状况；畜牧业经营管理；动物数量及饲养条件；动物医学人员、仪器设备、基层组织和工作基础等；本地区及其周围目前和最近二、三年的疫情，对第二年疫情的估计等。

（2）动物预防接种计划表。包括预防接种动物传染病的种类、使用疫苗的种类和数量以及选用的免疫程序等（表 6-4）。

（3）诊断性检疫计划表。包括检疫动物传染病的种类、地区范围、动物种类和数量等。只需将预防接种计划表表头"预防接种"和表中"接种"改为"检疫"即可。

（4）生物制剂和抗生素及贵重药品计划表。包括生物制剂和药物名称、计算单位、全年需用量、库存、需要补充量等（表 6-5）。

（5）普通药械计划表。包括药械名称、用途、计算单位、现有数量、需补充数量、规格、需用时间等（表 6-6）。

（6）卫生监督及卫生措施计划。是指除了预防接种和检疫以外，以消灭现有动物传染病和预防出现新疫点为目的的措施实施计划。如改善饲养管理计划，建立隔离地、产房、药浴池计划，实施预防消毒和驱虫灭鼠计划，加强动物及其产品交易检疫计划等。

（7）经费预算。可按开支项目分季度列表。

表 6-4 （单位名称）2014 年动物预防接种计划表

第 页

接种名称	地区范围	动物种类	应接种头数	计划接种头数				
				第一季度	第二季度	第三季度	第四季度	合计

制表人_____ 审核人_____ 年 月 日

表 6-5 （单位名称）2014 年生物制剂和抗生素及贵重药品计划表

第 页

药剂名称	计算单位	全 年 需 用 量					库 存 情 况		需 要 补 充 量					备注
		第一季	第二季	第三季	第四季	合计	数量	失效期	第一季	第二季	第三季	第四季	合计	

制表人_____ 审核人_____ 年 月 日

表6-6 （单位名称）2014年普通药械计划表

第 页

药械名称	用途	单位	现有数量	需补充数量	要求规格	代用规格	需用时间	备 注

制表人＿＿＿＿＿＿＿＿＿　　　审核人＿＿＿＿＿＿＿＿＿　　　　年　月　日

2. 防疫计划的编制　在编制动物传染病防疫计划时，首先详细了解上述基本情况中的内容，为制订计划提出依据。在此基础上编制预防接种计划、诊断性检疫计划以及卫生监督和卫生措施计划等，再编制生物制剂和抗生素计划、普通药械计划，最后进行经费预算。防疫计划初稿拟定以后，首先在本单位进行讨论修改，然后征求有关单位的意见，最后报请上级审核批准。

3. 动物养殖场疫病预防计划的编制　根据本场动物传染病流行情况、饲养管理方式和水平以及经济状况等实际进行制订，主要包括免疫接种、药物预防及环境消毒等内容。

【实训报告】制订动物养殖场本年度某种动物疫病防疫计划。

实训三　动物免疫接种技术

【实训内容】
（1）免疫接种前的准备。
（2）免疫接种技术。
（3）生物制剂的保存和运送。

【实训目标】了解免疫接种前的准备工作；初步掌握动物免疫接种技术，生物制剂的保存和运送。

【材料准备】

1. 器材　气雾免疫发生器、金属注射器、一次性注射器、针头、镊子、剪毛剪、体温计、搪瓷盘、纱布、脱脂棉、出诊箱、保定动物用具、盆、毛巾、工作服、登记卡片等。

2. 药品及生物制品　5％碘酊棉、70％酒精棉、来苏儿等消毒剂、疫苗、免疫血清。

【方法步骤】教师讲解示教后，学生分组操作。

1. 免疫接种前的准备

（1）一般准备。根据动物传染病免疫接种计划，统计接种对象及数量，确定接种日期；准备器材和药品、免疫登记表；安排接种和动物保定人员。

（2）生物制剂准备。接种前准备足量的生物制剂，有异常的生物制剂不得使用，如无瓶签或模糊不清、瓶盖松动、瓶体裂损、超过保存期、色泽与说明不符、瓶内有异物和发霉等。

（3）动物准备。对预定接种的动物进行了解及临诊观察，必要时进行体温检查。凡体质过于瘦弱、妊娠后期、未断奶仔畜、体温升高或疑似患病的动物均不应接种，详细做好记录，以后及时补种。

（4）器械准备。将所用器械用纱布分类包裹，经121℃高压蒸汽灭菌20～30min，或煮沸消毒 30min 后，用无菌纱布包裹，冷却备用。

2. 免疫接种技术　采用与生物制剂使用要求相一致的接种方法。注射接种时要对注射部位剪毛，用 5% 碘酊或 75% 酒精棉擦拭消毒。接种完毕拔针后用酒精棉消毒。

（1）皮下接种。牛、马的注射部位在颈侧，猪、羊在股内侧、肘后及耳根处，兔在耳后，家禽在胸部或颈部。一般用 16～20 号针头。术者以左手拇指与食指捏起皮肤形成皱褶，右手持注射器，使针头在皱褶底部稍倾斜，快速刺入皮肤与肌肉间，注入生物制剂，拔针后用挤干的酒精棉轻轻揉擦使药液散开。

（2）皮内接种。牛、羊的注射部位在颈侧、尾根皮肤或肩胛中央，猪在耳根后，马在颈侧，鸡在肉髯部。使用螺口注射器和 19～25 号 1/4～1/2 螺旋注射针头。羊、鸡可用 1mL 注射器和 24～26 号针头。术者以左手拇指与食指捏起皮肤形成皱褶，右手持注射器，使针头几乎与皮肤表面平行刺入真皮层，注入生物制剂，如果感到注入困难，证明注射正确。

（3）肌肉接种。家畜注射部位在臀或颈部，猪、羊也可在股内侧，鸡在胸部。一般用 14～20 号针头。术者左手固定注射部位，右手持注射器，垂直或倾斜刺入肌肉，回抽针芯，如无回血，将生物制剂慢慢注入；若有回血应变换位置。注射时将针头留 1/4 在皮肤外面，以便折针后拔出。

（4）皮肤刺种。在禽类翅内侧无血管处，用刺种针蘸取疫苗刺入皮下。

（5）经口免疫。首先按动物平均饮水量或摄食量，准确计算需用生物制剂的剂量，混入饮水或饲料后要立即饮入或食用，不能存放。免疫前可停饮或停喂半天。

（6）滴鼻（眼）免疫。用乳头滴管吸取疫苗滴于鼻孔或眼内 1～2 滴。

（7）气雾免疫。大群免疫时，将稀释的生物制剂通过雾化发生器喷射形成雾化粒子，均匀浮游在空气中使动物吸入。压缩泵的压力应保持在 $2kg/cm^2$ 以上，雾化粒子在 $5\sim10\mu m$ 时才可使用。

在室内操作时，疫苗用量 $=DA\times1000/tVB$，其中 D 为免疫剂量，A 为免疫室容积，B 为疫苗浓度，t 为免疫时间，V 为常数（各种动物可查）。计算好疫苗用量后，将动物赶入室内，关闭门窗。操作者将喷头由门或窗缝伸入室内，使喷头与动物头部保持同高均匀喷射，完毕后动物在室内停留 20～30min。

在室外操作时，疫苗用量按动物数量而定。如有 1000 只羊，每只免疫剂量为 50 亿活菌，则需 50000 亿活菌，如每瓶菌苗含活菌 4000 亿，则需 12.5 瓶，用 500mL 无菌生理盐水稀释。一般实际用量要比计算用量略高，所以要有余量。操作人员站在动物群中上风向，喷头与动物头部同高随走随喷，使动物有均等吸入机会。完毕后动物在圈内停留数分钟即可放出。

3. 生物制品的保存和运送　各种生物制品均需低温保存，时间不得超过规定期限。免疫血清及灭活苗为 2～15℃；防止冻结，冻干活疫苗为 −15℃，冻结苗在 −70℃ 以下。生物制品的包装要完整，防止包装瓶破损。运送途中要符合保存温度并尽快送达。

4. 免疫接种后的护理和观察　接种后的动物有时可发生疫苗反应，需仔细观察 7～10d，必要时予以适当治疗，极为严重者可屠宰。

5. 注意事项　工作人员穿工作服、胶鞋及戴口罩；工作前后洗手消毒；生物制品的使用剂量、稀释方法、是否震荡等均严格按说明书要求进行；严格执行消毒和无菌操作，在瓶盖上固定一个针头专供抽取疫苗液，每次抽取后用酒精棉将针头包好，吸出后的疫苗液不可再回注瓶内；针管排气时溢出的疫苗液应吸积于酒精棉上，用过的酒精棉球、注射器和已经吸入注射器内未用完的疫苗液，都要放入专用容器内集中烧毁。

【实训报告】猪、鸡主要免疫接种技术。

实训四 消 毒

【实训内容】
（1）常用消毒器械的使用。
（2）常用消毒液的配制。
（3）动物圈舍、用具、地面土壤和粪便消毒。

【实训目标】掌握畜舍、用具、地面土壤及粪便的消毒方法。

【材料准备】

1. 器材 喷雾消毒器、天平、台秤、量筒、盆、桶、清扫及洗刷用具、高筒胶鞋、工作服、胶手套等。

2. 药品 氢氧化钠、新鲜生石灰、漂白粉、来苏儿、高锰酸钾、福尔马林等。

【方法步骤】

1. 消毒器械的使用 消毒面积较小时可用手动喷雾器，面积较大时用机动喷雾器。火焰喷灯常用于鸡笼等金属制品的消毒，喷烧时应有一定的次序，以免遗漏，掌握适当的喷烧时间，以免将消毒物品烧坏。

2. 消毒液的配制 消毒液常用百分比浓度，即每百克或每百毫升药液中含某种药品的质量或体积。计算好消毒剂和水的用量以及比例后，先将水倒入配药容器中，再将称量的药品倒入，混合均匀或完全溶解。

3. 消毒方法

（1）动物圈舍及用具消毒。用清水或消毒液喷洒地面及用具后，对棚顶、墙壁和地面进行清扫。水泥地面清扫后再用清水冲洗。有以下两种消毒方法：

喷洒消毒时按 $1000mL/m^2$ 计算消毒液的用量。先由远处按天棚、墙壁、饲槽和地面的顺序均匀喷洒至门口。圈舍启用前充分通风，用清水洗刷饲槽和饮水槽等以消除药味。

蒸气消毒时按圈舍空间计算消毒液的用量，福尔马林按 $25mL/m^3$、水按 $12.5mL/m^3$，混合后再将高锰酸钾（或生石灰）按 $25g/m^3$ 放入。消毒前将动物赶出，舍内用具、物品等适当摆开，紧闭门窗，室温保持在15℃以上。用木棒搅拌消毒液，几秒钟后产生甲醛蒸汽，人员离开后将门关闭。12~24h 后打开门窗通风，待药物气味消除后动物再进入。如急需使用圈舍，可按氯化氨 $5g/m^3$、生石灰 $2g/m^3$、75℃水 $7.5mL/m^3$，混合于桶内放入圈舍；也可用25％氨水按 $12.5mL/m^3$ 中和 20~30min，通风 20~30min 后启用。

（2）地面土壤消毒。对患病动物停留过的圈舍、运动场等，先清除粪便、垃圾和表土。小面积可用10％氢氧化钠或4％福尔马林喷洒；大面积可翻地 30cm，同时按 $0.5kg/m^2$ 撒布干漂白粉，针对炭疽等芽孢杆菌性传染病时按 $5kg/m^2$，然后以水湿润、压平。

（3）粪便消毒。如果采用焚烧法，可视粪便多少挖一适当的壕沟，距壕沟底 40~50cm处加一层铁梁，上面放置粪便，下面放置燃烧物。如果用化学消毒剂消毒，可用含2％~

5％有效氯的漂白粉溶液或20％石灰乳与粪便混合。也可将粪便与漂白粉或生石灰混合后，深埋于地下2m左右。还可选择生物热发酵法等。

实训五　传染病病料的采集、保存和运送

【实训内容】传染病病料的采集、保存和运送方法。

【实训目标】掌握传染病病料的采集、保存和运送方法。

【材料准备】

1. 器材　保温箱或保温瓶、解剖刀、剪刀、镊子、酒精灯、酒精棉、碘酊棉、注射器、针头、无菌棉拭子、胶布、不干胶标签、一次性手套、乳胶手套、无菌样品容器（小瓶、平皿、离心管、封口样品袋、塑料包装袋）等。

2. 药品　阿氏液、30％甘油盐水缓冲液、pH7.4等渗磷酸盐缓冲液（PBS）、棉拭子用抗生素PBS液（病毒保存液）。

3. 动物　新鲜的动物尸体。

【方法步骤】

1. 病料采集　根据不同的疫病或检验目的采集相应的病料。流行病学调查、抗体检测、动物群体健康评估或环境卫生检测时，样品数量应满足统计学的要求。在无法确诊时应系统采集病料。如动物已死亡，采集内脏病料最迟不超过6h。所有器械和容器必须无菌。注意人身防护，严防感染。严禁剖检怀疑为炭疽等不宜解剖的动物。

（1）血液。大动物采血部位在颈静脉或尾静脉，禽类在翅静脉或心脏，兔在背静脉、颈静脉或心脏。对采血部位剪毛消毒，用针头或三棱针穿刺，将血液滴入或抽入试管中。全血样品通常用于血液学分析或细菌、病毒和原虫培养。采血时直接将血液滴入加有抗凝剂的试管或瓶中立即充分混合。抗凝剂有0.1％肝素、阿氏液（1份血液加2份阿氏液）或2％柠檬酸钠等。也可将血液滴入装有玻璃珠的瓶内，震荡脱纤维蛋白抗凝。获取血清时血液不加抗凝剂，置室温静置至血液凝固，收集析出的血清或低速离心分离。

（2）一般组织。切开动物皮肤、体腔后，另换一套器械切取器官的组织块，分别放在容器内。用于微生物学检验的病料应新鲜、无污染，以烧红的刀片烫烙脏器表面，然后刺一孔，用灭菌接种环伸入孔内取少量组织或液体，做涂片待检或划线接种于培养基上。用于组织病理学检查的病料包括病灶及周围正常组织，采集后切成1~2cm²，厚度不超过0.5cm的方块，立即放入10倍于组织块的10％福尔马林溶液中固定。

（3）肠道组织、内容物和粪便。取肠道组织时，选择病变最明显的部分，用灭菌生理盐水冲洗掉内容物。取肠内容物时，烧烙肠壁表面后，用吸管扎穿肠壁吸取内容物，放入30％甘油磷酸缓冲盐水保存液中。取粪便时，将肠管两端结扎后剪断。

（4）拭子样品。用灭菌棉拭子采集鼻腔、咽喉或气管分泌物以及泄殖腔内容物等。采集后立即将拭子浸入保存液中，密封后低温保存。一般每支拭子需保存液1mL。

（5）皮肤。直接采集病变部位的碎屑、水疱液或水疱皮等。

（6）胎儿。将流产后的整个胎儿用塑料薄膜包裹，置于容器内。

（7）骨骼。将附着在骨骼的肌肉和韧带剔除，表面撒布食盐，用5％石炭酸溶液浸过的纱布包裹，置于容器内。

（8）脑、脊髓、管骨。可将脑、脊髓浸入30％甘油盐水缓冲液中，或将整个头部割下，用浸过消毒液的纱布包裹，置于容器内。

（9）液体。采集胆汁、脓汁等样品时，用烫烙法消毒采样部位，用吸管或注射器在此刺入，吸取后注入试管中，塞好棉塞。采集乳汁时，先刷湿乳房，最初3～4把乳汁弃去，然后采集10mL于试管中。用于血清学检验时不应冻结、加热或强烈震动。

（10）供显微镜检查的液体抹片。将脓汁、血液或黏液等材料置于载玻片上，用灭菌玻璃棒均匀涂抹或用玻片推抹。用组织块做触片时，持镊子将组织块的游离面在玻片上轻轻涂抹，待自然干燥。将载玻片间隔火柴杆或纸片，用线缠紧并包好。每片应标明号码并附说明。每份病料需制片2～4张。

（11）家禽。将整个尸体包入塑料薄膜，装入容器内。

2. 送检病料的记录和包装

（1）采样单及标签。填写采样单一式三份、样品标签和封条。将采样单和样品信息装在塑料袋中，随病料一起送达。样品信息包括以下内容：主人姓名或动物养殖场名称和地址；饲养动物品种、数量、饲养类型和标准，被感染动物或易感动物种类；首发病例和继发病例的日期；感染动物在动物群中的分布情况；死亡和出现症状的动物数量、年龄、症状及持续时间；动物治疗史；病料的种类和保存方法；要求做何种检验；送检者的姓名、地址、邮编和电话；采样和送检时间；采样人和被采样单位签章。

（2）送检病料的包装。每个样品应分别包装，在样品袋或器皿外贴上标签，标签注明样品名、编号、采样日期等，再将各个样品放到塑料袋中。拭子样品、小塑料离心管应放在特定塑料盒内。盛装血清样品的玻璃瓶等，应在其周围加填塞物以减少震动。外层包装贴封条，有采样人签章、贴封日期，标注放置方向。

3. 保存和运输 样品置于保温容器中并在适宜的环境温度下运输，尽快送至检验部门。保温容器外贴封条，有贴封人签章和贴封日期。样品送达后按有关规定冷藏或冷冻保存。长期放置的样品应−70℃超低温保存，避免反复冻融。

【实训报告】拟定一份猪瘟病料的采集、保存及运送方法。

【参考资料】病料保存液的配制：

1. 阿氏液 葡萄糖2.05g、二水柠檬酸钠0.80g、柠檬酸0.055g、氯化钠0.42g，加蒸馏水至100mL，加热溶解，冷却后调至pH6.1，分装后69kPa15min灭菌，冷却后4℃冰箱保存备用。

2. 30％甘油盐水缓冲液 甘油30mL、氯化钠4.2g、磷酸二氢钾1.0g、磷酸氢二钾3.1g、0.02％酚红1.5mL，加蒸馏水或无离子水至100mL，加热溶解，冷却后调pH至7.6后分装，100kPa15min灭菌，冷却后4℃冰箱保存备用。

3. pH7.4等渗磷酸盐缓冲液（PBS） 氯化钠8.0g、磷酸二氢钾0.2g、十二水磷酸氢二钠2.9g、氯化钾0.2g，按次序加入定量容器中，加适量蒸馏水溶解后，再定容至1000mL，调pH至7.4后分装，112kPa20min灭菌，冷却后4℃冰箱保存备用。

4. 棉拭子用抗生素PBS液（病毒保存液） 取PBS液加入抗生素：喉气管拭子按每毫升2000U青霉素、2mg链霉素、1000U丁胺卡那霉素、1000U制霉菌素配制；粪便和泄殖腔拭子抗生素浓度提高5倍。加入抗生素后调pH至7.4后冷冻保存。采样前每小塑料离心管分装1.0～1.3mL，采粪便时在青霉素瓶中加1.0～1.5mL。

实训六 传染病动物尸体的处理

【实训内容】传染病动物尸体的运送、处理方法。
【实训目标】结合生产实践,初步掌握传染病动物尸体的运送及处理方法。
【材料准备】
1. 器材 运尸车、铁锹、棉花、纱布、工作服、口罩、风镜、胶鞋、手套等。
2. 消毒剂 生石灰。
【方法步骤】利用综合实训或岗前实训在动物养殖场完成。
1. 运送尸体 工作人员穿戴工作服、口罩、风镜、胶鞋及手套,准备好内壁衬钉铁皮的运尸车。装车前用蘸有消毒液的纱布、棉花密塞尸体的天然孔,小动物和禽类可直接装入塑料袋。尸体躺过的地方用消毒液喷洒,将土壤地面的表层土连同尸体一起运走。车辆、用具以及工作人员的穿戴用品等严格消毒。
2. 处理尸体 选择远离住宅、农牧场、水源、草原及道路等土质干松、地势高、地下水位低的地方。
(1) 掩埋法。挖能容纳尸体的深坑,坑沿至尸体表面1.5m以上。先在坑底铺2～5cm厚的生石灰,后将尸体及污染土等一起投入,再覆以2～5cm厚的生石灰,填土夯实。
(2) 发酵法。修建深8～10m的坑,壁及底用砖和水泥砌成,坑口设木盖,高出地面30cm再设金属盖并加锁。尸体可堆至距坑口1.5m处,一般2～3个月即可完全腐烂。
(3) 焚烧法。在焚尸炉或焚尸坑中烧毁。
(4) 化制法。湿化制法是将高压蒸汽通入湿化制机内炼制尸体,适用于烈性传染病。干化制法是使用带搅拌器的夹层真空锅化制尸体,适用于普通传染病。
(5) 煮沸法。将肉尸分成重2kg、厚8cm的肉块,放入大铁锅内煮沸2～2.5h,煮到深层肉质无血色时即可。适用于普通传染病。
【实训报告】拟定一份炭疽病死亡动物尸体的处理方法。

实训七 巴氏杆菌病实验室诊断技术

【实训内容】巴氏杆菌病实验室诊断技术。
【实训目标】初步掌握巴氏杆菌病细菌学诊断技术。
1. 器材 外科刀、外科剪、镊子、显微镜、载玻片、酒精灯、接种环、擦镜纸、吸水纸等。
2. 染色液及培养基 革兰氏染色液、美蓝染色液或瑞氏染色液、血液琼脂平板、麦康凯琼脂平板等。
3. 动物 小鼠、家兔、可疑病死动物、人工感染死亡动物(鸡、小鼠或家兔)。
【方法步骤】
1. 细菌学诊断
(1) 染色镜检。取心血、肝及病变的淋巴结制作涂片或触片,甲醇固定后,用美蓝染色或瑞氏染色后镜检。巴氏杆菌为两极浓染的球杆菌,在新鲜的病料中常带有荚膜。

(2) 分离培养。取心血、肝、脾组织等，分别划线接种于血液琼脂平板和麦康凯琼脂平板，37℃培养24h，观察生长特性。巴氏杆菌在血液琼脂平板上形成淡灰色、圆形、湿润、露珠样小菌落，不溶血，在麦康凯琼脂平板上不生长。钩取典型菌落涂片，经美蓝染色或瑞氏染色后镜检，为两极浓染的球杆菌。革兰氏染色阴性。如需进一步检查，则钩取可疑菌落进行纯培养，对纯培养物进行生化试验鉴定。

2. 动物试验 将病料制成1∶10乳剂，或用细菌液体培养物，取0.2～0.5mL皮下注射小鼠或家兔，经24～48h死亡。剖检观察其败血症变化，取心血、肝、脾组织涂片，分别进行美蓝染色、瑞氏染色或革兰氏染色，镜检可见两极浓染的球杆状巴氏杆菌，革兰氏染色阴性。

【实训报告】写一份巴氏杆菌病实验室诊断报告。

【实训提示】利用人工感染死亡的动物或病死动物，以保证获得正确的试验结果。

实训八　猪瘟实验室诊断技术

【实训内容】
（1）猪瘟荧光抗体染色法诊断。
（2）抑制试验。

【实训目标】初步掌握猪瘟荧光抗体染色诊断方法。

【材料准备】

1. 器材 荧光显微镜、切片机、载玻片、盖玻片、外科刀、外科剪、灭菌平皿等。

2. 试剂 pH7.2的0.01mol/L磷酸盐缓冲液（PBS）、pH9.0～9.5的0.5mol/L碳酸缓冲甘油、丙酮等。

3. 诊断液 猪瘟荧光抗体、猪瘟标准阳性血清及标准阴性血清。

4. 动物 猪瘟病猪。

【方法步骤】

1. 病料采集 采集猪瘟病猪的扁桃体、肾、脾、淋巴结、肝和肺等脏器，分别置于灭菌容器内。急性病例首选扁桃体，慢性病例首选回肠末段。

2. 猪瘟荧光抗体染色法 将上述组织制成冰冻切片，经冷丙酮固定5～10min，晾干，滴加猪瘟荧光抗体覆盖切片表面，置湿盒中37℃作用30min，用PBS液漂洗3次，每次3min，自然干燥，用pH9.0～9.5的0.5mol/L碳酸缓冲甘油封片，置荧光显微镜下观察，见有胞质荧光，并由抑制试验证明为特异的荧光，判为阳性，无荧光则判为阴性。

3. 抑制试验 取两组扁桃体冰冻切片，分别滴加猪瘟标准阳性血清和健康猪血清（猪瘟中和抗体阴性），在湿盒中37℃作用30min，用PBS液漂洗2次，然后进行荧光抗体染色。用阳性血清处理的切片，隐窝上皮细胞不出现荧光或荧光显著减弱，而用阴性血清处理的切片，隐窝上皮细胞则出现明亮黄绿色荧光。

【实训报告】报告猪瘟荧光抗体染色诊断方法及结果。

【参考资料】

1. pH7.2的0.01mol/L磷酸盐缓冲液 氯化钠8.0g、氯化钾0.2g、无水磷酸二氢钾0.2g、无水磷酸氢二钠1.15g、蒸馏水1000mL，溶于水后加0.1g硫柳汞防腐。

2. pH9.0～9.5的0.5mol/L碳酸缓冲甘油 纯甘油9份和碳酸盐缓冲液1份混合。碳酸盐缓冲液为 0.5mol/L 碳酸钠 1 份、0.5mol/L 碳酸氢钠 3 份混合。

实训九　猪丹毒实验室诊断技术

【实训内容】
(1) 猪丹毒杆菌分离培养。
(2) 动物试验。

【实训目标】掌握猪丹毒细菌学诊断技术。

【材料准备】

1. 器材　外科刀、外科剪、显微镜、酒精灯、接种环、载玻片、灭菌平皿等。

2. 染色液及培养基　革兰氏染色液、美蓝或瑞氏染色液、血液琼脂平板、血清琼脂平板等。

3. 实验动物　小鼠、家兔或鸽子、猪丹毒弱毒疫苗感染死亡的鸽子。

【方法步骤】

1. 病料采集　可疑败血症型猪丹毒采集心血、肝、脾、淋巴结等；疹块型采集疹块部皮肤；慢性型采集肿胀的关节内膜和心内膜疣状物。感染死亡实验动物采集心血和肝。

2. 染色镜检　取病料制成涂片或触片，甲醇固定后，革兰氏染色后镜检。猪丹毒杆菌为革兰氏阳性、平直或微弯的纤细小杆菌，心内膜疣状物涂片见有弯曲的长丝状菌体。

3. 分离培养　分别取病料接种于血液琼脂平板或血清琼脂平板，37℃培养 24h 后观察。猪丹毒杆菌长成针尖大小、灰白色、圆形、微隆起的露滴状小菌落或菲薄的小菌苔，在血液琼脂平板上菌落周围有狭窄绿色溶血环。钩取典型菌落涂片，革兰氏染色后镜检，可见猪丹毒杆菌。如需进一步检查，则钩取可疑菌落纯培养进行生化试验鉴定。

4. 动物实验　将病料制成 1:10 悬液，或用该菌 24h 血清肉汤培养液，取 0.5～1.0mL 胸肌注射鸽子、0.2mL 皮下注射小鼠，经 2～5d 死亡，剖检观察其病理变化，取心血、肝组织涂片，革兰氏染色后镜检，可见猪丹毒杆菌。

【实训报告】写一份猪丹毒实验室诊断报告。

实训十　牛结核检疫技术

【实训内容】结核菌素（PPD）皮内变态反应。

【实训目标】掌握牛结核检疫技术。

【材料准备】

1. 器材　皮内注射器及针头、镊子、毛剪、卡尺、牛鼻钳、酒精棉、工作服等。

2. 药品　冻干结核菌素、注射用水或灭菌生理盐水等。

【方法步骤】结核菌素（PPD）皮内变态反应（参照 GB/T 18645—2002）

1. 操作方法

(1) 准备。将牛编号，成年牛在颈侧中上部 1/3 处、3 月龄以内犊牛在肩胛部剪毛，直径约 10cm。

(2) 测定皮皱。用卡尺测量剪毛部中央皮皱厚度，做好记录。

(3) 注射。用酒精棉消毒术部。用注射用水或灭菌蒸馏水稀释 PPD，皮内注射 0.1mL

(含2000IU)。如对注射有疑问，应另选15cm以外的部位或对侧重做。如果0.1mL注射量不易掌握准确，可加等量注射用水后注射0.2mL。PPD稀释后当天用完。

2. 结果判定

（1）判定时间。注射后72h判定，仔细观察局部有无热痛、肿胀等炎性反应，并做好皮皱厚度测量记录。对疑似反应牛应立即在另一侧以同批PPD同剂量进行第二次注射，再经72h观察结果。对阴性和疑似反应牛，于注射后96h和120h再分别观察一次，以防个别牛出现迟发型变态反应。

（2）判定标准。阳性反应为局部有明显炎性反应，皮厚差大于或等于4.0mm；疑似反应为局部炎性反应不明显，皮厚差大于或等于2.0mm、小于4.0mm；阴性反应为无炎性反应，皮厚差在2.0mm以内。凡判为疑似反应的牛，于第一次检疫60d后复检，仍为疑似反应时经60d再复检，如仍为疑似反应则判为阳性。

【实训报告】记录牛结核皮内变态反应检疫的操作方法，报告检疫结果。

实训十一　布鲁氏菌病检疫技术

【实训内容】

（1）虎红平板凝集试验。

（2）全乳环状试验。

（3）试管凝集试验。

【实训目标】掌握布鲁氏菌病的检疫技术。

【材料准备】

1. 器材　恒温培养箱、水浴箱、采血针头及注射器、灭菌采血试管、小试管、试管架、灭菌吸管、微量移液器及滴头、玻璃板、酒精灯、火柴或牙签等。

2. 试剂及药品　稀释液（0.5%石炭酸生理盐水，用化学纯石炭酸与氯化钠配制，经高压灭菌后备用。检疫羊用稀释液0.5%石炭酸10%氯化钠溶液）、来苏儿或新洁尔灭、酒精棉等。

3. 生物制品　布鲁氏菌病虎红凝集抗原、布鲁氏菌病试管凝集抗原、布鲁氏菌病全乳环状抗原、布鲁氏菌病标准阳性血清和标准阴性血清。

【方法步骤】参照GB/T18646—2002。虎红平板凝集试验、全乳环状试验适用于家畜田间筛选试验、乳牛场监测及泌乳母牛的初筛试验。试管凝集试验和补体结合试验适用于诊断羊、牛和猪布鲁氏菌病，试管凝集试验在实践中应用较多。

1. 样品采集

（1）血清。牛、羊在颈静脉采血，猪在耳静脉或断尾，采血7～10mL于灭菌试管内，摆成斜面使之凝固，随后直立试管架上置室温下，经10～12h析出血清，吸入小试管或青霉素瓶内，标明血清号及动物编号后待检。如不能及时检查，按9mL血清加入5%石炭酸液1mL保存，但不可超过15d。

（2）乳样。被检乳样须为新鲜全乳。将乳房用温水洗净、擦干，然后将乳液挤入洁净的器皿中。夏季应于当日检查。保存于2℃下，7d内仍可用。

2. 虎红平板凝集试验

（1）操作方法。取洁净玻璃板或白瓷板，用玻璃铅笔划成4cm²方格，各格标记被检血清号，然后加相应血清 0.03mL。在被检血清旁滴加布鲁氏菌病虎红抗原 0.03mL，用火柴或牙签混合，4min 内判定结果。每次试验应设阴性、阳性血清对照。

(2) 结果判定。在阴性、阳性血清对照成立的条件下，被检血清出现凝集判为阳性，无凝集现象呈均匀粉红色者判为阴性。

3. 全乳环状试验

(1) 操作方法。取被检乳样 1mL 于灭菌小试管内，加布鲁氏菌病全乳环状抗原 1 滴（约 50μL），充分混匀，37~38℃水浴 60min，取出判定结果。

(2) 结果判定。强阳性反应为乳脂层形成明显红色的环带，乳柱白色，临界分明；阳性反应为乳脂层的环带呈红色，但不显著，乳柱略带颜色；弱阳性反应为乳脂层的环带颜色较浅，但比乳柱颜色略深；疑似反应为乳脂层的环带颜色不明显，与乳柱分界不清，乳柱不褪色；阴性反应为乳柱上层无任何变化，乳柱着色，颜色均匀。

4. 试管凝集试验

(1) 操作方法。以检测牛、马、鹿、骆驼血清为例，按表 6-7 操作。

表 6-7 布鲁氏菌病试管凝集反应操作术式

单位：mL

试 管 号	1	2	3	4	5	6	7
0.5%石炭酸生理盐水	1.2	0.5	0.5	0.5	0.5	—	—
被检血清	0.05	0.5	0.5	0.5	0.5（弃去）	0.5	0.5
抗原（1∶20）	0.5	0.5	0.5	0.5	0.5	0.5	0.5
血清稀释度	1∶25	1∶50	1∶100	1∶200	抗原对照	阳性对照	阴性对照

(2) 反应强度。将试管置于 37~40℃温箱 24h，取出检查并记录结果。在抗原对照、阳性血清对照及阴性血清对照出现正确反应的前提下，根据被检血清各管中上层液体的透明度及管底凝集块的形状判定凝集反应的强度。

管底有极显著的伞状凝集物，上层液体完全透明，表示菌体 100% 凝集（＋＋＋＋）；管底凝集物与＋＋＋＋相同，上层液体稍有混浊，表示菌体 75% 凝集（＋＋＋）；管底有明显凝集物，上层液体不甚透明，表示菌体 50% 凝集（＋＋）；管底有少量凝集物，上层液体不透明，表示菌体 25% 凝集（＋）；液体均匀混浊，不透明，管底无凝集，由于菌体自然下沉，管底中央有圆点状沉淀物，振荡时立即散开呈均匀混浊，表示菌完全不凝集（－）。

(3) 结果判定。马、牛、鹿、骆驼在 1∶100 血清稀释度出现＋＋以上反应强度时判为阳性，在 1∶50 稀释度出现＋＋反应强度时判为可疑；猪、绵羊、山羊在 1∶50 血清稀释度出现＋＋以上反应强度时判为阳性，在 1∶25 稀释度出现＋＋反应强度时判为可疑。

可疑反应者 3~4 周后采血重检。来自阳性动物群的被检动物，如重检仍为可疑时判为阳性。如果动物群中没有临床病例及凝集反应阳性者，马和猪重检仍为可疑时判为阴性，牛和羊重检仍为可疑时判为阳性。

【注意事项】采血最好在早晨或停食 6h 后进行，以免血清混浊；采血时用一次性注射器，使血液沿管壁流入，避免产生气泡或污染管外及地面；冬季采血应防止冻结；每采血1份，应立即标记试管号和动物号；抗原使用前需置于20℃左右室温中，用时充分摇匀，如有摇不散的凝块时不得使用。

【实训报告】根据牛布鲁氏菌病初筛及检疫的方法步骤，报告检疫结果。

实训十二 鸡白痢检疫技术

【实训内容】鸡白痢全血平板凝集试验。

【实训目标】掌握鸡白痢全血平板凝集试验检疫技术。

【材料准备】

1. 器材 玻璃板、定量滴管、吸管、金属丝环（内径7.5～8.0mm）、酒精灯、针头、消毒盘、酒精棉等。

2. 生物制品及药品 鸡白痢多价染色平板抗原、鸡白痢强阳性血清（500IU/mL）、鸡白痢弱阳性血清（10IU/mL）、鸡白痢阴性血清、70%酒精、来苏儿等。

【方法步骤】

1. 操作方法 取洁净玻璃板，用玻璃铅笔划成1.5～2cm的方格并编号。在20～25℃环境条件下，用定量滴管或吸管吸取鸡白痢多价染色平板抗原，垂直滴于玻璃板上1滴（约0.05mL）。用针头刺破鸡的翅静脉或冠尖取血0.05mL（相当于内径7.5～8.0mm金属丝环的两满环血液），与抗原充分混合均匀，并使其散开至2cm直径，不断晃动玻璃板，2min内判定结果。每次试验应设强阳性血清、弱阳性血清、阴性血清对照。

2. 反应强度 100%凝集（＋＋＋＋）为紫色凝集块大而明显，混合液稍混浊；75%凝集（＋＋＋）为紫色凝集块较明显，混合液有轻度混浊；50%凝集（＋＋）为出现明显的紫色凝集颗粒，混合液较为混浊；25%凝集（＋）为仅出现少量的细小颗粒，混合液混浊；0%凝集为无凝集颗粒出现，混合液混浊。

3. 结果判定 抗原与强阳性血清应呈100%凝集，与弱阳性血清应呈50%凝集，与阴性血清不凝集，判定试验有效。在2min内，被检全血与抗原出现50%以上凝集者为阳性，不发生凝集则为阴性，介于两者之间为可疑反应。可疑鸡隔离饲养1个月后再做检疫，若仍为可疑反应，按阳性反应判定。

【注意事项】本试验只适用于母鸡和一岁以上公鸡的检疫，对幼龄仔鸡不适用。环境低于20℃时，需将反应板在酒精灯外焰上方微加温，使板均匀受热。

【实训报告】记录鸡白痢的检疫方法及结果。

实训十三 鸡新城疫实验室诊断技术

【实训内容】

（1）微量血凝试验（HA）。

（2）微量血凝抑制试验（HI）。

【实训目标】掌握鸡新城疫实验室诊断和免疫监测技术。

【材料准备】

1. 器材 温箱、照蛋器、蛋架、超净工作台、1mL 注射器、20～27 号针头、镊子、酒精灯、天平、恒温培养箱、微型振荡器、离心机、离心管、微量移液器、96 孔 V 型微量血凝板、注射器、针头、试管、吸管等。

2. 试剂及药品 阿氏液（见实训五）、pH7.0～7.2 的 0.01mol/L 磷酸盐缓冲液（PBS）、灭菌生理盐水、青霉素、链霉素、新城疫病毒抗原、新城疫标准阳性血清等。

3. 可疑病鸡或病料 9～11 日龄 SPF 鸡胚（或种母鸡未经新城疫免疫的鸡胚）。

【方法步骤】

1. 样品采集与处理 死禽采集大脑组织、气管、肺、肝、脾，活禽可用气管和泄殖腔拭子。样品以灭菌生理盐水制成 1∶5 悬液，拭子浸入 2～3mL 含青霉素 2000U/mL、链霉素 2mg/mL 的生理盐水中（粪便样品抗生素浓度提高 5 倍），反复挤压至无水滴弃之。调 pH 至 7.0～7.4，37℃作用 1h，以 1000r/min 离心 10min，取上清液 0.2mL 经尿囊腔接种 9～10 日龄 SPF 鸡胚（或种母鸡未经新城疫免疫的鸡胚），继续按常规孵化 4～5d。

2. 培养物收集与检测 将 24h 以后死亡的和濒死的以及结束孵化时存活的鸡胚取出，置 4℃冰箱 4h 后冷却，收集尿囊液，用血凝和血凝抑制试验鉴定有无新城疫病毒增殖，同时观察鸡胚病变。感染阳性鸡胚出现充血和出血，头、翅和趾出血明显。为提高检出率，对反应阴性者可继续盲传 2～3 代，进一步鉴定。

3. 操作方法 参照 GB/T 16550—2008。

（1）鸡红细胞悬液配制。采集 2～3 只健康公鸡血液与等量阿氏液混合，放入离心管中，用 pH7.0～7.2 的 0.01mol/L 磷酸盐缓冲液洗涤 3 次，每次均以 1000r/min 离心 10min，弃掉血浆和白细胞层，最后吸取压积红细胞用磷酸盐缓冲液配成 1%的红细胞悬液。

（2）微量血凝试验（HA）。取 96 孔 V 形微量反应板，用微量移液器在 1～12 孔各加入 PBS 25μL；吸取 25μL 病毒悬液加入第 1 孔中，吹打 3～5 次充分混匀；从第 1 孔中吸取 25μL 混匀后的病毒液加到第 2 孔，混匀后吸取 25μL 加入到第 3 孔，依次倍比稀释到第 11 孔，第 11 孔弃去 25μL，设第 12 孔为 PBS 对照；每孔再加入 PBS 25μL 后，各加入 25μL 体积分数为 1%的鸡红细胞悬液；震荡混匀反应混合液，室温 20～25℃下静置 40min 后观察结果，若环境温度太高，放 4℃静置 60min，PBS 对照孔的红细胞呈明显的纽扣状，沉到孔底时判定结果（表 6-8）。

表 6-8 鸡新城疫血凝试验操作术式

单位：μL

孔号	1	2	3	4	5	6	7	8	9	10	11	12
抗原稀释倍数	2^1	2^2	2^3	2^4	2^5	2^6	2^7	2^8	2^9	2^{10}	2^{11}	对照
PBS 缓冲液	25	25	25	25	25	25	25	25	25	25	25	25
抗原	25	25	25	25	25	25	25	25	25	25	弃去 25	—
PBS 缓冲液	25	25	25	25	25	25	25	25	25	25	25	25
1%鸡红细胞	25	25	25	25	25	25	25	25	25	25	25	25
振荡 1min 或 20～25℃下作用 40min 判定												
示例	#	#	#	#	#	#	#	#	#	++	—	—

结果判定时，将反应板倾斜，观察红细胞有无泪珠样流淌。完全凝集时不流淌。♯表示红细胞完全凝集，++为不完全凝集，—为不凝集。

新城疫病毒液能凝集鸡的红细胞，但随着病毒液被稀释，其凝集作用逐渐变弱，到一定倍数时则不能完全凝集，从而出现可疑或不凝集结果。能使全部红细胞发生凝集（♯）的反应孔中，病毒液的最大稀释倍数为该病毒的血凝滴度或称血凝价。上表抗原血凝价为1：512。

（3）血凝抑制试验。根据血凝试验结果配制4个血凝单位（4HAU）抗原，以能引起100%血凝的病毒的最高稀释倍数代表1个血凝单位。取96孔V形微量反应板，用微量移液器在1～11孔各加入PBS 25μL，第12孔加入PBS 50μL；在第1孔加入25μL新城疫标准阳性血清，充分混匀后移出25μL至第2孔，依次类推，倍比稀释至第10孔，第10孔弃去25μL，设第11孔为阳性对照，第12孔为PBS对照；在第1～11孔各加入25μL含4HAU抗原，轻叩反应板，使反应物混合均匀，20～25℃室温静置30min以上；1～12孔各加入25μL 1%鸡红细胞悬液，轻晃混匀后，室温静置40min，若环境温度太高，放4℃静置60min，PBS对照孔的红细胞呈明显的纽扣状，沉到孔底时判定结果（表6-9）。

表6-9 鸡新城疫血凝抑制试验操作术式

单位：μL

孔 号	1	2	3	4	5	6	7	8	9	10	11	12
血清稀释倍数	2^1	2^2	2^3	2^4	2^5	2^6	2^7	2^8	2^9	2^{10}	抗原对照	PBS对照
PBS缓冲液	25	25	25	25	25	25	25	25	25	25	25	50
血 清	25	25	25	25	25	25	25	25	25	25 弃去	—	—
4HAU抗原	25	25	25	25	25	25	25	25	25	25	25	—
	20～25℃作用至少30min											
1%鸡红细胞	25	25	25	25	25	25	25	25	25	25	25	25
	轻轻混匀1min，静置40min判定											
示 例	—	—	—	—	—	—	—	++	♯	♯	♯	

【实训报告】报告鸡新城疫的诊断方法及结果。

【参考资料】

1. 磷酸盐缓冲液（PBS）　氯化钠8.0g、无水磷酸氢二钠1.44g、磷酸二氢钠0.24g，溶于800mL蒸馏水中，用HCl调PH至7.0～7.2，加蒸馏水至1000mL，分装，121℃20min高压灭菌，冷却后4℃冰箱保存备用。

2. 4个血凝单位（4HAU）**抗原**　假设抗原的血凝滴度为1：256，则4HAU抗原的稀释倍数为1：64（256除以4），将1mL抗原加入PBS 63mL中即为4HAU抗原。

实训十四　鸡马立克病实验室诊断技术

【实训内容】鸡马立克病琼脂扩散试验。

【实训目标】掌握鸡马立克病琼脂扩散诊断技术。

【材料准备】
1. 器材 外科剪刀、镊子、搪瓷盘、平皿、打孔器、小试管、微量移液器、酒精灯等。
2. 药品 pH7.4 的 0.01mol/L 磷酸盐缓冲液（PBS）、1% 硫柳汞溶液、琼脂糖或优质琼脂粉、马立克病标准琼脂扩散抗原和标准阳性血清等。
3. 动物 可疑病鸡、病料。

【方法步骤】 参照 GB/T 18643—2002。
本试验既可用于检测病毒抗原，也可以用于检测抗体。一般在病毒感染 14～24d 后检出病毒抗原，在感染 3 周后检出抗体。本方法可用于 20 日龄以上鸡羽髓抗原检测和 1 月龄以上鸡的血清抗体检测。

1. 样品采集 自被检鸡的腋下、大腿部拔 1 根新长出的嫩毛或拔下带血的毛根，剪下毛根尖端下段 5～7mm，加 1～2 滴蒸馏水在试管内用玻璃棒挤压，制备待检羽髓浸液。血清采集自被检鸡翅静脉采血，置于小试管或吸入塑料管内，室温下析出血清。

2. 操作方法
（1）1% 琼脂板制备。量取 100mL pH7.4 的 0.01mol/L 磷酸盐缓冲液液，加入 8g 氯化钠，溶解后加入 1g 琼脂糖或优质琼脂粉，水浴加温充分融化后加入 1% 硫柳汞溶液 1mL，冷却至 45～50℃时加入 20mL 至直径 85mm 的平皿中。加盖平置，室温下凝固冷却。

（2）打孔。用直径 4mm 或 3mm 的打孔器按六角形打孔，或用梅花形打孔器，中心孔与外周孔距离为 3mm。用针头挑出孔内琼脂，勿损坏孔缘或使琼脂层脱离皿底。

（3）封底。用酒精灯火焰轻烤平皿底部至琼脂轻微溶化，封闭孔的底部，以防样品溶液侧漏。

（4）加样。检测羽髓中的病毒抗原时，用微量移液器向中央孔加标准阳性血清，外周 1、4 孔加标准琼脂扩散抗原，2、3、5、6 孔加待检羽髓浸液。检测血清抗体时，向中央孔滴加标准琼脂扩散抗原，外周 1、4 孔滴加标准阳性血清，2、3、5、6 孔滴加待检鸡血清。向孔内加样时，以加满不溢出为度，每加一个样品换一个吸头。

（5）反应。加样完毕后静止 5～10min，将平皿轻轻倒置，放入湿盒内，置 37℃温箱中反应 24～48h 后观察结果。

3. 结果判定
（1）阳性。当标准阳性血清与标准抗原孔间有明显沉淀线，待检血清与标准抗原孔间或待检抗原与标准阳性血清孔之间有明显沉淀线，且此沉淀线与标准抗原和标准血清孔间的沉淀线末端相融合，则待检样品为阳性。

（2）弱阳性。当标准阳性血清与标准抗原孔间沉淀线的末端，在毗邻的待检血清孔或待检抗原孔处的末端向中央孔方向弯曲时，待检样品为弱阳性。

（3）阴性。当标准阳性血清与标准抗原孔间有明显沉淀线，而待检血清与标准抗原孔或待检抗原与标准阳性血清孔之间无沉淀线，或标准阳性血清与标准抗原孔间的沉淀线末端向毗邻的待检血清孔或待检抗原孔直伸或向外侧偏弯曲时，待检样品为阴性。

（4）可疑。介于阴性、阳性之间为可疑。可疑应重检，仍为可疑时判为阳性。

【实训报告】 报告鸡马立克病的诊断方法及结果。

【参考资料】 pH7.4 的 0.01mol/L 磷酸盐缓冲液 十二水磷酸氢二钠 2.9g、磷酸二氢钾 0.3g、氯化钠 8.0g，加蒸馏水至 1000mL，充分溶解即可。

下篇　动物寄生虫病

　　动物寄生虫病学包括动物寄生虫学和动物寄生虫病学两部分内容。动物寄生虫学是研究动物寄生虫的种类、形态构造、生理、生活史、地理分布及其在动物分类学中位置的科学；动物寄生虫病学是研究寄生虫的致病作用、流行病学、症状、病理变化、免疫、诊断、治疗和防制措施的科学。二者是两个独立的学科，从动物医学角度来讲，前者为后者的基础，后者为前者的继续。

一、动物寄生虫病学研究的历史和成就

　　1683年，荷兰人雷文虎克（Antony van Leeuwenhoek）发明了显微镜，他发现了兔肝球虫的卵囊、人肠道的兰氏贾第鞭毛虫、蛙肠中的玛瑙虫等。19世纪中叶德国人Liuckart发现了肝片吸虫的生活史，同时代比利时学者Von Beneden揭示了绦虫生活史。以此为引线，危害几亿人的血吸虫病才得以控制。

　　我国对动物寄生虫病的认识历史悠久。《黄帝内经》中对蛔虫病的症状就有记载。公元6世纪，后魏贾思勰所著的《齐民要术》中，曾记载了治疗马、牛、羊疥癣的方法，并已经认识到其相互感染性。唐朝李石著《司牧安骥集》中有医治马混睛虫的歌，并提出手术疗法。

　　新中国成立以来，我国在动物寄生虫病的研究和防治方面成就显著。在动物寄生虫分类区系基本明确的基础上，对许多种危害严重的寄生虫的生活史及其疾病的流行病学进行了研究；阐明了多种寄生虫的生活史、某些寄生虫病的地理分布、季节动态、传播方式、媒介与中间宿主的生物学特征以及感染途径等，为其防治提供了科学依据。对于广泛或严重流行的寄生虫病，如弓形虫病、梨形虫病、伊氏锥虫病、血吸虫病、猪囊尾蚴病和旋毛虫病等，已建立了免疫学诊断方法。研制和生产出许多种新型、低毒、高效的抗原虫药、抗绦虫药、抗线虫药和杀蜱螨药。牛环形泰勒原虫裂殖体胶冻细胞苗已在流行区广泛应用。

　　电子显微镜对寄生虫的形态学和分类学产生了重大影响；生物化学技术广泛应用于寄生虫代谢、免疫和化学治疗等领域，对寄生虫的研究已经由实验寄生虫学阶段，步入免疫寄生虫学与生化及分子寄生虫学时代；核酸探针技术、PCR技术、基因重组技术已被用于锥虫病、利什曼原虫病和旋毛虫病等的病原鉴定、实验研究和疫苗研制。

二、动物寄生虫病的危害

　　1. 引起动物大批死亡　有些动物寄生虫病可以在某些地区广泛流行，引起动物急性发病和死亡，如伊氏锥虫病、梨形虫病、泰勒虫病、球虫病、弓形虫病、住白细胞虫病等。有些寄生虫病虽然呈慢性经过，但在感染强度较大时也可以引起动物大批发病和死亡，如肝片

吸虫病、姜片吸虫病、阔盘吸虫病、东毕吸虫病、棘口吸虫病、绦虫病、蛔虫病、肺线虫病、消化道线虫病等。

2. 降低动物的生产性能 动物寄生虫病虽然多呈慢性经过，甚至不出现症状，但可以明显降低动物的生产性能。如牛肝片吸虫病可使产乳量下降40%，肉牛增重减少12%；羊混合感染多种蠕虫可使产毛量下降40%、增重减少25%；严重的鸡蛔虫病可使产蛋下降20%。

3. 影响动物生长发育和繁殖 幼年动物易受到寄生虫感染，致使生长发育受阻。雌性动物感染后，由于营养不良，导致发情异常，影响配种率和受胎率；妊娠动物易流产和早产，其后代生命力弱或成活率下降；母乳分泌不足。雄性动物配种能力降低。牛胎毛滴虫则直接侵害生殖系统降低繁殖能力。

4. 动物产品的废弃 按照卫生检验检疫法规的规定，有些寄生虫病的肉品及脏器不能利用，甚至完全废弃，除直接经济损失外，还有饲养的间接经济损失，如猪囊尾蚴病、牛囊尾蚴病、猪旋毛虫病、棘球蚴病、细颈囊尾蚴病和住肉孢子虫病等。

第七章 动物寄生虫学及寄生虫病学基础理论

> **学习目标**
> 1. 掌握寄生生活、寄生虫的类型、宿主的类型和寄生虫的生活史。
> 2. 掌握动物寄生虫病流行的基本环节和流行病学的内容。
> 3. 掌握寄生虫病诊断的基本方法。
> 4. 掌握动物寄生虫病的预防和控制的基本内容。
> 5. 了解寄生虫免疫的实际应用。

第一节 动物寄生虫学概述

一、寄生生活

有些生物适应自由生活,而有些生物则需要两种生活在一起,这种现象称为共生生活。根据共生生活双方的利害关系,可将其分为以下类型:

1. 互利共生 双方互相依赖,双方获益而互不损害,这种生活关系称为互利共生。如寄居在反刍动物瘤胃中的纤毛虫,帮助其分解植物纤维,有利于反刍动物的消化;而瘤胃则为其提供了生存、繁殖需要的环境条件以及营养。

2. 偏利共生 一方受益,另一方既不受益也不受害,这种生活关系称为偏利共生,又称共栖。如鲫鱼吸附在大鱼的体表被带到各处觅食,对大鱼亦没有任何损害,而大鱼对鲫鱼却不存在任何依赖。

3. 寄生 一方受益,而另一方受害,这种生活关系称为寄生生活。营寄生生活的动物称为寄生虫,被寄生的动物称为宿主。

二、寄生虫的类型

1. 内寄生虫与外寄生虫 这是从寄生虫所寄生的部位来分。寄生在宿主体内的寄生虫称为内寄生虫,如吸虫、绦虫、线虫等;寄生在宿主体表的寄生虫称为外寄生虫,如蜱、螨、虱等。

2. 单宿主寄生虫与多宿主寄生虫 这是从寄生虫的发育过程来分。发育过程中仅需要一个宿主的寄生虫称为单宿主寄生虫(土源性寄生虫),如蛔虫、球虫等,这类寄生虫分布较为广泛;发育过程中需要多个宿主的寄生虫称为多宿主寄生虫(生物源性寄生虫),如吸虫、绦虫等。

3. 长久性寄生虫与暂时性寄生虫 这是从寄生虫所寄生的时间来分。一生不能离开宿主,否则难以存活的寄生虫称为长久性寄生虫,如旋毛虫等;只是在采食时才与宿主接触的寄生虫称为暂时性寄生虫，如蚊等。

4. 专一宿主寄生虫与非专一宿主寄生虫 这是从寄生虫所寄生的宿主范围来分。只寄生于一种特定宿主的寄生虫称为专一宿主寄生虫，如鸡球虫只感染鸡等；有些寄生虫能寄生于多种宿主称为非专一宿主寄生虫，如旋毛虫可寄生猪、犬、猫等多种动物和人，此类寄生虫可通过生物媒介传播，因此，分布广泛且难以防制。

5. 专性寄生虫与兼性寄生虫 这是从寄生虫对宿主的依赖性来分。寄生虫在生活史中必须有寄生生活阶段，否则，生活史就不能完成，这类寄生虫称为专性寄生虫，如吸虫、绦虫等；既可营自由生活，又能营寄生生活的寄生虫称为兼性寄生虫，如类圆线虫等。

三、宿主的类型

1. 终末宿主 寄生虫成虫（性成熟阶段）或有性生殖阶段寄生的宿主称为终末宿主，如人是猪带绦虫的终末宿主。某些寄生虫的有性生殖阶段不明显，这时可将对人最重要的宿主认为是终末宿主，如锥虫。

2. 中间宿主 寄生虫幼虫期或无性生殖阶段寄生的宿主称为中间宿主，如猪是猪带绦虫的中间宿主。

3. 补充宿主 某些寄生虫在发育过程中需要两个中间宿主，第二个中间宿主为补充宿主，如支睾吸虫的补充宿主是淡水鱼或虾。

4. 贮藏宿主 寄生虫的虫卵或幼虫在宿主体内虽不发育，但保持对易感动物的感染力，这种宿主称为贮藏宿主，又称转续宿主或转运宿主，如蚯蚓是鸡蛔虫的贮藏宿主。贮藏宿主在流行病学上具有重要意义。

5. 保虫宿主 某些寄生虫有特定寄生的宿主，但有时也可寄生于其他宿主称为保虫宿主，如耕牛是日本分体吸虫的保虫宿主。该宿主在流行病学上有一定作用。

6. 带虫宿主 宿主由于机体抵抗力增强或经药物治疗，虽然体内仍有虫体，但不表现症状而处于隐性感染状态，这种宿主称为带虫宿主，又称带虫者。

7. 超寄生宿主 一些寄生虫可作为另外的寄生虫的宿主称为超寄生宿主，如蚊子是疟原虫的超寄生宿主。

8. 传播媒介 主要是指在脊椎动物宿主之间传播寄生虫病的节肢动物，如蜱在牛之间传播梨形虫等。

寄生虫与宿主的类型是人为划分，之间有交叉或重叠，有时并无严格的界限。

四、寄生虫与宿主的相互作用

（一）寄生虫对宿主的作用

1. 夺取营养 寄生虫夺取的营养物质有蛋白质、糖、脂肪、维生素、矿物质和微量元素。如100条羊仰口线虫1d所吸宿主的血液达8mL；某些原虫可大量破坏宿主红细胞，夺取血红蛋白等。具有消化器官的寄生虫，用口摄取宿主的血液、体液、组织以及食糜，如吸虫、线虫和昆虫等；无消化器官的寄生虫，通过体表摄取营养物质，如绦虫依靠体表突出的绒毛吸取营养等。

2. 机械性损伤
（1）固着。寄生虫利用吸盘、小钩、小棘、口囊、吻突等器官，固着于寄生部位，对宿主造成损伤，甚至引起出血和炎症。

（2）移行。寄生虫从进入宿主至寄生部位的过程称为移行。寄生虫在移行中形成虫道，破坏所经过器官或组织的完整性，如肝片吸虫囊蚴侵入牛羊消化道后，幼虫经门静脉或穿过肠壁从肝表面进入，再穿过肝实质到达胆管，引起严重损伤和出血。

（3）压迫。某些寄生虫体积较大，压迫宿主的器官，造成组织萎缩和功能障碍，如棘球蚴可达5～10cm，压迫肝和肺。有些寄生虫虽然体积不大，但由于寄生在重要的器官而产生严重危害，如猪囊尾蚴寄生于人或猪的脑和眼部等。

（4）阻塞。寄生虫寄生于消化道、呼吸道、实质器官和腺体而引起阻塞，如猪蛔虫引起的肠阻塞和胆道阻塞等。

（5）破坏。原虫在繁殖过程中可大量破坏宿主细胞，如梨形虫破坏红细胞等。

3. 继发感染

（1）接种病原。某些昆虫在叮咬动物时，将病原微生物注入其体内，如某些蚊虫传播日本乙型脑炎，某些蜱传播脑炎、布鲁氏菌病和炭疽等。

（2）携带病原。某些蠕虫可将病原微生物或其他寄生虫携带到宿主体内，如猪毛尾线虫携带副伤寒杆菌、鸡异刺线虫携带火鸡组织滴虫等。

（3）协同作用。某些寄生虫可以激活宿主体内处于潜伏状态的病原微生物和条件性致病菌，如仔猪感染食道口线虫后可激活副伤寒杆菌；还可降低宿主的抵抗力，促进传染病的发生，如犬感染各种蠕虫时易发犬瘟热、鸡球虫病时易发鸡马立克病等。

（4）毒性作用。寄生虫的分泌物、排泄物和死亡虫体的分解产物，不但对宿主有毒性作用，而且还具有抗原性，如吸血的寄生虫分泌溶血物质和乙酰胆碱类物质，使宿主血凝缓慢、血液流出量增多。

（二）宿主对寄生虫的作用

寄生虫可激发宿主对其产生免疫应答反应。宿主在营养全面和良好的饲养条件下，具有较强的抵抗力，或抑制虫体的生长发育，或降低其繁殖力，或缩短其生活期限，或以炎症反应包围虫体，或能阻止其附着并排出体外等。如试验用40万个肥胖带绦虫的六钩蚴感染牛，在肌肉中只得到1.1万～3万个牛囊尾蚴。

（三）寄生虫与宿主相互作用的结果

寄生虫与宿主之间的相互作用，贯穿于寄生虫侵入宿主、移行、寄生到排出的全部过程中，其结果一般可归纳为3类：

1. 完全清除 宿主清除了寄生虫，症状消失，而且对再感染保持一定时间的抵抗力。

2. 带虫免疫 宿主的自身作用或经过治疗，清除了大部分寄生虫，使感染处于低水平状态，宿主不表现症状，寄生关系可维持较长时间，这种现象极为普遍。

3. 机体发病 宿主不能阻止寄生虫的生长、繁殖，当其数量或致病性达到一定程度时，宿主即可表现症状和病理变化而发病。

总之，寄生虫与宿主的关系异常复杂，不宜过分强调其中任何一个因素，其关系的维持是综合因素促成的结果。

五、寄生虫的生活史

寄生虫完成一代生长、发育和繁殖的全过程称为生活史，又称发育史。寄生虫种类繁多，生活史形式多样、简繁不一，一般分为直接发育型和间接发育型。直接发育型是寄生虫完成生活史不需要中间宿主，虫卵或幼虫在外界发育到感染期后直接感染动物或人，此类寄生虫称为土源性寄生虫，如蛔虫等；间接发育型是寄生虫完成生活史需要中间宿主，幼虫在中间宿主体内发育到感染期后再感染动物或人，此类寄生虫称为生物源性寄生虫，如猪带绦虫等。

（一）寄生虫完成生活史的条件

寄生虫完成生活史必须具备以下条件：

1. 适宜的宿主 适宜的甚至是特异性的宿主是寄生虫建立生活史的前提。

2. 具有感染性的阶段 寄生虫并不是所有的阶段都对宿主具有感染能力，必须发育到具有感染性的阶段，并且获得与宿主接触的机会。

3. 适宜的感染途径 寄生虫感染宿主均有特定的感染途径，进入宿主体内后要经过一定的移行路径到达其寄生部位，在此过程中，寄生虫必须克服宿主的抵抗力。

（二）寄生虫对寄生生活的适应性

1. 形态构造的适应 寄生虫在形态构造上的改变可概括为：附着器官和生殖器官发达，运动器官退化，消化器官简化或消失。线虫的生殖器官几乎占原体腔的全部，雌性蛔虫卵巢和子宫的长度为体长的15～20倍，以增强产卵能力。寄生虫直接从宿主吸取丰富的营养物质，不再需要复杂的消化过程，其消化器官变得简单，甚至完全退化。

2. 生理功能的适应 寄生于宿主胃肠道的寄生虫，其体壁和原体腔液内有对胰蛋白酶和糜蛋白酶有抑制作用的物质，能保护虫体免受宿主小肠内蛋白酶的作用。许多消化道内的寄生虫能在低氧环境中以酵解的方式获取能量。寄生虫的生殖能力远远超过自由生活的虫体，如日本分体吸虫1个毛蚴进入螺体，经无性繁殖可产生数万条尾蚴。

（三）宿主对寄生生活产生影响的因素

宿主对寄生虫所产生的抵抗力会影响寄生虫的生活史，其影响力主要取决于以下因素：

1. 遗传因素 遗传因素决定了某些动物对某些寄生虫具有先天不感受性，如马不感染多头蚴。

2. 年龄因素 不同年龄对寄生虫的易感性有差异，幼年动物由于抵抗力较低，所以对寄生虫更易感。

3. 机体屏障 宿主的皮肤黏膜、血脑屏障以及胎盘等，可阻止一些寄生虫的侵入，即机体的屏障作用。

4. 宿主体质 宿主的优良体质可有效地抵抗寄生虫的感染，主要取决于营养状态、饲养管理条件等因素。

5. 宿主免疫 宿主机体发生局部组织的抗损伤作用，还可刺激网状内皮系统发生全身性免疫反应，抑制虫体的生长、发育和繁殖。

六、寄生虫的分类与命名

（一）寄生虫的分类

寄生虫分类的最基本单位是种，是指具有一定形态学特征和遗传学特性的生物类群。近缘的种集合成属，近缘的属集合成科，以此类推为目、纲、门、界。为了更加准确地表达动物的相近程度，在上述分类之间还有一些"中间"阶元，如亚门、亚纲、亚目与超科、亚科、亚属、亚种或变种等。

与动物医学有关的寄生虫主要隶属于扁形动物门吸虫纲、绦虫纲，线形动物门线虫纲，棘头动物门棘头虫纲，节肢动物门昆虫纲、蛛形纲，环节动物门蛭纲，以及原生动物亚界原生动物门等。

（二）寄生虫与寄生虫病的命名

以国际公认的双名制法为寄生虫规定的名称称为学名，即科学名，由两个不同的拉丁文或拉丁化文字单词组成，属名在前，种名在后。例如，*Schistosoma japonicum*，学名为日本分体吸虫，其中 *Schistosoma* 意为分体属，*japonicum* 意为日本种。

寄生虫病的命名原则上以寄生虫的属名定为病名，如阔盘属的吸虫所引起的病称为阔盘吸虫病。在寄生虫只引起一种动物发病时，通常在病名前冠以动物种名，如鸭鸟蛇线虫病。但也有例外，如牛、羊消化道线虫病就是若干个属的线虫所引起的寄生虫病的统称。

为了表述方便，习惯上将吸虫纲、绦虫纲、线虫纲的寄生虫统称为蠕虫，昆虫纲的寄生虫称为昆虫，原生动物门的寄生虫称为原虫，由其所引起的疾病则分别称为动物吸虫病、动物绦虫病、动物线虫病，将这3类寄生虫病统称为动物蠕虫病，还有动物昆虫病、动物原虫病。蛛形纲的寄生虫主要为蜱、螨。

第二节 免疫寄生虫学概述

一、免疫的类型及特点

机体排出病原体和非病原体异体物质，或已改变了性质的自身组织，以维持机体的正常生理平衡的过程，称为免疫反应，或称免疫应答。

（一）免疫的类型

1. 先天性免疫 先天性免疫是动物先天所建立的天然防御能力，它受遗传因素控制，具有相对稳定性，对寄生虫感染均具有一定程度的抵抗作用，但没有特异性，也不强烈，故又称非特异性免疫。

2. 获得性免疫 由于寄生虫的抗原物质刺激宿主免疫系统而出现的免疫称为获得性免疫。这种免疫往往只对激发宿主产生免疫的同种寄生虫起作用，因此又称特异性免疫。寄生虫可诱导宿主对再感染产生一定的抵抗力，但对原有的虫体不能完全清除，处于较低的感染状态，免疫力维持在一定水平，如果寄生虫全被清除，免疫力也随之消失，这种免疫状态为带虫免疫，如患双芽巴贝斯虫病的牛痊愈后，就会出现带虫免疫现象。

（二）寄生虫免疫的特点

寄生虫免疫具有与微生物免疫所不同的特点，主要体现在免疫复杂性和带虫免疫两个方面。由于绝大多数寄生虫组织结构复杂、且在不同的发育阶段有很大变化，有些为适应环境变化而产生变异等，因此决定了寄生虫抗原的复杂性。带虫免疫虽然在一定程度上可以抵抗再感染，但并不强大和持久。

二、免疫的实际应用

由于寄生虫组织结构和生活史复杂等因素，致使不易获得足够量的特异性抗原，因此，寄生虫免疫预防和诊断等实际应用受到限制。

（一）免疫预防

1. 人工感染　对宿主人工感染少量寄生虫，在感染的危险期给予亚治疗量的抗寄生虫药，使其不足以引起发病，但能刺激机体产生对再感染的抵抗力。其缺点是宿主处于带虫免疫状态，仍可作为感染源。

2. 提取物免疫　从寄生虫的分泌物和排泄物以及宿主体液或寄生虫培养液中提存抗原，给予宿主后产生保护力，如从感染巴贝斯虫的动物血浆中分离可溶性抗原等，但其抗原不易批量生产和标准化。分子生物学技术和基因工程技术为功能抗原的鉴定和生产提供了前景。

3. 虫苗免疫

（1）基因工程虫苗免疫。基因工程疫苗是利用DNA重组技术，将编码虫体的保护性抗原的基因导入受体菌（如大肠杆菌）或细胞，使其高度表达，其产物经纯化复性后，加入或不加入免疫佐剂而制成的疫苗，如鸡球虫疫苗。

（2）DNA虫苗免疫。DNA疫苗又称核酸疫苗或基因疫苗，是利用DNA技术，将编码虫体的保护性抗原的基因插入到真核表达载体中，通过注射接种到宿主体内，表达后诱导产生特异性免疫，如羊绦虫的DNA虫苗免疫。

（3）致弱虫苗免疫。通过人工致弱或筛选，使寄生虫自然株变为无致病力或弱毒且保留免疫源性，免疫宿主使其产生免疫，如鸡球虫弱毒苗、弓形虫致弱虫苗等。

（4）异源性虫苗免疫。用与强致病力有共同保护性抗原且致病力弱的异源虫株免疫宿主，使其对强致病力的寄生虫产生免疫保护力，如用日本分体吸虫动物株免疫猴，能产生对日本分体吸虫人类株的保护力。

4. 非特异性免疫　是对宿主接种非寄生虫抗原物质，以增强其非特异性免疫力。如给啮齿动物接种BCG免疫增强剂，可不同程度地保护其对巴贝斯虫、疟原虫、利什曼原虫、分体吸虫和棘球蚴的再感染。

（二）免疫学诊断

免疫学诊断是利用寄生虫所产生的抗原与宿主产生的抗体之间的特异性反应，或其他免疫反应而进行的诊断，如变态反应、沉淀反应、凝集反应、补体结合试验、免疫荧光抗体技术、免疫酶技术、放射免疫分析技术、免疫印渍技术等，其中，间接血凝试验在寄生虫病诊断和流行病学调查中得到应用，如肝片吸虫病、日本分体吸虫病、猪囊尾蚴病、棘球蚴病、旋毛虫病、弓形虫病、伊氏锥虫病等；免疫荧光技术已在一些寄生虫的诊断中应用，如吸虫病、锥虫病、旋毛虫病、弓形虫病、利什曼原虫病等。

第三节　动物寄生虫病的流行病学

动物寄生虫病流行学是研究动物群体的某种寄生虫病的发生原因和条件、传播途径、流行过程及其发展与终止的规律，以及据此采取预防、控制和扑灭措施的科学。流行病学的内容涉及面极广，概括地说，它包括了寄生虫与宿主和足以影响其相互关系的外界环境因素的总和。

一、动物寄生虫病流行的基本环节

（一）感染来源

感染来源一般是指有寄生虫寄生的终末宿主、中间宿主、补充宿主、贮藏宿主、保虫宿主、带虫宿主及生物传播媒介等。虫卵和虫体等通过宿主的粪便、尿、痰、血液以及其他分泌物、排泄物排出体外，污染外界环境并发育到感染性阶段，经一定的途径感染易感宿主。有些病原体不排出宿主体外也会作为感染源，如旋毛虫以包囊的形式存在于宿主肌肉中。

（二）感染途径

1. 经口感染　寄生虫随着动物的采食、饮水，经口腔进入宿主体内。

2. 经皮肤感染　寄生虫从宿主皮肤钻入，如分体吸虫、仰口线虫、牛皮蝇幼虫等。

3. 经生物媒介感染　寄生虫通过节肢动物的叮咬、吸血而传播给易感动物。

4. 接触感染　寄生虫通过宿主之间直接接触而感染，或通过器械、用具、人员和其他动物等传递而间接接触感染。如蜱、螨和虱，交配感染的牛胎毛滴虫等。

5. 经胎盘感染　寄生虫从母体通过胎盘进入胎儿体内使其感染，如弓形虫等。

6. 自身感染　某些寄生虫产生的虫卵或幼虫，在原宿主体内使其再次遭受感染，如猪带绦虫患者可感染猪囊尾蚴病。

（三）易感宿主

易感宿主是指对某种寄生虫具有易感性的动物。寄生虫只有感染属于其宿主专一性范围内的动物，才有可能引起疾病。易感动物的种类、品种、年龄、性别、饲养方式、营养状况等对其是否发病均会产生影响，其中最重要的是营养状况。

二、动物寄生虫病流行病学的基本内容

（一）寄生虫的生物学特性

寄生虫的生物学特性所包括的内容十分广泛，在此只是对影响寄生虫病的流行，以及与防制关系密切的问题进行阐述。

1. 寄生虫成熟的时间　是指寄生虫的虫卵或幼虫感染宿主至其成熟排卵所需要的时间，据此可以推断最初感染及其移行过程的时间，这对于防制有季节性的蠕虫病尤为重要。

2. 寄生虫成虫的寿命　寄生虫在宿主体内的寿命决定散布病原体的时间，如猪带绦虫在人体内的寿命可达25年以上；绵羊莫尼茨绦虫的寿命一般为3个月，而绵羊感染多在夏季，因此，绵羊患病就可能出现间断期。这些生物学特性常常构成该种寄生虫病流行的主要特征。

3. 寄生虫在外界的生存　主要包括寄生虫以哪个发育阶段及何种形式排出宿主体外；寄生虫在外界生存所需条件及耐受性；一般或特殊条件下发育到感染阶段所需的时间；在自然界存活、发育和保持感染力的时间等，对防制寄生虫病极具参考价值。

4. 中间宿主与传播媒介　许多寄生虫在发育过程中需要中间宿主和生物传播媒介，因此要了解其分布、密度、习性、栖息地、每年出没时间和越冬地点以及有无天敌等；还要了解寄生虫幼虫进入中间宿主体内的可能性，以及进入补充宿主或终末宿主的时间和机遇等。

（二）寄生虫病的流行特点及其影响因素

寄生虫病的流行过程及其影响因素十分复杂，在数量上可表现为散发、暴发、流行或大流行，在地域上表现为地方性，在时间上表现为季节性，在症状上表现为慢性和隐性，在寄生强度上表现为多寄生性，在传播上表现为自然疫源性等。

1. 地方性　寄生虫病的流行与分布有明显的地方性，寄生虫的地理分布称为寄生虫区

系。寄生虫区系的差异与寄生虫的发育类型、各类型宿主和生物媒介的分布、自然环境条件以及社会因素等关系密切。

2. 季节性 多数寄生虫在外界环境中发育需要一定的温度、湿度、光照等条件，因而使寄生虫的发育具有季节性，动物感染和发病的时间也会出现季节性，这种现象称为季节动态。由生物源性寄生虫引起的寄生虫病更具明显的季节性。

3. 慢性和隐性 动物寄生虫病多呈慢性和隐性经过，最主要的决定因素是感染强度，即整个宿主种群感染寄生虫的平均数量。只有原虫和螨等可通过繁殖增加数量，多数寄生虫不再增加数量。

4. 多寄生性 动物体内同时寄生两种以上寄生虫，他们之间会出现制约或促进、增强或减轻其致病性的作用，从而影响临诊表现。

5. 自然疫源性 有些寄生虫病即使没有人类或易感动物的参与，也可以通过传播媒介感染动物造成流行且长期存在，称为疫源性寄生虫病，存在自然疫源性疾病的地区称为自然疫源地。在自然疫源地中，保虫宿主在流行病学上起着重要作用，尤其是往往被忽视而又难以施治的野生动物种群。

第四节 动物寄生虫病的诊断

动物寄生虫病的诊断遵循在流行病学诊断及临诊诊断的基础上，检查出病原体的基本原则进行。

一、流行病学诊断

流行病学诊断可为寄生虫病的诊断提供重要依据，现场流行病学调查主要侧重以下方面：

1. 基本概况 当地耕地数量及性质、草原数量、土壤和植物特性、地形地势、河流与水源、降水及季节分布、野生动物的种类与分布等。

2. 被检动物群概况 动物的数量、品种、性别、年龄组成、补充来源等，生产性能包括产奶量、产肉量、产蛋率、繁殖率、剪毛量等；饲养管理包括饲养方式、饲料来源及质量、水源及卫生状况、其他环境卫生状况等。

3. 动物发病背景资料 近2~3年动物发病情况，包括发病率、死亡率、发病与死亡原因、采取的措施及效果、平时防制措施等。

4. 动物发病现状资料 动物的营养状况、发病率、死亡率、症状、剖检结果、发病时间、死亡时间、转归、是否诊断及结论，已采取的措施及效果，平时的卫生防疫措施等。

5. 中间宿主和传播媒介 中间宿主和传播媒介及其他各类型宿主的存在和分布情况。与犬、猫有关的疾病，应调查其饲养数量和发病情况等。

6. 居民情况 怀疑为人兽共患病时，应了解当地居民饮食及卫生习惯、人的发病数量及诊断结果等。

二、临诊诊断

1. 检查内容 主要检查动物的营养状况、临诊表现和疾病的危害程度。对于具有典型症状的寄生虫病基本可以确诊，如球虫病、某些梨形虫病、螨病、多头蚴病和蠕疫等；对于某些外寄生虫病可发现病原体而建立诊断，如皮蝇蛆病、各类虱病等；对于非典型疾病，可获得有关临诊资料，为下一步采取其他诊断方法提供依据。

2. 检查方法 应以群体为单位进行大批动物逐头检查，可抽查部分动物。一般检查要注意营养状况，体表有无肿瘤、脱毛、出血、皮肤异常变化和淋巴结肿胀，有无体表寄生虫；系统检查时可按照临诊诊断的方法进行。将搜集到的症状分类，统计各种症状的比例，提出可疑寄生虫病的范围。检查中发现可疑症状或怀疑为某种寄生虫病时，应随时采取相关病料进行实验室检查。

三、实验室诊断

实验室检查可为确诊提供重要依据，一般在流行病学调查和临诊检查的基础上进行。包括病原学诊断、免疫学诊断、分子生物学诊断以及其他常规检查。

1. 病原学诊断 根据寄生虫生活史的特点，从动物的血液、组织液、排泄物、分泌物或活体组织中检查寄生虫的某一发育虫期，如虫体、虫卵、幼虫、卵囊、包囊等，其主要方法有粪便检查、皮肤及其刮下物检查、血液检查、尿液检查、生殖器官分泌物检查、肛门周围刮取物检查、痰及鼻液检查和淋巴穿刺物检查等，必要时可进行实验动物接种。

2. 免疫学诊断 方法与诊断动物传染病的免疫学方法相似，还有诊断分体吸虫病的环卵沉淀反应、尾蚴膜反应和放射免疫酶测定，用于锥虫病和弓形虫病的团集反应，用于弓形虫病的染料试验等，但免疫学诊断尚不能与证实病原体存在的病原学诊断和寄生虫学剖检的价值同等对待。

3. 分子生物学诊断 主要有核型分析、DNA 限制性内切酶酶切图谱分析、限制性 DNA 片断长度多态性分析、DNA 探针技术、DNA 聚合酶链反应（PCR）、核酸序列分析等。

四、寄生虫学剖检诊断

寄生虫学剖检是诊断寄生虫病可靠而常用的方法，尤其适合对群体动物的诊断。剖检可用自然死亡的动物、急宰的患病动物或屠宰的动物，在病理解剖的基础上进行，既要检查各器官的病理变化，又要检查各器官的寄生虫并分别采集，确定寄生虫的种类和感染强度。寄生虫学剖检还用于寄生虫的区系调查和动物驱虫效果评定，多采用全身全面系统检查，有时也根据需要检查一个或若干个器官。

五、药物诊断

药物诊断是对可疑为某种寄生虫病的患病动物，采用特效药物进行驱虫或治疗的诊断方法，适用于生前不能用实验室检查诊断的寄生虫病。

1. 驱虫诊断 用特效驱虫药对疑似动物驱虫，收集驱虫后 3d 以内排出的粪便，肉眼检查虫体的种类及数量。适用于绦虫病、线虫病、胃蝇蛆病等胃肠道寄生虫病。

2. 治疗诊断 用特效抗寄生虫药对疑似动物治疗，根据死亡停止、症状缓解、全身状态好转以至痊愈等治疗效果进行评定，用于原虫病、螨病以及组织器官内蠕虫病。

第五节 动物寄生虫病的预防和控制

一、控制和消除感染源

1. 动物驱虫 驱虫是综合性防制措施的重要环节,不但治疗患病动物,同时减少患病和带虫动物向外界散播病原体,对健康动物产生预防作用。通常实施预防性驱虫,即不论动物发病与否,均按照寄生虫病的流行规律定时投药,如北方地区防治绵羊蠕虫病,多采取每年两次驱虫的措施,春季在放牧前进行以防止污染牧场,秋季在转入舍饲后进行,目的是将动物感染的寄生虫驱除,防止发生寄生虫病及散播病原体。预防性驱虫尽可能实施尚未产生虫卵或幼虫的成虫期前驱虫,可以防止散播病原体。驱虫要有计划地更换驱虫药物,以免产生抗药性。驱虫后 3d 内的动物粪便进行无害化处理。

2. 控制保虫宿主 某些动物寄生虫病的流行,与犬、猫、野生动物和鼠类等保虫宿主关系密切,其中许多还是重要的人畜共患病,因此,对犬和猫要严加管理和控制饲养,搞好灭鼠工作。

3. 加强卫生检验 某些寄生虫病可以通过肉、鱼、淡水虾和蟹等动物性食品传播给人类和动物,如猪带绦虫病等;有些可通过吃入患病动物的肉或脏器在动物之间循环,如旋毛虫病等。因此,要加强卫生检疫工作,对患病胴体和脏器以及含有寄生虫的动物性食品,严格按有关规定处理。

4. 外界环境除虫 寄生在消化道、呼吸道、肝、胰腺及肠系膜血管中的寄生虫,在繁殖过程中随着动物的粪便把大量的虫卵、幼虫或卵囊排到外界环境中,并发育到感染期,因此,外界环境除虫对预防和控制寄生虫病具有重要意义。有效的办法是粪便生物热发酵,随时把粪便集中在固定场所,经 10~20d 发酵后,粪便堆内温度可达到 60~70℃,几乎完全可以杀死其中的虫卵、幼虫或卵囊。另外,尽可能减少宿主与感染源接触的机会,如及时清除粪便、打扫圈舍和定期消毒等,避免粪便对饲料和饮水的污染。

二、阻断传播途径

任何消除感染源的措施均含有阻断传播途径的意义,另外还有以下两个方面:

1. 轮牧 利用寄生虫的某些生物学特性可以设计轮牧方案。放牧时动物粪便污染草地,在寄生虫还未发育到感染期时,即把动物转移到新的草地,可有效地避免动物感染。应注意不同地区或季节对寄生虫发育到感染期的时间影响很大,如当地气温达到 18~20℃时,最迟也必须在 10d 内转换草地。

2. 消灭中间宿主和传播媒介 对生物源性寄生虫病,消灭中间宿主和传播媒介可以阻止寄生虫的发育,起到消灭感染源和阻断传播途径的双重作用。应消灭的中间宿主和传播媒介,是指无经济意义的螺、蜥蚧、剑水蚤、蚂蚁、甲虫、蚯蚓、蝇、蜱及吸血昆虫等无脊椎动物。

三、增强动物抗病力

1. 全价饲养 在全价饲养的条件下,能保证动物机体营养状态良好,以获得较强的抵抗力,防止寄生虫的侵入或继续发育,预防寄生虫病的发生。

2. 饲养卫生 被寄生虫病原体污染的饲料、饮水和圈舍，常常是动物感染的重要原因。禁止从低洼地、潮湿地带刈割饲草；禁止饮用不流动的浅水；保持圈舍干燥、光线充足和通风良好，及时清除粪便和垃圾；动物密度适宜等。

3. 保护幼年动物 动物断奶后应立即分群，安置在经过除虫处理的圈舍。放牧时先放幼年动物，转移后再放成年动物。

4. 免疫预防 国内外比较成功地研制了牛、羊肺线虫，血矛线虫，毛圆线虫，泰勒虫，旋毛虫，犬钩虫，禽气管比翼线虫，弓形虫和鸡球虫的虫苗，正在研究猪蛔虫、牛巴贝斯虫、牛囊尾蚴、猪囊尾蚴、牛皮蝇蛆、伊氏锥虫和分体吸虫的虫苗。

复习思考题

1. 简述寄生虫和宿主的类型。
2. 简述寄生虫对宿主的作用。
3. 简述寄生虫完成生活史的条件。
4. 简述动物寄生虫病流行的基本环节。
5. 简述动物寄生虫的感染途径。
6. 简述动物寄生虫病流行病学的内容。
7. 简述动物寄生虫病的流行特点。
8. 简述动物寄生虫病流行病学调查的内容，据此设计流行病学调查表。
9. 简述动物寄生虫病诊断的方法，采取综合性诊断的意义。
10. 简述动物寄生虫病综合性防制措施的内容。

第八章 寄生虫形态构造及生活史概述

> **学习目标**
> 1. 掌握吸虫、绦虫、线虫、昆虫、原虫的形态构造特点。
> 2. 掌握吸虫、绦虫、线虫、昆虫、原虫的生活史。
> 3. 了解吸虫、绦虫、线虫、昆虫、原虫的分类。

第一节 吸虫概述

一、吸虫形态构造

1. 外部形态 虫体多呈背腹扁平的叶状、舌状,有的似圆形或圆柱状。一般为乳白色、淡红色或棕色。长度为 0.3~75mm。前面有口吸盘,腹面有腹吸盘。体壁由皮层和肌层构成皮肌囊。无体腔,囊内由网状组织包裹着各器官。

2. 消化系统 口由口吸盘围绕,其下为咽,后接食道,下分两条位于两侧的肠管延伸至后部,其末端为盲管,肠内废物经口排出体外。

3. 生殖系统 除分体吸虫外,吸虫均为雌雄同体。生殖系统发达。

雄性生殖系统包括睾丸、输出管、输精管、贮精囊、射精管、雄茎、雄茎囊和生殖孔等。一般有2个睾丸,左右或前后排列在腹吸盘后或虫体后半部,各有1条输出管,汇合为输精管,远端膨大为贮精囊,通入射精管,其末端为雄茎。贮精囊、射精管和雄茎被包围在雄茎囊内。雄茎可伸出生殖孔外,与雌性生殖器官交配。

雌性生殖系统包括卵巢、输卵管、卵模、受精囊、梅氏腺、卵黄腺、子宫及生殖孔等。卵巢1个。卵黄腺多在虫体两侧,两条卵黄管汇合为卵黄总管。卵黄总管与输卵管汇合处的囊腔为卵模,其周围为梅氏腺。卵由卵巢排出后,与受精囊中的精子受精后进入卵模,卵黄腺与梅氏腺分泌物共同形成卵壳,然后进入子宫发育,成熟后经生殖孔排出。阴道与雄茎多开口于1个共同的生殖腔,再经生殖孔通向体外(图8-1)。

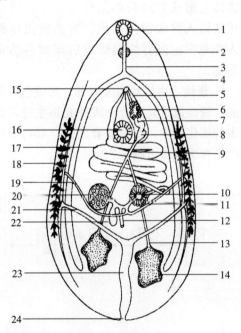

图 8-1 吸虫构造模式

1. 口吸盘 2. 咽 3. 食道 4. 肠 5. 雄茎囊 6. 前列腺 7. 雄茎 8. 贮精囊 9. 输精管 10. 卵模 11. 梅氏腺 12. 劳氏管 13. 输出管 14. 睾丸 15. 生殖孔 16. 腹吸盘 17. 子宫 18. 卵黄腺 19. 卵黄管 20. 卵巢 21. 排泄管 22. 受精囊 23. 排泄囊 24. 排泄孔

另外，还有排泄系统、神经系统。有的吸虫还有淋巴系统。

二、吸虫生活史

吸虫在发育过程中均需要中间宿主，有的还需要补充宿主。中间宿主为淡水螺或陆地螺；补充宿主多为鱼、蛙、螺或昆虫等。发育过程有卵、毛蚴、胞蚴、雷蚴、尾蚴和囊蚴各期。

1. 虫卵 多呈椭圆形或卵圆形，灰白、淡黄至棕色，具有卵盖（分体吸虫除外）。有的在排出时只含有胚细胞和卵黄细胞，有的已发育有毛蚴。

2. 毛蚴 外形似三角形，外被纤毛，运动活泼。在水中从卵盖破壳而出，遇到适宜的中间宿主即钻入，脱去纤毛，发育为胞蚴。

3. 胞蚴 包囊状，内含胚细胞。营无性繁殖，在体内生成雷蚴。

4. 雷蚴 包囊状。营无性繁殖。有的吸虫只有1代雷蚴，有的则有母雷蚴和子雷蚴两期。雷蚴发育为尾蚴，成熟后逸出螺体，游于水中。

5. 尾蚴 分体部和尾部。尾蚴黏附在某些物体上形成囊蚴后感染终末宿主，或直接经皮肤钻入终末宿主体内。有些吸虫尾蚴需进入补充宿主发育为囊蚴或后尾蚴再感染终末宿主。

6. 囊蚴 由尾蚴脱去尾部，形成包囊发育而成。囊蚴通过其附着物或补充宿主进入终末宿主的消化道内，幼虫破囊而出，移行至寄生部位发育为成虫（图8-2、图8-3）。

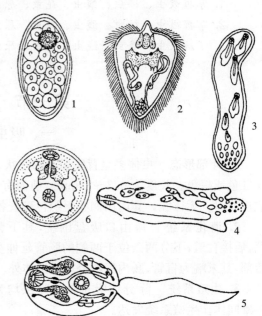

图 8-2 吸虫各期幼虫形态构造
1. 虫卵 2. 毛蚴 3. 胞蚴 4. 雷蚴 5. 尾蚴 6. 囊蚴

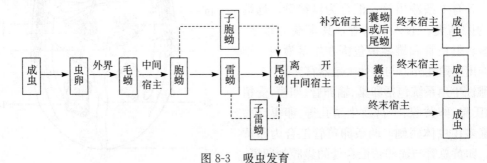

图 8-3 吸虫发育

三、吸虫分类

吸虫隶属于扁形动物门、吸虫纲，其下分单殖目、盾腹目、复殖目。与人和动物关系密切的为复殖目，其重要的科有：

片形科 Fasciolidae 寄生于哺乳类的肝胆管和肠道。
双腔科（歧腔科）Dicrocoeliidae 寄生于两栖类、鸟类及哺乳类的肝、肠道和胰。
前殖科 Prosthogonimidae 寄生于鸟类，较少在哺乳类。
并殖科 Paragonimidae 寄生于猪、牛、犬、猫和人的肺。
后睾科 Opisthorchiidae 寄生于爬虫类、鸟类及哺乳类的胆管或胆囊。
棘口科 Echinostomatidae 寄生于爬虫类、鸟类及哺乳类的肠道，偶见胆管和子宫。
前后盘科 Paramphistomatidae 寄生于哺乳类的消化道。
腹袋科 Gastrothylacidae 寄生于反刍动物瘤胃。
腹盘科 Gastrodiscidae 寄生于盲肠、结肠（平腹属）和瘤胃（腹盘属、腹盘属）。
背孔科 Notocotylidae 寄生于鸟类盲肠或哺乳类的消化道后段。
异形科 HeteropHyidae 寄生于哺乳动物和鸟类的肠道。
分体科 Schistosomatidae 寄生于鸟类或哺乳类动物的门静脉血管内。

第二节 绦虫概述

一、绦虫形态构造

寄生于动物和人体的绦虫多属于圆叶目。

1. 外部形态 呈扁平的带状，多为乳白色，大小自数毫米至 10m 以上。从前至后分为头节、颈节与体节 3 部分。头节为吸附和固着器官，4 个吸盘对称排列在四面。有的在头节顶端有顶突，其上有 1 排或数排小钩起固着作用，具有种的鉴定意义。颈节纤细，体节有此生长而成。体节有数节至数千节，按生殖器官的发育程度分为未成熟节片（幼节）、成熟节片（成节）和孕卵节片（孕节）。绦虫体表为皮层和肌层，没有体腔，各器官包埋于实质内。

2. 生殖系统 绦虫多为雌雄同体，即每个成熟节片中都具有 1 组或 2 组雄性和雌性生殖系统，生殖器官十分发达。

雄性生殖系统有睾丸 1 个至数百个，输出管互相连接成网状，在节片中央部附近会合成输精管。输精管曲折向节片边缘，末端为射精管和雄茎，生殖腔开口处为生殖孔。射精管及雄茎的大部分被包含在雄茎囊内。

雌性生殖系统有处在中心位置的卵模，其他器官均与此相通。卵巢在节片的后半部，一般呈两瓣状，由输卵管通入卵模。卵黄腺由卵黄管通入卵模。子宫一般为盲囊状，并且有袋状分枝，由于虫卵不能自动排出，须孕卵节片脱落破裂时才散出虫卵。虫卵内含具有 3 对小钩的胚胎称为六钩蚴。有些绦虫包围为六钩蚴的内胚膜似梨籽形状称为梨形器。有些绦虫的子宫退化消失，若干个虫卵被包围在称为副子宫或子宫周器官的袋状腔内（图 8-4）。

绦虫还有神经系统、排泄系统，没有

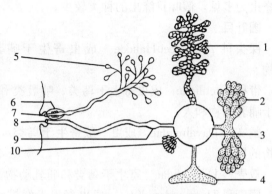

图 8-4 圆叶目绦虫构造
1. 子宫 2. 卵巢 3. 卵模 4. 卵黄腺 5. 睾丸 6. 雄茎囊
7. 雄性生殖孔 8. 雌性生殖孔 9. 受精囊 10. 梅氏腺

消化系统，通过体表吸收营养物质。

二、绦虫生活史

绝大多数绦虫在发育过程中都需1个或2个中间宿主。绦虫的受精方式主要为同体节受精，也有异体节受精和异体受精。

圆叶目绦虫寄生于终末宿主的小肠内，孕卵节片（或孕卵节片先已破裂释放出虫卵）随粪便排出体外，被中间宿主吞食后，卵内六钩蚴逸出，在寄生部位发育为绦虫蚴期（中绦期）。如果以哺乳动物作为中间宿主，则发育为囊尾蚴、多头蚴、棘球蚴等类型；如果以节肢动物作为中间宿主，则发育为似囊尾蚴（图8-5）。以上各种类型的幼虫被各自固有的终末宿主吞食，在其消化道内发育为成虫。

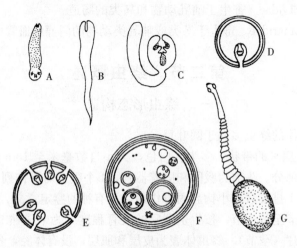

图8-5　绦虫蚴形态构造
A. 原尾蚴　B. 裂头蚴　C. 似囊尾蚴　D. 囊尾蚴　E. 多头蚴　F. 棘球蚴　G. 链尾蚴

三、绦虫分类

绦虫隶属于扁形动物门、绦虫纲，与动物和人关系较大的为多节绦虫亚纲，其中以圆叶目绦虫为多见，假叶目绦虫的种类较少。

圆叶目

裸头科 AnoplocepHalidae　成虫寄生于哺乳动物，幼虫为似囊尾蚴寄生于无脊椎动物。

带科 Taeniidae　成虫寄生于鸟类、哺乳类和人，幼虫为囊尾蚴、多头蚴或棘球蚴，寄生于哺乳动物和人。

戴文科 Davaineidae　成虫一般寄生于鸟类，亦寄生于哺乳动物；幼虫多数寄生于节肢动物的昆虫。

双壳科 Dilepididae　寄生于鸟类和哺乳动物。

膜壳科 Hymenolepididae　成虫寄生于脊椎动物，幼虫通常以无脊椎动物为中间宿主，在其体内发育为似囊尾蚴。个别虫种可以不需要中间宿主而能直接发育。

中绦科 Mesocestoididae　成虫寄生于鸟类和哺乳动物。

假叶目

绦虫头节一般为双槽型。分节明显或不明显。生殖器官节常有1套。孕卵节片子宫常呈弯曲管状。成虫多寄生于鱼类。

双叶槽科 DipHyllobothriidae 成虫主要寄生于鱼类，个别也见于爬行类、鸟类和哺乳动物。

头槽科 BothriocepHalidae 成虫多数寄生于鱼类肠道。

第三节 线虫概述

一、线虫形态构造

1. 外部形态 一般为两侧对称，圆柱形、纺锤形或线状。呈乳白色或淡黄色，吸血虫体略带红色。小的仅1mm左右，最长可达1m。一般为雄虫小，雌虫大。线虫整个虫体可分为头、尾、背、腹和两侧。体壁由角皮、皮下组织和肌层构成。有些线虫常有由角皮参与形成的特殊构造，有附着、感觉和辅助交配等功能，其位置、形状和排列是分类的依据。体壁包围的假体腔内充满液体，其中有器官和系统。

2. 消化系统 包括口孔、口腔、食道、肠、直肠、肛门。口孔常有唇片围绕，有些在口腔中有齿或切板等。食道多呈圆柱状，其形状在分类上具有重要意义。食道后为管状的肠，末端为肛门。雄虫的肛门与射精管汇合，开口在泄殖孔，其附近乳突的数目、形状和排列具有分类意义。

3. 生殖系统 线虫雌雄异体。雌虫尾部较直，雄虫尾部弯曲或蜷曲。生殖器官都是简单弯曲并相通的管状，形态上几乎没有区别。

雌性生殖器官通常为双管型（双子宫型），少数为单管型（单子宫型）。由卵巢、输卵管、子宫、受精囊、阴道和阴门组成。有些线虫无受精囊或阴道。阴门的位置可在虫体腹面的前部、中部或后部，均位于肛门之前，其位置及形态具有分类意义。有些线虫的阴门被有表皮形成的阴门盖。两条子宫最后汇合成1条阴道。

雄性生殖器官为单管型，由睾丸、输精管、贮精囊和射精管组成，开口于泄殖腔。许多线虫还有辅助交配器官，如交合刺、导刺带、副导刺带、性乳突和交合伞，具有鉴定意义。交合刺多为两根，包藏在交合鞘内并能伸缩，在交配时有掀开雌虫生殖孔的功能。导刺带具有引导交合刺的作用。交合伞为对称的叶状膜，由肌质的腹肋、侧肋和背肋支撑，在交配时具有固定雌虫的功能（图8-6）。

线虫还有排泄系统、神经系统，无呼吸器官和循环系统。

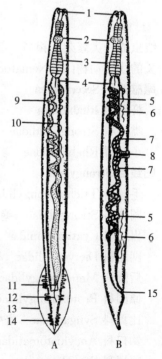

图8-6 线虫构造
A. 雄虫　B. 雌虫
1. 口腔　2. 神经节　3. 食道　4. 肠
5. 输卵管　6. 卵巢　7. 子宫　8. 生殖孔
9. 输精管　10. 睾丸　11. 泄殖腔
12. 交合刺　13. 翼膜　14. 乳突
15. 肛门

二、线虫生活史

大部分线虫为卵生，有的为卵胎生或胎生。卵生是指虫卵尚未卵裂，处于单细胞期；卵胎生是指虫卵处于早期分裂状态，即已形成胚胎；胎生是指雌虫直接产出早期幼虫。

线虫的发育都要经过5个幼虫期，每期之间均要进行蜕皮（蜕化）。前2次蜕皮在外界环境中完成，后2次在宿主体内完成。蜕皮是幼虫蜕去旧角皮，新生新角皮的过程。蜕皮时幼虫处于不生长、不采食、不活动的休眠状态。绝大多数线虫虫卵发育到第3期幼虫才具有感染性，称为感染性幼虫。如果感染性幼虫在卵壳内不孵出，该虫卵称为感染性虫卵或侵袭性虫卵。

1. 直接发育型　雌虫产出虫卵，虫卵在外界环境中发育成感染性虫卵或感染性幼虫，被终末宿主吞食，幼虫逸出后经过移行或不移行（因种而异），再进行两次蜕皮发育为成虫。代表类型有蛲虫型、毛尾线虫型、蛔虫型、圆线虫型、钩虫型等。

2. 间接发育型　雌虫产出虫卵或幼虫，被中间宿主吞食，在其体内发育为感染性幼虫，然后通过中间宿主侵袭动物或被动物吃入而感染，在终末宿主体内经蜕皮后发育为成虫。中间宿主多为无脊椎动物。代表类型有旋尾线虫型、原圆线虫型、丝虫型、旋毛虫型等。

三、线虫分类

线虫的种类繁杂，相当一部分寄生于无脊椎动物和植物，小部分寄生于人和动物。与动物有关的线形动物门（Nematoda）分为尾感器纲和无尾感器纲。重要的科有：

尾感器纲 Secernentea

杆形目 Rhabditata

类圆科 Strongyloididae　寄生于哺乳类的肠道。

小杆科 Rhabdiasidae　多数营自由生活。

圆线目 Strongylata

毛圆科 Trichostrongylidae　主要寄生于反刍动物的消化道。

圆线科 Strongylidae　绝大多数寄生于哺乳类。

盅口科 Cyathostomidae　寄生于哺乳类和两栖类的消化道。

网尾科 Dictyocaulidae　寄生于动物的呼吸道和肺部。

后圆科 Metastrongylidae　寄生于哺乳类的呼吸系统。

原圆科 Protostrongylidae　寄生于哺乳类的呼吸系统和循环系统。

比翼科 Syngamidae　寄生于鸟类及哺乳类的呼吸道和中耳中。

钩口科 Ancylostomatidae　寄生于哺乳类的消化道。

冠尾科 StepHanuridae　寄生于哺乳类的肾及周围组织。

裂口科 Amidostomatidae　寄生于禽类的肌胃角质膜下，偶见于腺胃。

蛔目 Ascaridata

蛔科 Ascaridae　寄生于哺乳类的肠道。

弓首科 Toxocaridae　寄生于肉食动物的肠道。

禽蛔科 Ascaridiidae　寄生于鸟类。

尖尾目 Oxyurata
  尖尾科 Oxyuridae　寄生于哺乳类的消化道。
  异刺科 Heterakidae　寄生于两栖、爬行、鸟类和哺乳类的肠道。
旋尾目 Spirurata
  吸吮科 Thelaziidae　寄生于哺乳类、鸟类眼部组织。
  尾旋科 Spirocercidae　寄生于肉食动物。
  柔线科 Habronematidae　寄生于哺乳类的胃黏膜下。
  华首科（锐形科）Acuariidae　寄生于鸟类的消化道、腺胃或肌胃角质膜下。
  颚口科 Gnathostomatiidae　寄生于鱼类、爬行和哺乳类的胃、肠，偶见其他器官。
  泡翼科 PHysalopteridae　寄生于脊椎动物的胃或小肠。
  四棱科 Tetrameridae　寄生于家禽和鸟类的腺胃黏膜下。
  筒线科 Gongylonematidae　寄生于鸟类、哺乳类的食道和胃壁。
丝虫目 Filariata
  腹腔丝虫科（丝状科）Setariidae　寄生于哺乳类的腹腔。微丝蚴在血液中。
  丝虫科 Filariidae　寄生于哺乳类的结缔组织中。
  盘尾科 Onchocercidae　寄生于哺乳类的结缔组织中。
  双瓣科 Dipetalonematidae　寄生于脊椎动物心脏或结缔组织中。
驼形目 Camallanata
  龙线科 Dracunculidae　寄生于鸟类皮下组织，或哺乳类的结缔组织中。甲壳类动物为中间宿主。
无尾感器纲 AdenoPHorea
毛尾目 Trichurata
  毛形科 Trichinellidae　寄生于哺乳类的肠道，幼虫寄生于肌肉。
  毛尾科 Trichuridae　寄生于哺乳类的肠道。
  毛细科 Capillariidae　寄生于脊椎动物的消化道或尿囊中。
膨结目 DioctopHymata
  膨结科 DioctopHymatidae　寄生于哺乳类的肾、腹腔、膀胱和消化道，或鸟类。

第四节　蜱螨与昆虫概述

蜱螨和昆虫是动物界中种类最多的一门，大多数营自由生活，只有少数营寄生生活或作为生物传播媒介传播疾病。主要是蛛形纲蜱螨目和昆虫纲的节肢动物。

一、节肢动物形态特征

虫体左右对称，躯体和附肢既分节，又是对称结构。当虫体发育中体型变大时则必须蜕去旧表皮而产生新的表皮，这一过程称为蜕皮。

蛛形纲虫体呈圆形或椭圆形，分头胸和腹两部，或头、胸、腹完全融合。假头突出在躯体前或位于前端腹面，由口器和假头基组成，成虫有足4对。

昆虫纲的主要特征是身体明显分头、胸、腹三部分。头部有触角1对。口器主要有咀嚼式、刺吸式、刮舐式、舐吸式及刮吸式。胸部有足3对、翅2对。腹部无附肢。

二、节肢动物生活史

蛛形纲的虫体为卵生，从卵孵出的幼虫，经若干次蜕皮变为若虫，再蜕皮变为成虫，其间在形态和生活习性上基本相似。若虫和成虫在形态上相同，只是体型小和性器官尚未成熟。

昆虫纲的昆虫多为卵生，发育具有卵、幼虫、蛹、成虫4个形态与生活习性都不同的阶段，这类称为完全变态；另一类无蛹期称为不完全变态。发育过程中都有变态和蜕皮现象。

三、节肢动物分类

节肢动物隶属于节肢动物门（Arthropoda），分类较为复杂。重要的科有：

蛛形纲 Arachnida

 蜱螨目 Acarina

  硬蜱科 Ixodidae

  软蜱科 Argasidae

  疥螨科 Sarcoptidae

  痒螨科 Psoroptidae

  肉食螨科 Cheletidae

  皮刺螨科 Dermanyssidae

  鼻刺螨科 Rhinonyssidae

  蠕形螨科 Demodidae

  恙螨科 Trombiculidae

  跗线螨科 Tarsonemidae

昆虫纲 Insecta

 双翅目 Diptera

  蚊科 Culicidae

  蠓科 Ceratopogonidae

  蚋科 Simuliidae

  虻科 Tabanidae

  狂蝇科 Oestridae

  胃蝇科 GasteropHilidae

  皮蝇科 Hypodermatidae

  虱蝇科 Hippoboscidae

 虱目 Anoplura

  颚虱科 Linognathidae

  血虱科 Haematopinidae

  虱科 Pediculidae

  毛虱科 Trichodectidae

  短角羽虱科 Menoponedae

长角羽虱科 PHilopteridae
蚤目 SipHonaptera
蠕形蚤科 Vermipsyllidae
蚤科 Pulicidae

第五节　原虫概述

一、原虫形态构造

原虫有圆形、卵圆形、柳叶形或不规则等形状，其不同发育阶段可有不同的形态，大小多数在 1~30μm。细胞膜是由三层结构的单位膜组成，能不断更新，参与摄食、排泄、运动、感觉等生理活动。细胞质内含有细胞核、线粒体、高尔基体等。细胞核多数为囊泡状（纤毛虫除外），染色质在核的周围或中央，有一个或多个核仁。原虫有鞭毛、纤毛、伪足和波动嵴等运动器官，还有动基体和顶复合器等。

二、原虫的生殖

（一）无性生殖

1. 二分裂　分裂由毛基体开始，依次为动基体、核、细胞，形成两个大小相等的新个体。鞭毛虫为纵二分裂，纤毛虫为横二分裂。

2. 裂殖生殖　亦称为复分裂。细胞核先反复分裂，细胞质向核周围集中，产生大量子代细胞。其母体称为裂殖体，后代称为裂殖子。一个裂殖体内可含有数十个裂殖子。

3. 孢子生殖　是在有性生殖的配子生殖阶段形成合子后，合子所进行的复分裂。孢子体可形成多个子孢子。

4. 出芽生殖　分为外出芽和内出芽两种形式。外出芽生殖是从母细胞边缘分裂出一个子个体，脱离母体后形成新的个体。内出芽生殖是在母细胞内形成两个子细胞，子细胞成熟后，母细胞破裂释放出两个新个体。

（二）有性生殖

1. 接合生殖　两个虫体结合，进行核质交换，核重建后分离，成为两个含有新核的个体。多见于纤毛虫。

2. 配子生殖　虫体在裂殖生殖过程中出现性分化，一部分裂殖体形成大配子体（雌性），一部分形成小配子体（雄性）。大、小配子体发育成熟后分别形成大、小配子，小配子进入大配子内形成合子。1 个小配子体可产生若干小配子，而 1 个大配子体只产生 1 个大配子。

三、原虫分类

原虫的分类十分复杂，始终处于动态之中，至今尚未统一。重要的科有：
肉足鞭毛门 SarcomastigopHora
　动鞭毛纲 ZoomastigopHorea
　　动基体目 Kinetoplastida
　　　锥体科 Trypanosomatidae

双滴虫目 Diplomonadida
　　　　六鞭科 Hexamitidae
　　毛滴虫目 Trichomonadida
　　　　毛滴虫科 Trichomonadidae
　　　　单毛滴虫科 Monocercomonadidae
顶复门 Apicomplexa
　　孢子虫纲 Sporozoea
　　　真球虫目 Eucoccidiida
　　　　艾美耳科 Eimeriidae
　　　　隐孢子虫科 Cryptosporidiadae
　　　　肉孢子虫科 Sarcocystidae
　　　　疟原虫科 Plasmodiidae
　　　　血变原虫科 Haemoproteidae
　　　　住白细胞虫科 Leucocytozoidae
　　　梨形虫目 Piroplasmida
　　　　巴贝斯科 Babesiidae
　　　　泰勒科 Theileriidae
纤毛门 CilipHora
　　动基裂纲 KinetofragminopHorea
　　　毛口目 Trichostomatida
　　　　小袋科 Balantidiidae

? 复习思考题

1. 简述吸虫的形态构造及生活史。
2. 简述圆叶目绦虫的形态构造及生活史。
3. 简述线虫的形态构造及生活史。
4. 简述昆虫的形态构造特点及生活史。
5. 简述原虫的形态构造及生殖。

第九章 反刍动物的寄生虫病

> **学习目标**
>
> 1. 掌握肝片吸虫病、双腔吸虫病、阔盘吸虫病、日本分体吸虫病、绦虫病、棘球蚴病、消化道线虫病、巴贝斯虫病、泰勒虫病、螨病、牛皮蝇蛆病、丝虫病、牛毛滴虫病病原体主要虫种的寄生部位及形态构造特点,以及流行特点、典型症状、粪便检查方法、首选治疗药物和剂量、防制措施。
> 2. 基本掌握前后盘吸虫病、东毕吸虫病、脑多头蚴病、羊鼻蝇蛆病、伊氏锥虫病病原体主要虫种的寄生部位及形态构造特点,以及诊断、治疗和防制措施。
> 3. 了解犊新蛔虫病、球虫病、隐孢子虫病、网尾线虫病、硬蜱、牛囊尾蚴病、肉孢子虫病。

第一节 消化系统寄生虫病

反刍动物消化系统寄生虫病主要有肝片吸虫病、双腔吸虫病、阔盘吸虫病、前后盘吸虫病、绦虫病、棘球蚴病、消化道线虫病、犊新蛔虫病、球虫病、隐孢子虫病等,还有绵羊双士吸虫病、印度槽盘吸虫病、细颈囊尾蚴病、筒线虫病、斯氏副柔线虫病、乳突类圆线虫病、牛贾第虫病、绵羊内阿米巴虫病等。

肝片吸虫病

本病是由片形科片形属的肝片吸虫寄生于反刍动物的肝胆管引起的疾病,俗称肝蛭。三类动物疫病。主要特征为多呈慢性经过、消瘦、发育障碍、生产力下降,急性感染时引起急性肝炎和胆管炎,并伴发全身性中毒和营养障碍,可引起幼畜和绵羊大批死亡。

【病原体】肝片吸虫,扁平叶状,活体为棕褐色。长 21~41mm,宽 9~14mm。前端有一个三角形突起,其底部较宽似肩,往后渐窄。口吸盘位于突起前端,腹吸盘位于肩水平线中央稍后。肠管有内、外侧支。两个高度分枝状的睾丸前后排列于中后部。卵巢鹿角状位于腹吸盘后右侧。卵模位于睾丸前中央。子宫位于卵模与腹吸盘之间,曲折重叠,内充满虫卵。卵黄腺呈颗粒状分布于两侧,与肠管重叠。无受精囊。体后部中央有纵行的排泄管(图9-1)。虫卵较大,长椭圆形,黄色或黄褐色,卵盖不明显,卵壳两层半透明,卵内充满卵黄细胞和1个胚细胞。

寄生于牛肝胆管的还有大片吸虫,但较少见。形态与肝片吸虫相似,长叶状,肩不明显,两侧缘趋于平行,腹吸盘较大。虫卵与肝片吸虫卵相似。

【生活史】

1. 寄生宿主 中间宿主为淡水螺,主要为小土窝螺。终末宿主为牛、羊、鹿、骆驼等反刍动物，绵羊敏感；猪、马属动物、兔、一些野生动物和人也可感染。

2. 发育过程 虫卵随终末宿主的粪便排出，在适宜的温度、氧气、水分和光线下，10～20d 孵出毛蚴。毛蚴只能存活 6～36h，若不进入中间宿主则死亡。毛蚴在水中钻入中间宿主体内，35～50d 发育为胞蚴、母雷蚴、子雷蚴和尾蚴。尾蚴离开螺体在水中或植物上脱掉尾部形成囊蚴。终末宿主吞食囊蚴而感染，囊蚴在十二指肠中脱囊后发育为童虫，进入肝胆管经 2～3 个月发育为成虫。童虫主要从胆管开口处直接进入肝，也可钻入肠黏膜经肠系膜静脉进入肝，还可穿过肠壁进入腹腔由肝包膜钻入肝。成虫在终末宿主体内可存活 3～5 年。

【流行病学】

1. 传播特性 1 条成虫每天可产卵 8000～13000 个。幼虫在中间宿主体内进行无性繁殖，1 个毛蚴可发育为数百甚至上千个尾蚴。虫卵在 13℃时即可发育，25～30℃时最适宜，在干燥环境中迅速死亡，在潮湿的环境中可存活 8 个月以上，对低温抵抗力较强，但结冰后很快死亡，所以不能越冬。囊蚴对外界环境的抵抗力较强，在潮湿环境中可存活 3～5 个月，但对干燥和直射阳光敏感。

图 9-1 肝片吸虫

2. 流行特点 分布广泛，多发生在地势低洼、潮湿的、沼泽及水源丰富的放牧地区。春末至秋季适宜幼虫及螺的生长发育，本病同期流行。感染季节决定了发病季节，幼虫引起的急性发病多在夏、秋季，成虫引起的慢性发病多在冬、春季。多雨年份多发。南方感染季节较长。

【症状】

1. 急性型 由幼虫引起，多发生于绵羊，短时间内吞食大量囊蚴所致。童虫在体内移行造成虫道，使组织器官损伤出血，引起急性肝炎。表现食欲减退或废绝，精神沉郁，可视黏膜苍白和黄染，触诊肝区有疼痛感，体温升高。红细胞数和血红蛋白显著降低，嗜酸性粒细胞数显著增多。多在出现症状后 3～5d 内死亡。

2. 慢性型 由成虫引起，一般在吞食囊蚴后 4～5 个月发病。羊表现为渐进性消瘦、贫血，食欲不振，被毛粗乱易脱落，眼睑、下颌水肿，有时波及胸、腹，早晨明显，运动后减轻。妊娠羊易流产，重者衰竭死亡。

牛多为慢性经过，犊牛症状明显。除上述症状外，常表现前胃弛缓、腹泻、周期性瘤胃臌胀，重症病例可死亡。

【病理变化】急性型可见幼虫移行时引起的肠壁、肝组织和其他器官的组织损伤和出血，腹腔和虫道内可发现童虫。慢性型高度贫血，肝肿大，胆管呈绳索样凸出于肝表面，胆管壁发炎、粗糙，有磷酸盐沉积，肝实质变硬，切开后在胆管内可见成虫，有时亦在胆囊中。

【诊断】根据是否存在中间宿主等流行病学资料，结合症状可初步诊断。通过粪便检查和剖检发现虫体确诊。粪便检查用沉淀法。还可用固相酶联免疫吸附试验、间接血凝试验等，不但适用于诊断，亦可对动物群体进行普查。

【治疗】三氯苯唑（肝蛭净），牛每千克体重 10mg，羊每千克体重 12mg，1 次口服，对成虫和童虫均有效，休药期 14d。

溴酚磷（蛭得净）对成虫和童虫均有良好效果。丙硫咪唑（抗蠕敏）对童虫效果较差。硝氯酚只对成虫有效。还有碘硝酚腈、硫双二氯酚、六氯对二甲苯等。

【防制措施】根据流行病学特点和生活史，制订综合性防制措施。

1. 定期驱虫 驱虫时间和次数根据当地流行情况确定。北方全年两次驱虫，第1次在冬末春初，由舍饲转为放牧之前进行，第2次在秋末冬初，由放牧转为舍饲之前进行。南方每年可进行3次驱虫。粪便无害化处理。

2. 科学放牧 尽量不到低洼、潮湿的地方放牧；牧区每月轮换1块草地；避免饮用非流动水；在低洼湿地收割的牧草晒干后再作饲料。

3. 灭螺 可采用喷洒药物、改造低洼地、饲养水禽等方法。药物灭螺在3～5月进行，用1∶50000的硫酸铜或氨水、粗制氯硝柳胺2.5mg/L等。饲养水禽灭螺时应注意感染禽吸虫病。

双腔吸虫病

本病是由双腔科双腔属的吸虫寄生于反刍动物的肝胆管和胆囊引起的疾病。主要特征为胆管炎，肝硬变及代谢、营养障碍，常与肝片吸虫混合感染。

【病原体】矛形双腔吸虫，又称为枝双腔吸虫。虫体扁平，狭长似矛形，活体呈棕红色。长6.7～8.3mm，宽1.6～2.2mm。口、腹吸盘较近。2个圆形或有缺刻的睾丸，前后或斜列于腹吸盘后。卵巢圆形，位于睾丸后。卵黄腺呈颗粒状位于中部两侧。子宫弯曲，充满后半部。虫卵呈卵圆形，黄褐色，一端有卵盖，左右不对称，内含毛蚴。

中华双腔吸虫，较矛形双腔吸虫宽，主要区别为两个睾丸边缘不整齐或稍分叶，左右并列于腹吸盘后（图9-2）。

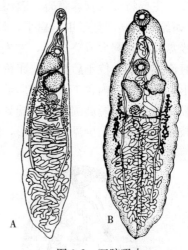

图9-2 双腔吸虫
A. 矛形双腔吸虫 B. 中华双腔吸虫

【生活史】

1. 寄生宿主 中间宿主为陆地螺。补充宿主为蚂蚁。终末宿主为牛、羊、鹿、骆驼等反刍动物，马属动物、猪、犬、兔、猴等也可感染，偶见于人，寄生于肝胆管和胆囊。

2. 发育过程 虫卵随终末宿主的粪便排出，被中间宿主吞食后，82～150d发育为毛蚴、母胞蚴、子胞蚴、尾蚴。尾蚴聚集形成尾蚴群囊从螺体排出，黏附于植物叶及其他物体上，被蚂蚁吞食后形成囊蚴。终末宿主吞食了蚂蚁而感染，囊蚴经总胆管进入胆管及胆囊内，72～85d发育为成虫。整个发育期为160～240d。

【流行病学】

1. 传播特性 虫卵对外界环境的抵抗力强，在土壤和粪便中可存活数月，对低温抵抗力更强。在中间宿主和补充宿主体内的各期幼虫均可越冬，且保持感染能力。

2. 流行特点 分布广泛，与陆地螺和蚂蚁的分布广泛有关，多呈地方性流行。南方全年均可流行。北方由于中间宿主冬眠，动物感染具有春、秋两季的特点，发病多在冬、春季节。随着年龄的增长，感染率和感染强度逐渐增加。可感染数千条。

【症状】严重感染时,尤其在早春症状明显,表现为慢性消耗性疾病症状。精神沉郁,食欲不振,逐渐消瘦,可视黏膜苍白、黄染,下颌水肿,腹泻,行动迟缓,喜卧等。常与肝片吸虫混合感染使症状加重,并引起死亡。

【病理变化】由于虫体的机械性刺激和毒素作用,致使胆管卡他性炎症,胆管壁增厚,肝肿大。

【诊断】根据流行病学资料,结合症状、粪便检查和剖检发现虫体综合诊断。粪便检查用沉淀法。因带虫现象极为普遍,发现大量虫卵时方可确诊。

【治疗】三氯苯丙酰嗪(海涛林),牛每千克体重30~40mg,羊每千克体重40~50mg,配成2%混悬液,口服。丙硫咪唑,牛每千克体重10~15mg,羊每千克体重30~40mg,1次口服,用其油剂腹腔注射效果良好。还有六氯对二甲苯、吡喹酮等。

【防制措施】每年秋末和冬季各进行1次驱虫,粪便发酵处理,灭螺。

阔盘吸虫病

本病是由双腔科阔盘属的吸虫寄生于反刍动物的胰管引起的疾病。偶尔寄生于胆管和十二指肠。主要特征为营养障碍,腹泻,消瘦,贫血,水肿。

【病原体】胰阔盘吸虫,扁平,长卵圆形,长8~16mm。活体呈棕红色。口吸盘明显大于腹吸盘。睾丸圆形或略分叶,左右排列于腹吸盘稍后方。卵巢分3~6个叶瓣于睾丸后。子宫有许多弯曲,位于后半部。卵黄腺呈颗粒状,位于中部两侧。虫卵为黄棕色或棕褐色,椭圆形,有卵盖,内含1个椭圆形毛蚴。

腔阔盘吸虫,短椭圆形,后端具有尾突,口、腹吸盘大小相近,卵巢多为圆形。

枝睾阔盘吸虫,少见。瓜子形,腹吸盘略大于口吸盘,睾丸分枝(图9-3)。

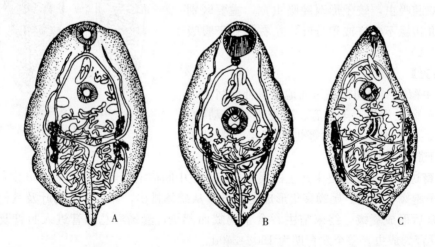

图 9-3 阔盘吸虫
A. 腔阔盘吸虫　B. 胰阔盘吸虫　C. 支睾阔盘吸虫

【生活史】3种阔盘吸虫的生活史相似。

1. 寄生宿主　中间宿主为陆地螺。胰阔盘吸虫和腔阔盘吸虫的补充宿主为草螽,支睾阔盘吸虫为针蟋。终末宿主主要为牛、羊等反刍动物,还可感染兔、猪和人,寄生于胰管。

2. 发育过程　虫卵随终末宿主的粪便排出。被中间宿主吞食,5~6个月孵出毛蚴、母胞蚴、子胞蚴。成熟的子胞蚴体内含有许多尾蚴，子胞蚴逸出螺体，被补充宿主吞食，23～30d发育为囊蚴。终末宿主吞食补充宿主而感染，囊蚴在十二指肠脱囊，由胰管开口进入胰管，80～100d发育为成虫。整个发育期为10～16个月。

【流行病学】

1. 传播特性 感染来源为患病或带虫牛、羊等反刍动物。

2. 流行特点 以胰阔盘吸虫和腔阔盘吸虫流行最广，与陆地螺和草螽的分布广泛有关。7～10月份草螽最为活跃，被感染后活动能力降低，很容易被放牧牛、羊随草一起吞食。多在冬、春季节发病。

【症状】严重感染时，代谢失调和营养障碍，消化不良，精神沉郁，消瘦，贫血，下颌及前胸水肿，腹泻，粪便中带有黏液。重者可因恶病质而死亡。

【病理变化】胰肿大，其内有紫黑色斑块或条索，胰管增生性炎症，切开可见虫体。

【诊断】根据流行病学特点、症状、粪便检查和剖检发现虫体等进行综合诊断。粪便检查用沉淀法，发现大量虫卵时方可确诊。

【治疗】吡喹酮，牛每千克体重35～45mg，羊每千克体重60～70mg，1次口服；或牛、羊均按每千克体重30～50mg，用液状石蜡或植物油配成灭菌油剂，腹腔注射。六氯对二甲苯，牛每千克体重300mg，羊每千克体重400～600mg，口服，隔天1次，3次为1个疗程。

【防制措施】定期预防性驱虫，灭螺，避免到补充宿主活跃地带放牧，实行轮牧。

前后盘吸虫病

本病是由前后盘科前后盘属的吸虫寄生于反刍动物的瘤胃引起的疾病，又称同盘吸虫病。主要特征为感染强度很大，症状较轻，大量童虫在移行过程中有较强的致病作用，甚至引起死亡。同类疾病还有前后盘科殖盘属，腹袋科腹袋属、菲策属、卡妙属，腹盘科平腹属等吸虫所引起。除平腹属的成虫寄生于盲肠和结肠外，其他各属成虫均寄生于瘤胃。

【病原体】鹿前后盘吸虫，鸭梨形，粉红色。长8～10mm，宽4～4.5mm。口吸盘位于前端，腹吸盘位于后端，大小约为口吸盘的2倍。缺咽。肠支经3～4个弯曲到达后端。睾丸2个，呈横椭圆形，前后排列于中部。卵巢圆形于睾丸后方。子宫从睾丸后缘经多个弯曲延伸至生殖孔。卵黄腺发达，呈滤泡状，分布于两侧，与肠支重叠（图9-4）。虫卵呈椭圆形，淡灰色，卵壳薄而光滑，有卵盖，卵黄细胞不充满虫卵。

【生活史】

1. 寄生宿主 中间宿主为椎实螺和扁卷螺。终末宿主为牛、羊、鹿、骆驼等反刍动物，寄生于瘤胃。

2. 发育过程 虫卵随终末宿主的粪便排出落入水中，在适宜条件下14d孵出毛蚴，毛蚴游于水中遇中间宿主即钻入其体内，43d发育为胞蚴、雷蚴和尾蚴。尾蚴离螺附着在水草上形成囊蚴，终末宿主吞食而感染。囊蚴在肠道内脱囊，童虫在小肠、皱胃和黏膜下以及胆囊、胆管和腹腔等处移行，几十天到达瘤胃，3个月发育为成虫。

【流行病学】感染来源为患病或带虫牛、羊等反刍动物。多流

图9-4 鹿前后盘吸虫

行于江河流域、低洼潮湿等水源丰富地区。南方可常年感染，北方在5～10月感染。幼虫引起的急性病例多在夏、秋季节，成虫引起的慢性病例多在冬、春季节。多雨年份流行。

【症状】

1. 急性型 由幼虫在宿主体内移行而引起，犊牛多见。精神沉郁，食欲降低，体温升高，顽固性下痢，粪便带血、恶臭，有时可见幼虫。重者消瘦，贫血，体温升高，中性粒细胞增多且核左移，嗜酸性粒细胞和淋巴细胞增多，可衰竭死亡。

2. 慢性型 由成虫寄生引起。表现食欲减退，消瘦，贫血，颌下水肿，腹泻等消耗性症状。

【病理变化】童虫移行时，在小肠、皱胃、胆囊和腹腔等处有虫道，黏膜和器官有出血点，肝瘀血，胆汁稀薄，病变处可见幼虫。慢性病例可见瘤胃壁黏膜肿胀，其上附有大量成虫。

【诊断】根据流行病学、症状、粪便检查和剖检发现虫体综合诊断。粪便检查用沉淀法，发现大量虫卵时方可确诊。排出的粪便中常混有虫体。

【治疗】氯硝柳胺（灭绦灵），牛每千克体重50～60mg，羊每千克体重70～80mg，1次口服。硫双二氯酚，牛每千克体重40～50mg，羊每千克体重80～100mg，1次口服。两种药物对成虫作用明显，对童虫和幼虫效果较好。

【防制措施】参照肝片吸虫病。

绦虫病

本病是由裸头科莫尼茨属、曲子宫属、无卵黄腺属、裸头属、副裸头属的绦虫寄生于牛、羊小肠引起的多种绦虫病的统称。主要特征为消瘦、贫血、腹泻，尤其对犊牛和羔羊危害严重。

【病原体】莫尼茨绦虫，为大型绦虫，乳白色长带状，头节小呈球形，有4个吸盘，无顶突和小钩。体节宽度大于长度，每个成熟节片内有2组生殖器官，生殖孔开口于节片两侧。睾丸数百个，呈颗粒状，分布于两条纵排泄管之间。卵巢呈扇形分叶状，与块状的卵黄腺共同组成花环状，卵模在其中间，分布在节片两侧，子宫呈网状。节片后缘均有横列的节间腺。虫卵内含梨形器。其中：

扩展莫尼茨绦虫长可达10m，宽可达16mm，节间腺呈环状，分布于节片的整个后缘；虫卵近似三角形。

贝氏莫尼茨绦虫长可达4m，宽可达26mm，节间腺为小点状，聚集为条带状分布于节片后缘中央部（图9-5）；虫卵近似方形。

盖氏曲子宫绦虫长可达4.3m，每个成熟节片内有1组生殖器官，左右不规则交替排列。雄茎囊发达并向节片外侧突出，使虫体两侧呈锯齿状。睾丸颗粒状，分布于纵排泄管外侧。子宫呈波浪状，横列于两个纵排泄管之间。虫卵近似圆形，无梨形器，每个副子宫器包围5～15个虫卵。

中点无卵黄腺绦虫长2～3m，宽2～3mm。每个成熟节片内有1组生殖器官，左右不规则交替排列。睾丸颗粒状，分布于纵排泄管两侧。子宫囊状，位于节片中央，使外观虫体中央构成1条纵向白线。无卵黄腺或梅氏腺（图9-6）。虫卵近圆形，内含六钩蚴，无梨形器，被包围在副子宫器内。

【生活史】上述绦虫的生活史相似。

1. 寄生宿主 莫尼茨绦虫和曲子宫绦虫的中间宿主为地螨。无卵黄腺绦虫的中间宿主为长角跳虫或地螨。终末宿主为牛、羊、鹿、骆驼等反刍动物，寄生于小肠。

2. 发育过程 莫尼茨绦虫的孕卵节片或节片破裂释放的虫卵随粪便排出，被地螨吞食，六钩蚴经40d发育为似囊尾蚴，终末宿主吃草时吞食地螨而感染。似囊尾蚴以头节附着于小肠壁，45～60d发育为成虫。成虫在牛、羊体内可寄生2～6个月，一般为3个月。

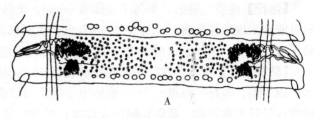
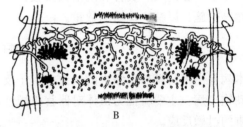

图 9-5 莫尼茨绦虫成熟节片
A. 扩展莫尼茨绦虫　B. 贝氏莫尼茨绦虫

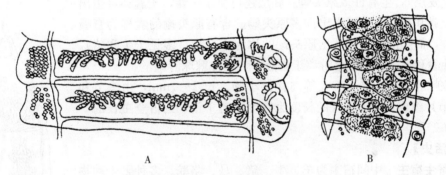

图 9-6 曲子宫绦虫与无卵黄腺绦虫成熟节片
A. 曲子宫绦虫　B. 无卵黄腺绦虫

【流行病学】

1. 传播特性 地螨种类多、分布广，主要分布在潮湿、肥沃的土地里，在雨后的牧场上，数量显著增加。地螨可以越冬，但对干燥和热敏感，气温30℃以上，地面干燥或日光照射时钻入地下，因此，在早晨、黄昏及阴天较活跃。

2. 流行特点 莫尼茨绦虫和曲子宫绦虫病的流行具有明显的季节性（与地螨的分布和习性密切相关），北方地区5～8月为感染高峰期，南方4～6月为感染高峰期。分布广泛，尤以北方和牧区流行严重。无卵黄腺绦虫主要分布在较寒冷和干燥地区。

【症状】犊牛和羔羊症状明显，消化紊乱，经常腹泻、肠臌气、下痢，粪便中常混有孕卵节片，逐渐消瘦、贫血。寄生数量多时可造成肠阻塞，甚至破裂。虫体的毒素作用，可引起幼畜出现回旋运动、痉挛、抽搐、空口咀嚼等神经症状。重者死亡。

【病理变化】尸体消瘦，肠黏膜有出血。有时可见肠阻塞或扭转。

【诊断】根据流行病学、症状、粪便检查和剖检发现虫体综合诊断。患病牛、羊粪便中有孕卵节片，不见节片时用漂浮法检查虫卵。未发现节片或虫卵时，可能为绦虫未发育成熟，可进行诊断性驱虫。出现神经症状时，注意与脑多头蚴病和羊鼻蝇蛆等相鉴别。

【治疗】硫双二氯酚,牛每千克体重50mg,羊每千克体重75~100mg,1次口服,用药后可能会出现短暂性腹泻,可在2d内自愈。氯硝柳胺(灭绦灵),牛每千克体重50mg,羊每千克体重60~75mg,1次口服。还有丙硫咪唑、吡喹酮等。

【防制措施】对羔羊和犊牛在春季放牧后4~5周时进行成虫期前驱虫,2~3周后再驱1次;成年牛、羊每年可进行2~3次驱虫,驱虫后的粪便发酵处理;感染季节避免在低湿地放牧,尽量不在清晨、黄昏和阴雨天放牧;对地螨滋生场所,采用深耕土地、种植牧草、开垦荒地等措施,以减少地螨的数量。

棘球蚴病

本病是由带科棘球属绦虫的幼虫寄生于反刍动物和人的脏器引起的疾病,又称包虫病。二类动物疫病。主要特征为虫体对器官机械性压迫,导致组织萎缩和功能障碍,破裂时可引起严重的过敏反应。

【病原体】单房型棘球蚴,是细粒棘球绦虫的幼虫。包囊状,内含液体,直径多为5~10cm。囊壁外层为角质层,无细胞结构;内层为胚层(生发层),生有许多原头蚴。胚层还可生出子囊,子囊亦可生出孙囊,子囊和孙囊内均可生出许多原头蚴。含有原头蚴的囊称为育囊或生发囊,而胚层上不能生出原头蚴的称为不育囊(多见于牛和猪)。子囊、孙囊和原头蚴可脱落游离于囊液中,统称棘球砂。

细粒棘球绦虫,寄生于犬等肉食兽小肠。长2~7mm,由头节和3~4个节片组成。孕卵节片的长度为宽度的若干倍,约占全虫长的一半(图9-7)。

【生活史】

1. 寄生宿主 中间宿主为羊、牛、猪、马、骆驼、多种野生动物和人,寄生于脏器。终末宿主为犬、狼、狐狸等肉食动物,寄生于小肠。

2. 发育过程 孕卵节片脱落随终末宿主粪便排出,被中间宿主吞食后,卵内六钩蚴在消化道内逸出,钻入肠壁血管随血液循环进入肝、肺等处,经5~6个月发育为棘球蚴。终末宿主吞食含有棘球蚴的脏器后,原头蚴经1.5~2个月在其小肠内发育为成虫。全部过程需6.5~8个月。成虫在犬体内的寿命为5~6个月。

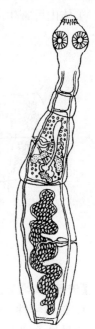

图9-7 细粒棘球绦虫

【流行病学】本病具有自然疫源性。感染来源为患病或带虫犬等肉食动物。易感动物常因吃入被犬粪便污染的饲草或饮水而感染。将患病脏器喂犬,造成在犬与羊等动物之间循环感染。人感染除了直接接触犬以外,亦可通过被污染的蔬菜和水果感染。虫卵在5~10℃的粪便堆中存活12个月,土壤中存活7个月,对化学药物有较强的抵抗力。

【症状】棘球蚴可引起机械压迫、中毒和过敏反应等,其严重程度取决于棘球蚴的大小、数量和寄生部位。机械性压迫使周围组织发生萎缩和功能障碍。代谢产物被吸收后,使周围组织发生炎症和全身过敏反应,重者死亡。绵羊较敏感,死亡率也较高,严重病例表现体温升高,消瘦,被毛逆立,呼吸困难,咳嗽,腹泻,倒地不起。牛严重感染时常见消瘦,衰弱,呼吸困难或轻度咳嗽,产奶量下降。可因囊泡破裂导致严重的过敏反应而死亡。

【诊断】对动物生前诊断比较困难，往往尸体剖检时才能发现。动物和人均可采用皮内变态反应检查法诊断。取新鲜棘球蚴囊液，无菌过滤（使其不含原头蚴），在动物颈部注射0.1～0.2mL，注射5～10min观察皮肤变化，如出现直径0.5～2cm的红斑，并有肿胀或水肿为阳性。应在距注射部位相当距离处，用等量生理盐水同法注射以便对照。间接血凝试验和ELISA对动物和人有较高的检出率。

【治疗】手术摘除棘球蚴，注意包囊绝对不可破裂。可选用丙硫咪唑，绵羊每千克体重60mg，连服2次。吡喹酮，每千克体重25～30mg，1次口服。

【防制措施】对犬定期驱虫，吡喹酮按每千克体重5mg，或甲苯咪唑按每千克体重8mg，均1次口服；犬粪便应无害化处理；患病器官必须无害化处理后方可作为饲料；保持畜舍、饲草、饲料和饮水卫生，防止犬粪便污染；人与犬等动物接触时，应注意个人卫生防护。

消化道线虫病

本病是由多个科、属的线虫寄生于反刍动物的消化道引起的多种线虫病的总称。主要特征为贫血、消瘦，可造成大批死亡。这些线虫病有许多共性，故综合叙述。

【病原体】种类繁多，常见的主要虫种有：

1. 寄生于皱胃 捻转血矛线虫，又称捻转胃虫，偶见于小肠。虫体呈毛发状，因吸血而呈淡红色。颈乳突明显，头端尖细，口囊小，内有1个背侧矛形小齿。雄虫长15～19mm，交合伞有"人"字形背肋偏向一侧。雌虫长27～30mm，因白色的生殖器官环绕于含血液的肠道，故形成红白相间的外观；阴门位于虫体后半部，有舌状阴门盖。虫卵呈短椭圆形，灰白色或无色，卵壳薄。

还有指形长刺线虫、马歇尔线虫、古柏线虫、毛圆线虫等；主要寄生于牛的似血矛线虫、普氏血矛线虫等，主要寄生于羊的羊的奥斯特线虫、背带线虫等。

2. 寄生于结肠 哥伦比亚食道口线虫，幼虫可在肠壁形成结节，故又称结节虫。口囊小而浅，其外周有明显的口领，口缘有叶冠，有或无侧翼膜。雄虫的交合伞发达。雌虫阴门有呈肾形的排卵器。虫卵椭圆形，灰白色或无色，壳较厚，含8～16个深色胚细胞。

食道口属还有微管食道口线虫、粗纹食道口线虫、辐射食道口线虫、甘肃食道口线虫等；还有寄生于大肠的夏伯特线虫等。

3. 寄生于小肠 羊仰口线虫，偶见于皱胃，还可寄生于兔、猪、犬及人的胃中。虫体头端向背面弯曲，口囊大，口孔腹缘有1对半月形切板，口囊底部背侧有1个大背齿，腹侧有1对小亚腹侧齿。雄虫交合伞发达，外背肋不对称，交合刺扭曲、较短。雌虫尾端钝圆，阴门位于体后部。虫卵呈钝椭圆形，两侧平直，灰白或无色，胚细胞大而少，内含暗色颗粒。

牛仰口线虫，主要寄生于牛的十二指肠。与羊仰口线虫的区别为口囊底部腹侧有2对亚腹侧齿，雄虫交合刺长；雌虫阴门位于虫体中部前。虫卵两端钝圆，胚细胞呈暗黑色。

还有寄生于牛的毛圆线虫、古柏线虫、细颈线虫、似细颈线虫等，寄生于羊的奥斯特线虫等。

4. 寄生于盲肠 毛尾线虫，乳白色，前部细长如毛发，后部短粗，粗细过渡突然，外形似鞭，故又称鞭虫。雄虫尾部卷曲，有1根交合刺，有交合刺鞘。雌虫尾部稍弯曲，后端钝圆，阴门位于粗细交界处。虫卵呈褐色或棕色，壳厚，两端具塞，呈腰鼓状。

【生活史】消化道线虫的生活史基本相似。毛尾线虫的感染期为感染性虫卵，其余的感染期均为感染性幼虫（第3期幼虫）。属直接发育型。经口感染，但仰口线虫亦可经皮肤感染，而且幼虫发育率可达80%以上，而经口感染时，发育率仅为10%左右。

【流行病学】

1. 传播特性 第3期幼虫多数可抵抗干燥、低温和高温等不利因素。此期幼虫具有背地性和向光性的特点，在温度、湿度和光照适宜时，从土壤中爬到牧草上，而当环境条件不利时又返回土壤中隐蔽。故牧草受到幼虫污染，土壤可成为感染来源。

2. 流行特点 分布广泛，地区性不明显。每年春季为发病高峰期，即所谓春季高潮，尤以西北地区明显。其主要原因：一是可以越冬的感染性幼虫，致使动物春季放牧后很快获得感染；二是动物当年感染时，由于牧草充足，抵抗力强，使体内的幼虫发育受阻，而当冬末春初，草料不足，机体抵抗力下降时幼虫开始发育，至春季其成虫数量在体内迅速达到高峰，动物发病数量剧增。

【症状】牛、羊经常混合感染多种线虫，多数线虫以吸血为生，引起宿主贫血。虫体的毒素作用干扰宿主的造血功能或抑制红细胞的生成，使贫血加重。虫体的机械性刺激，使胃、肠组织损伤，消化和吸收功能降低。表现精神沉郁，食欲不振，高度营养不良，渐进性消瘦，贫血，可视黏膜苍白，下颌及腹下水肿，腹泻或顽固性下痢，有时便中带血，或便秘与腹泻交替，可衰竭死亡。尤其羔羊和犊牛发育受阻，死亡率高。死亡多发生在春季高潮时期。

【病理变化】尸体消瘦、贫血、水肿。幼虫移行经过的器官出现瘀血性出血和小出血点。胃、肠黏膜发炎有出血点，肠内容物呈褐色或血红色。食道口线虫可引起肠壁结节，新结节中常有幼虫。

【诊断】根据流行病学、症状、粪便检查和剖检发现虫体进行综合诊断。粪便检查用漂浮法。因牛、羊带虫现象极为普遍，故发现大量虫卵时才能确诊。

【治疗】左咪唑，每千克体重6~10mg，1次口服，奶牛、奶羊休药期不得少于3d。丙硫咪唑，每千克体重10~15mg，1次口服。甲苯咪唑，每千克体重10~15mg，1次口服。伊维菌素或阿维菌素，每千克体重0.2mg，1次口服或皮下注射。重症病例应配合对症、支持疗法。

【防制措施】根据流行病学特点制定综合性防制措施。在春、秋两季各进行1次驱虫，北方地区可在冬末、春初驱虫，可有效防止春季高潮；对驱虫后排出的粪便应及时清理和发酵；注意饲料、饮水清洁卫生；在冬、春季合理补充精料、矿物质、多种维生素，以增强抗病力；放牧牛、羊尽量避开潮湿地及幼虫活跃时间，以减少感染机会；有条件的地方实行划地轮牧或畜种间轮牧。

犊新蛔虫病

本病是由弓首科新蛔属的牛新蛔虫寄生于犊牛小肠引起的疾病。主要特征为肠炎、腹泻、腹部膨大和腹痛。初生犊牛大量感染时可引起死亡。

【病原体】牛新蛔虫，又称牛弓首蛔虫。虫体粗大，活体呈淡黄色。头端有3片唇。食道呈圆柱形。雄虫长11~26cm，尾部有小锥突，弯向腹面。雌虫长14~30cm，尾直。虫卵近似圆形，淡黄色，卵壳厚，外层呈蜂窝状，内含1个胚细胞。

【生活史】雌虫产出的虫卵随犊牛的粪便排出，在27℃下经20~30d发育为感染性虫卵，母牛吞食后在小肠内孵出幼虫，幼虫穿过肠黏膜移行至母牛的生殖系统组织中。母牛妊娠后，幼虫通过胎盘进入胎儿体内。犊牛出生后，幼虫在小肠约需1个月发育为成虫。

幼虫在母牛体内移行时，有一部分可经血液循环到达乳腺，犊牛吸吮乳汁而感染。犊牛直接吞食感染性虫卵后，发育的幼虫随血液循环在肝、肺等移行，经支气管、气管、口腔，咽入消化道后随粪便排出体外，不能发育为成虫。成虫在犊牛小肠内可寄生2~5个月。

【流行病学】虫卵对消毒剂的抵抗力强，在2%福尔马林中仍可正常发育；阳光直射4h全部死亡，干燥环境中48~72h死亡。感染期虫卵需80%的相对湿度才能存活，故南方多见。主要发生于5月龄以内的犊牛，成年牛只在器官组织中有移行阶段的幼虫，而无成虫寄生。

【症状】犊牛一般在出生2周后症状明显，精神沉郁，食欲不振，吮乳无力，贫血。小肠黏膜出血和溃疡，继发细菌感染而导致肠炎，便中带血或黏液，腹部膨胀，站立不稳。虫体毒素作用可引起过敏和阵发性痉挛等。成虫寄生数量多时，可致肠阻塞或肠破裂引起死亡。犊牛出生后在外界感染，由于幼虫移行损伤肺而出现咳嗽、呼吸困难等，但可自愈。

【病理变化】小肠黏膜出血、溃疡，大量寄生时可引起肠阻塞或肠穿孔。犊牛出生后感染，可见肠壁、肝、肺等有点状出血、炎症。血液中嗜酸性粒细胞明显增多。

【诊断】根据5月龄以下犊牛多发等流行病学资料和症状可初步诊断，通过粪便检查虫卵和剖检发现虫体确诊。粪便检查用漂浮法。

【治疗】枸橼酸哌嗪（驱蛔灵），每千克体重250mg；丙硫咪唑，每千克体重10mg；左咪唑，每千克体重8mg，均1次口服。伊维菌素、阿维菌素，每千克体重0.2mg，皮下注射或口服。

【防制措施】对15~30日龄犊牛驱虫，不仅可以治愈病牛，还能减少虫卵对外界环境的污染；加强饲养管理，注意保持圈舍及运动场的卫生，及时清理粪便进行发酵。

球 虫 病

本病是由艾美耳科艾美耳属和等孢属的多种球虫寄生于牛、羊的肠道上皮细胞引起的疾病。主要特征为牛表现出血性肠炎；羊表现下痢、消瘦、贫血、发育不良。

【病原体】艾美耳属球虫，孢子化卵囊内有4个孢子囊，每个孢子囊内含2个子孢子。牛球虫有10余种，多数为艾美耳属，少数为等孢属；绵羊和山羊各有10余种，均为艾美耳属。

【生活史】与鸡球虫的发育过程基本相似，均为直接发育型。卵囊存在于粪便中。经口感染。牛、羊体内发育过程有裂殖生殖和配子生殖，体外发育过程为孢子生殖。只有在体外发育为孢子化卵囊时才具有感染能力。

【流行病学】犊牛和羔羊最易感且发病较重，成年多为带虫者。多发生于温暖季节，尤其是多雨季节，在潮湿、多沼泽的牧场上放牧时易发。哺乳期乳房被粪便污染时，容易引起犊牛和羔羊发病。突然更换饲料、应激反应、肠道性疾病及消化道线虫病时均易诱发。

【症状】牛潜伏期14~21d。犊牛多呈急性经过，病程一般为10~15d，严重病例可在发病1~2d内死亡。病初精神沉郁,体温略高或正常,粪便稀稍带血。约7d后,体温升至40~41℃,精神委顿,消瘦,喜躺卧;瘤胃蠕动减弱,肠蠕动增强,排带血稀便,恶臭,后期粪便呈黑色,几乎全为血液;可视黏膜苍白,体温下降,衰竭而死。慢性型病牛一般在3~5d逐渐好转,但下痢和贫血症状仍持续,病程可达数日,也可发生死亡。

羊急性型多见于1岁以下的羔羊,精神不振,食欲减退或废绝,体温40~41℃,消瘦,贫血,腹泻,便中带血并有肠黏膜。慢性型表现长期腹泻,逐渐消瘦,生长缓慢。

【病理变化】犊牛尸体消瘦,可视黏膜贫血。肛门松弛、外翻,后肢和肛门周围被血粪便污染。直肠黏膜肥厚、出血,有数量不等的溃疡灶。直肠内容物呈褐色,有纤维素性薄膜和黏膜碎片。肠系膜淋巴结肿大。

羔羊病变主要在小肠。小肠黏膜上有淡白或黄色结节,常成簇分布,从浆膜面上就可以看到。十二指肠和回肠有卡他性炎症,有点状或带状出血。

【诊断】根据流行病学特点、症状、剖检变化及粪便检查进行综合诊断。粪便检查采用漂浮法,须检出大量卵囊才能确诊。

【治疗】氨丙啉,每千克体重25mg口服,每天1次,连用5d。莫能菌素或盐霉素,按每千克饲料添加20~30mg混饲。也可选用磺胺喹噁啉等抗球虫药物。注意合理用药,以免产生抗药性。还需配合抗菌消炎、止泻、强心、补液等对症疗法。

【防制措施】幼龄与成年动物分开饲养,及时清理粪便并发酵,乳房保持清洁,饲草和饮水避免被粪便污染,更换饲料时要逐渐过渡,在发病季节应进行药物预防。

隐孢子虫病

本病是由隐孢子虫科隐孢子虫属的隐孢子虫寄生于牛、羊和人的胃肠黏膜上皮细胞引起的疾病,是重要的人畜共患病。主要特征为严重腹泻。

【病原体】隐孢子虫,卵囊呈圆形或椭圆形,卵囊壁薄。孢子化卵囊内无孢子囊,内含4个裸露的子孢子和1个残体。主要有小鼠隐孢子虫和小隐孢子虫,前者寄生于胃黏膜上皮细胞绒毛层内,后者寄生于小肠黏膜上皮细胞绒毛层内。

【生活史】与球虫发育过程不同的是在宿主体内完成卵囊孢子化过程,即排出的卵囊已经孢子化。

1. 裂殖生殖 牛、羊等吞食孢子化卵囊而感染,子孢子进入胃肠上皮细胞绒毛层进行裂殖生殖,产生3代裂殖体,其中第1、第3代裂殖体含8个裂殖子,第2代裂殖体含4个裂殖子。

2. 配子生殖 第3代裂殖子中的一部分发育为大配子体、大配子(雌性),另一部分发育为小配子体、小配子(雄性),大、小配子结合形成合子,外层形成囊壁后发育为卵囊。

3. 孢子生殖 配子生殖形成的合子,其中20%可分化为薄壁型卵囊,80%分化为厚壁型卵囊。薄壁型卵囊可在宿主体内脱囊,造成宿主的自体循环感染。厚壁型卵囊发育为孢子化卵囊后,随粪便排出体外,牛、羊等吞食后重复上述发育过程。

【流行病学】

1. 传播特性 隐孢子虫不具有明显的宿主特异性。人感染主要来源于牛,人群中可互传。经口感染,也可自体感染。还可以感染猪、马、犬、猫、鹿、猴、兔、鼠类等。本病在艾滋病人群中感染率很高,是重要的致死原因之一。卵囊对外界环境抵抗力很强,在潮湿环境中可存活数月,对大多数消毒剂有很强的抵抗力,50%氨水、30%福尔马林30min才能灭活。

2. 流行特点 犊牛和羔羊多发且发病严重。以1岁以下婴儿感染较多。世界性分布,我国绝大多数省区存在。

【症状】潜伏期3~7d。表现精神沉郁,厌食,腹泻,消瘦,粪便带有黏液或血液。有时体温升高。羊的病程为1~2周,死亡率可达40%,牛的死亡率可达40%。

【病理变化】犊牛以组织脱水,大肠和小肠黏膜水肿、有坏死灶,肠内容物含有纤维素块和黏液。羔羊皱胃内有凝乳块,小肠黏膜充血和肠系膜淋巴结充血水肿。在病变部位有发育中的各期虫体。

【诊断】根据流行病学特点、症状、剖检变化及实验室检查综合确诊。实验室检查是确诊本病的重要依据。病料涂片后用改良的酸性染色法染色后镜检,卵囊被染成红色,此法检出率较高。采用荧光显微镜检查,卵囊显示苹果绿荧光,检出率很高,是目前最常用的方法之一。死后刮取消化道病变部位黏膜涂片染色,可发现各发育期的虫体而确诊。由于卵囊较小,粪便中的检出率低。

【治疗】目前尚无特效药物。国外有采用免疫学疗法治疗病人的报道,如口服单克隆抗体、高免兔乳汁等。有较强抵抗力的牛、羊,采用对症支持疗法有一定效果。

【防制措施】加强饲养管理,提高动物免疫力,是唯一可行的办法。发病后要及时进行隔离治疗。严防牛、羊及人等粪便污染饲料和饮水。

第二节 循环系统寄生虫病

反刍动物循环系统寄生虫病主要有日本分体吸虫病、东毕吸虫病、巴贝斯虫病、泰勒虫病,另外,许多蠕虫通过循环系统移行,一些腹腔丝虫以及牛副丝虫、牛盘尾丝虫、骆驼盘尾丝虫的微丝蚴可寄生于反刍动物的血液中,旋毛虫的幼虫经血液循环到达横纹肌,弓形虫通过淋巴、血液循环进入有核细胞,寄生于牛红细胞的边缘边虫常与巴贝斯虫或泰勒虫混合感染。

日本分体吸虫病

本病是由分体科分体属的日本分体吸虫寄生于人和牛、羊等多种动物的门静脉系统小血管引起的疾病,又称血吸虫病。二类动物疫病。主要特征为急性或慢性肠炎、肝硬化、贫血、消瘦。是一种危害严重的人兽共患寄生虫病。

【病原体】日本分体吸虫,雌雄异体,呈线状。雄虫为乳白色,长为10~20mm,口吸盘在前端,腹吸盘在其后方,具有短而粗的柄与虫体相连;从腹吸盘后至尾部,体壁两侧向腹面卷起形成抱雌沟,雌虫常居其中呈合抱状态。雌虫呈暗褐色,较雄虫细长,子宫呈管状,内含50~300个虫卵(图9-8)。虫卵呈椭圆形,淡黄色,卵壳较薄,无盖,在其侧方有1个小刺,卵内含有毛蚴。

【生活史】

1. 寄生宿主 中间宿主为钉螺。终末宿主主要为人和牛,其次为羊、猪、马、犬、猫、兔、啮齿类及多种野生哺乳动物,寄生于门静脉系统的小血管和肠系膜静脉内。

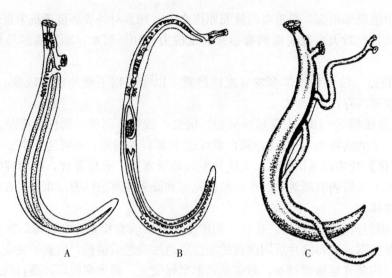

图 9-8 日本分体吸虫
A. 雄虫 B. 雌虫 C. 雌雄合抱

2. 发育过程 雌虫产出的虫卵，一部分随血流到达肝，一部分堆积在肠壁形成结节。虫卵在肝和肠壁发育成熟，其内毛蚴分泌溶组织酶由卵壳微孔渗透到组织，破坏血管壁，并致周围肠黏膜组织炎症和坏死，同时借助肠壁肌肉收缩，使结节及坏死组织向肠腔内破溃，使虫卵进入肠腔，随粪便排出体外。虫卵落入水中，在适宜条件下很快孵出毛蚴，毛蚴游于水中，遇钉螺即钻入其体内，经母胞蚴、子胞蚴发育为尾蚴。尾蚴离开螺体游于水表面，遇终末宿主后从皮肤侵入，经小血管或淋巴管随血流经右心、肺、体循环到达肠系膜静脉和门静脉内发育为成虫。

虫卵在水中，25～30℃、pH7.4～7.8 几个小时即可孵出毛蚴。侵入中间宿主体内的毛蚴发育为尾蚴约需 3 个月。侵入黄牛、奶牛、水牛体后尾蚴发育为成虫分别为 39～42d、36～38d 和 46～50d。成虫寿命一般为 3～4 年，在黄牛体内可达 10 年以上。

【流行病学】

1. 传播特性 感染来源为患病或带虫的牛和人等。终末宿主经皮肤感染，亦可经口腔黏膜感染，还可经胎盘感染胎儿。1 条雌虫 1d 可产卵 1000 个左右。1 个毛蚴在钉螺体内经无性繁殖，可产出数万条尾蚴。尾蚴在水中遇不到终末宿主时，可在数天内死亡。

2. 流行特点 广泛分布于长江流域及以南的省、区。钉螺阳性率与人、畜的感染率呈正相关，病人、畜的分布与钉螺的分布相一致，具有明显的地区性特点。黄牛的感染率和感染强度高于水牛。黄牛年龄越大，阳性率越高。而水牛随着年龄增长，其阳性率则有所降低，并有自愈现象。在流行区，水牛在传播本病上可能起主要作用。

钉螺的存在对本病的流行起着决定性作用。钉螺能适应水、陆两种生活环境，多生活于雨量充沛、气候温和、土地肥沃地区，多见于江河边、沟渠旁、湖岸、稻田、沼泽地等。在流行区内，钉螺常于 3 月份开始出现，4～5 月和 9～10 月是繁殖旺季。掌握钉螺的分布及繁殖规律，对防治本病具有重要意义。

【症状】犊牛和犬的症状较重，羊和猪较轻，黄牛比水牛明显。幼龄比成年表现严重，成年水牛多为带虫者。

犊牛多呈急性经过，主要表现为食欲不振，精神沉郁，体温升至 40～41℃，可视黏膜苍白，水肿，运动无力，消瘦，因衰竭死亡。慢性病例表现消化不良，发育迟缓甚至完全停滞，下痢，粪便含有黏液和血液。母牛不孕、流产。

人先出现皮炎，而后咳嗽、多痰、咯血，继而发热、下痢、腹痛。后期出现肝、脾肿大，肝硬化，腹水增多（俗称大肚子病），逐渐消瘦，贫血，常因衰竭而死亡。幸存者体质极度衰弱，成人丧失劳动能力，妇女不育，孕妇流产，儿童发育不良。

【病理变化】尸体消瘦、贫血、腹水增多。主要变化为虫卵沉积于血管、肝，以及心、肾、脾、胰、胃等器官组织形成虫卵结节，即虫卵肉芽肿。主要病变在肝和肠壁，肝表面凸凹不平，表面和切面有米粒大灰白色虫卵结节，初期肝肿大，后期肝萎缩、硬化。严重感染时肠壁肥厚，表面粗糙不平，各段均有虫卵结节，尤以直肠为重；肠系膜淋巴结肿大；脾肿大明显；肠系膜静脉和门静脉血管壁增厚，血管内有多量雌雄合抱的虫体。

【诊断】注重是否存在中间宿主等流行病学资料，结合症状、粪便检查和剖检变化进行综合诊断。粪便检查采用尼龙筛袋集卵法和毛蚴孵化法，二者常结合使用。剖检发现虫体和虫卵结节可以确诊。生前诊断还可用间接血凝试验、ELISA 和环卵沉淀试验等进行诊断。

【治疗】吡喹酮，每千克体重 30mg，1 次口服，最大用药量黄牛不超过 9g，水牛不超过 10.5g，体重超过部分不计药量。为治疗人和牛、羊等血吸虫病的首选药。

还有六氯对二甲苯（血防 846）、硝硫氰胺（7507）等。

【防制措施】本病是危害人类健康的重要人畜共患病之一，应采用人和易感动物同步的综合性防制措施。流行区每年都应对人和易感动物进行普查，对患病者和带虫者进行及时治疗；加强终末宿主粪便管理，发酵后再做肥料，严防粪便污染水源；严禁人和易感动物接触"疫水"，对被污染的水源应作出明显的标志，疫区要建立易感动物安全饮水池；消灭中间宿主是防制本病的重要环节，在钉螺滋生处喷洒药物，如五氯酚钠、溴乙酰胺、茶子饼、生石灰等。

东毕吸虫病

本病是由分体科东毕属的多种吸虫寄生于牛、羊的肠系膜静脉和门静脉引起的疾病。主要特征为腹泻、水肿、消瘦、贫血。

【病原体】东毕吸虫，种类很多，我国有 4 种：土耳其斯坦东毕吸虫、程氏东毕吸虫、土耳其斯坦东毕吸虫结节变种、彭氏东毕吸虫，前两种最多见。

土耳其斯坦东毕吸虫，雌雄异体，线状，常呈雌雄合抱状态。雄虫为乳白色，长 4～5mm，睾丸呈颗粒状，不规则双行排列。雌虫较雄虫纤细，卵巢呈螺旋状扭曲，其前方短子宫内常有 1 个虫卵（图 9-9）。虫卵呈长椭圆形，浅黄色或无色，无卵盖，两端各有 1 个附属物。

【生活史】生活史与日本分体吸虫相似。

1. 寄生宿主 中间宿主为椎实螺类。终末宿主主要为牛、羊，还有骆驼、马属动物及一些野生哺乳动物，寄生于肠系膜静脉和门静脉。

2. 发育过程 雌虫在终末宿主肠系膜静脉及门静脉中产卵，虫卵被血流冲积到肝和肠壁黏膜形成虫卵结节。在肝处的虫卵被结缔组织包埋、钙化而死亡，或破坏结节随血流或胆汁注入小肠后排出体外；在肠壁黏膜处的虫卵使结节破溃而进入肠腔，随宿主粪便排出体外。虫卵在适宜的条件下10d孵出毛蚴,进入中间宿主体内经1个月,发育为母胞蚴、子胞蚴和尾蚴。尾蚴逸出后在水中遇到终末宿主即经皮肤侵入,移行至肠系膜静脉及门静脉内,1.5~2个月发育为成虫。

【流行病学】感染来源为患病或带虫牛、羊等动物。终末宿主经皮肤感染。分布广泛,尤以北方地区为重。一般在5~10月份流行,北方地区多在6~9月份。急性病例多见于夏、秋季,慢性病例多见于冬、春季。成年牛、羊比幼龄易感。感染强度可达1万~2万条,可引起羊只大批死亡。

【症状】多为慢性经过,长期腹泻、贫血、消瘦,下颌及胸、腹下水肿,生长缓慢,重者衰竭死亡。母畜不孕或流产。急性病例为一次感染大量尾蚴所致,体温升至40℃以上,食欲不振甚至废绝,精神极度沉郁,呼吸迫促,严重腹泻,迅速消瘦,重者死亡。

人与水接触而感染,尾蚴可侵入皮肤引起皮炎,称为尾蚴性皮炎、稻田皮炎。初期皮肤出现米粒大红色丘疹,1~2d发展成绿豆大,周围有红晕及水肿,有时可连成风疹团,剧痒。

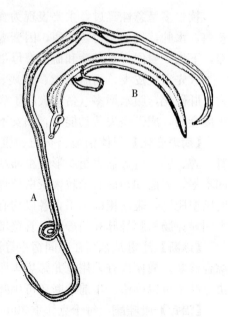

图9-9 土耳其斯坦东毕吸虫
A. 雌虫　B. 雌雄合抱

【病理变化】与日本分体吸虫相似,主要病变在肝和肠壁。

【诊断】参照日本分体吸虫病。

【治疗】参照日本分体吸虫病。

【防制措施】参照日本分体吸虫病。

巴贝斯虫病

本病是由巴贝斯科巴贝斯属的原虫寄生于牛、羊的红细胞引起的疾病。本病与泰勒虫病统称梨形虫病。二类动物疫病。由于经蜱传播,又称蜱热。主要特征为高热、贫血、黄疸、血红蛋白尿。

【病原体】巴贝斯虫,种类很多,我国报道牛有3种,羊有1种。呈梨籽形、圆形、卵圆形及不规则形等多种形态。大小差异很大,长度大于红细胞半径的称为大型虫体,长度小于红细胞半径的称为小型虫体。虫体的大小、排列方式、在红细胞中的位置、染色质团块数与位置及典型虫体的形态等,都是鉴定虫种的依据。典型虫体的形态具有诊断意义。

寄生于牛的主要有双芽巴贝斯虫、牛巴贝斯虫、卵形巴贝斯虫。寄生于羊的主要为莫氏巴贝斯虫。

【生活史】牛、羊巴贝斯虫的发育过程基本相似,需要转换2个宿主才能完成其发育,一个是牛或羊,另一个是必须在一定种属的蜱体内发育并传播。以牛双芽巴贝斯虫为例:

带有子孢子的蜱吸食牛血液时,子孢子进入红细胞,以裂殖生殖的方式繁殖产生裂殖子。红细胞破裂后,释放出的虫体再侵入新的红细胞,重复上述发育,最后形成配子体。当蜱吸食带虫牛或病牛血液时,在蜱的肠内进行配子生殖,然后在蜱的唾液腺等处进行孢子生殖，产生许多子孢子。蜱吸食牛血液时吸入体内，再注入其他牛红细胞。

【流行病学】

1. 传播特性　双芽巴贝斯虫可经胎盘传播给胎儿。传播蜱主要为微小牛蜱。

2. 流行特点　凡有传播蜱存在的地区均有本病流行。由于传播蜱的分布具有地区性，活动具有季节性，因此，发生与流行也具有明显的地区性和季节性，春末至秋季均可发病。由于主要传播蜱在野外发育繁殖，所以多发生于放牧牛，舍饲牛则发病较少。

两岁以内的犊牛发病率高，但症状较轻，死亡率低。成年牛发病率低，但症状较重，死亡率高，尤其是老、弱及使役过度的牛发病更加严重。纯种牛及外地引进牛易发病，发病较重且死亡率高，而当地牛具有一定的抵抗力。

【症状】潜伏期8～15d。病初稽留热，体温升至40～42℃，脉搏和呼吸加快，精神沉郁，食欲减退甚至废绝，反刍迟缓或停止，便秘或腹泻，乳牛泌乳减少或停止，妊娠母牛常发生流产。病牛迅速消瘦，贫血，黏膜苍白或黄染。由于红细胞被大量破坏而出现血红蛋白尿。治疗不及时的重症病牛可在4～8d内死亡，死亡率可达50%～80%。慢性病例，体温在40℃上下持续数周，食欲减退，渐进性贫血和消瘦，需经数周或数月才能康复。幼龄病牛中度发热仅数日，轻度贫血或黄染，退热后可康复。

在出现血红蛋白尿时可见血液稀薄，红细胞数降至200万/mm^3以下，血沉加快显著，红细胞着色淡，大小不均，血红蛋白减少到25%左右。白细胞在病初变化不明显，随后数量可增加3～4倍，淋巴细胞增加，中性粒细胞减少，嗜酸性粒细胞降至1%以下或消失。

【病理变化】尸体消瘦，血液稀薄，凝固不良。皮下组织、肌间结缔组织及脂肪均有黄染和水肿。脾肿大2～3倍，脾髓软化呈暗红色。肝肿大呈黄褐色，胆囊肿大，胆汁浓稠。肾肿大。肺瘀血、水肿。心肌松软，心内膜及外膜、心冠脂肪和实质器官等表面有不同程度的出血。膀胱膨大，黏膜有出血点，内有多量红色尿液。皱胃黏膜和肠黏膜水肿、出血。

【诊断】根据流行病学特点、症状、病理变化和实验室常规检查初步诊断，确诊需进行血液寄生虫学检查。还可用特效抗巴贝斯虫药物进行治疗性诊断。也可用ELISA、间接血凝试验、补体结合反应、间接荧光抗体试验等免疫学诊断方法。

【治疗】应及时诊断和治疗，辅以退热、强心、补液、健胃等对症、支持疗法。

咪唑苯脲，每千克体重1～3mg，配成10%的水溶液肌内注射。该药在体内残留期较长，休药期不少于28d。对各种巴贝斯虫均有较好效果。

三氮脒（贝尼尔、血虫净），每千克体重3.5～3.8mg，配成5%～7%溶液深部肌内注射。有时会出现毒性反应，表现起卧不安、肌肉震颤、频频排尿等。骆驼不宜应用。妊娠牛、羊慎用。水牛一般1次用药较安全，连续用药应谨慎。休药期为28～35d。

还有锥黄素等。

【防制措施】搞好灭蜱工作，实行科学轮牧。在蜱流行季节，尽量不到蜱大量滋生的草场放牧，必要时可改为舍饲；加强检疫，对外地调进的牛、羊，特别是从疫区调进时，一定要检疫后隔离观察，患病或带虫者应进行隔离治疗；在发病季节，可用咪唑苯脲进行预防，预防期一般为3～8周。

泰勒虫病

本病是由泰勒科泰勒属的原虫寄生于牛、羊等动物的巨噬细胞、淋巴细胞和红细胞引起的疾病。本病与巴贝斯虫病统称梨形虫病。二类动物疫病。主要特征为高热稽留、贫血、黄染、体表淋巴结肿大。发病率和死亡率都很高。

【病原体】环形泰勒虫，寄生于红细胞内的虫体以环形和卵圆形为主，还有杆形、圆形、梨籽形、逗点形、十字形和三叶形等多种形态。小型虫体有一团染色质，多数位于虫体一侧边缘，经姬姆萨染色，原生质呈淡蓝色，染色质呈红色。裂殖体出现于单核巨噬系统的细胞内，如巨噬细胞、淋巴细胞等，或游离于细胞外，称为柯赫氏体、石榴体，虫体圆形，内含许多小的裂殖子或染色质颗粒。还有瑟氏泰勒虫、山羊泰勒虫。

【生活史】各种泰勒虫的发育过程基本相似。带有子孢子的蜱吸食牛、羊血液时，子孢子随蜱唾液进入其体内，首先侵入局部单核巨噬系统的细胞内进行裂殖生殖，形成大裂殖体。大裂殖体发育成熟后破裂，释放出许多大裂殖子，大裂殖子又侵入其他巨噬细胞和淋巴细胞内重复上述裂殖生殖过程。与此同时，部分大裂殖子随淋巴和血液循环扩散到全身，侵入其他脏器的巨噬细胞和淋巴细胞再进行裂殖生殖，经若干世代后，形成小裂殖体，小裂殖体发育成熟后，释放出小裂殖子，进入红细胞中发育为配子体。幼蜱或若蜱吸食病牛或带虫牛血液时，将含有配子体的红细胞吸入体内，配子体由红细胞逸出，变为大配子和小配子，结合形成合子，发育为动合子。当蜱完成蜕化时，动合子进入蜱的唾腺变为合孢体开始孢子生殖，分裂产生许多子孢子。蜱吸食牛、羊血液时，子孢子进入其体内，重复上述发育过程。

【流行病学】

1. 传播特性　一种泰勒虫可以由多种蜱传播。

2. 流行特点　本病随着传播蜱的季节性消长而呈明显的季节性变化。环形泰勒虫病主要流行于5～8月，6～7月为发病高峰期，由于传播蜱（璃眼蜱）为圈舍蜱，所以发生于舍饲牛。瑟氏泰勒虫病主要流行于5～10月，6～7月为发病高峰期，其传播蜱（血蜱）为野外蜱，因此多发生于放牧牛。羊泰勒虫病主要流行于4～6月，5月为发病高峰期，放牧羊多发。

在流行区，1～3岁牛多发，病情较重，病愈可获得2.5～6年的免疫力。从非疫区引入的牛易发且病情严重。1～6月龄羔羊多发且病死率高，1～2岁次之，3～4岁发病较少。

【症状】潜伏期14～20d，多呈急性经过。病初高热稽留，体温升至40～42℃，肩前淋巴结和腹股沟浅淋巴结肿大有痛感；眼结膜初充血肿胀，后贫血黄染；心跳加快，呼吸增数；食欲大减或废绝，有异嗜现象；颌下、胸腹下水肿。中、后期在可视黏膜、尾根及阴囊等处出现出血点；迅速消瘦，红细胞数减少至300万/mm^3以下，血红蛋白降至30%～20%，血沉加快；肌肉震颤，卧地不起，多在发病后1～2周死亡，濒死前体温降至常温以下。

【病理变化】全身皮下、肌间、黏膜和浆膜均有大量出血点或出血斑。全身淋巴结肿大，切面多汁，有暗红色结节。皱胃黏膜肿胀，有针头至黄豆大暗红色结节，有的糜烂后形成边缘不整的溃疡灶，胃黏膜易脱落。脾肿大明显，被膜有出血点，脾髓质软呈紫黑色泥糊状。肾肿大、质软，表面有粟粒大暗红色病灶，外膜易剥离。肝肿大、质脆，呈棕黄色，表面有出血点，并有灰白或暗红色病灶。胆囊扩张，胆汁浓稠。肺有水肿或气肿，表面有出血点。

【诊断】根据流行病学、症状、剖检变化及实验室检查进行综合诊断。流行病学主要考虑发病季节、传播媒介及是否为外地引进牛和羊等。症状和病理变化主要注意高热稽留、贫血、黄疸、全身性出血、全身淋巴结肿大等。

【治疗】早期诊断和治疗，同时采取退热、强心、补液及输血等对症、支持疗法，才能提高治疗效果。控制并发感染可用抗菌消炎药。

磷酸伯氨喹啉，每千克体重按 0.75~1.5mg，口服或肌内注射，3~5d 为 1 个疗程。三氮脒，每千克体重 7mg，配成 7%水溶液，肌内注射，每日 1 次，3~5d 为 1 个疗程。该药副作用较大，应慎用。

【防制措施】我国已研制出环形泰勒虫裂殖体胶冻细胞苗，接种 20d 后产生免疫力，免疫期在 1 年以上，但对瑟氏泰勒虫和羊泰勒虫无交互免疫保护作用。在流行区内，发病季节前使用磷酸伯氨喹啉或三氮脒，预防期约 1 个月，亦有较好效果。圈舍灭蜱，可向墙缝喷洒药物，或将其堵死；在发病季节应尽量避开山地、次生林地等蜱滋生地放牧；在引进牛、羊时，应进行体表蜱及血液寄生虫学检查。

伊氏锥虫病

本病是由锥体科锥体属的伊氏锥虫寄生于多种动物的血液和淋巴液中引起的疾病，又称苏拉病。二类动物疫病。主要特征为高热、贫血、黏膜出血、黄疸、水肿和神经症状等。

【病原体】锥体属的虫体种类近 200 种，主要为布氏锥虫伊氏亚种，又称伊氏锥虫，虫体细长，长 18~34μm，宽 1~2μm，呈弯曲的柳叶状，前端尖，后端钝。泡状胞核椭圆形，位于虫体中央。虫体后端有点状动基体和毛基体，由毛基体生出 1 根鞭毛，沿虫体边缘的波动膜向前延伸，最后游离出体外（图 9-10）。

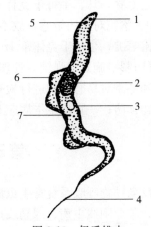

图 9-10 伊氏锥虫
1. 动基体 2. 核 3. 空泡 4. 游离鞭毛
5. 毛基体 6. 波动膜 7. 颗粒

【生活史】

1. 寄生宿主 宿主范围很广，马属动物和犬最易感，牛、水牛、羊、骆驼、鹿、猪、虎等野生动物都可感染。

2. 发育过程 伊氏锥虫寄生于易感动物的血液和造血器官中，当吸血昆虫吸血时将虫体吸入体内，叮咬其他动物时使其感染。伊氏锥虫以纵二分裂法繁殖。为单宿主发育型。

【流行病学】

1. 传播特性 病原体存在于患病或带虫的终末宿主血液中。主要经皮肤感染，也可通过胎盘感染，通过注射器和手术器械亦可传播。肉食动物在食入新鲜病肉时可通过消化道伤口而感染。虻类和吸血蝇类是主要传播者，但虫体在其体内并不发育，生存时间也较短。

2. 流行特点 主要流行于南方。流行季节与吸血昆虫的活动有关，发病多在 5~10 月，7~9 月为高峰期，南方可常年发生。

【症状】牛感染后多呈隐性感染或慢性经过，症状缓和或不明显。体温呈间歇热型，食欲减退，消瘦，眼结膜充血、黄染，然后变为苍白。母牛常见流产、死胎或泌乳量减少，甚至停乳。经胎盘感染的犊牛可于出生后 2~3 周内急性发作死亡。

【病理变化】胸、腹皮下水肿。体表淋巴结肿大、充血。血液稀薄，凝固不全。脾呈急性或慢性肿胀，脾髓常呈锈棕色。肝肿大、瘀血、脆弱。

【诊断】根据流行病学、症状、血液病原学检查综合确诊。可采耳尖静脉血做血液压滴标本镜检，或血液涂片以姬姆萨或瑞氏染色法染色后镜检。因虫体在末梢血液中可周期性出现，所以在体温升高时采血检出率较高。

动物接种试验检出率很高。采血 0.1～0.2mL，腹腔或皮下接种于小鼠，或 15mL 于家兔，2～3d 后，每隔 3d 采血检查 1 次，连续 1 个月以上查无虫体，可判为阴性。

【治疗】早期诊断和治疗尤为重要，用药量要足。因易产生抗药虫株，在治疗复发病时要更换药物。

萘磺苯酰脲（纳加诺、拜耳 205、苏拉明），马每千克体重 10mg，极量为 4g，配成 10%溶液，静脉注射，1 个月后再注射 1 次。与锑剂、砷剂及安锥赛等配合应用可提高疗效。副作用有体表水肿、口炎、肛门及蹄冠糜烂、跛行、荨麻疹等，用下列药物缓解：氯化钙 10g，苯甲酸钠咖啡因 5g，葡萄糖 30g，生理盐水 1000mL，混合后静脉注射，每天 1 次，连用 3d。

硫酸甲基喹嘧胺（安锥赛），牛每千克体重 3～5mg，配成 10%溶液，1 次皮下或肌内注射，必要时 2 周后再用药 1 次。亦可与苏拉明交替使用，效果更好。

三氮脒，马、牛每千克体重 3.5mg，配成 5%溶液，深部肌内注射，每日 1 次，连用 2～3d。骆驼对此药敏感，故不宜用。

锥嘧啶，牛每千克体重 1mg，配成 1%～2%溶液做臀部深层肌内注射。

【防制措施】加强饲养管理，保持环境卫生，防止吸血昆虫叮咬动物；疫区应在感染季节前和冬季对易感动物进行检查，对阳性动物进行治疗，对假定健康动物可在感染季节前施行药物预防；一旦发生本病应及时隔离治疗。

第三节　呼吸系统寄生虫病

反刍动物呼吸系统寄生虫病主要有网尾线虫病、羊鼻蝇蛆病，还有棘球蚴病、细颈囊尾蚴病、羊原圆线虫病、缪勒线虫病、刺尾线虫病、新圆线虫病、弓形虫病等，一些非呼吸系统寄生虫的幼虫移行可造成肺组织损伤。

网尾线虫病

本病是由网尾科网尾属的线虫寄生于反刍动物的支气管和细支气管引起的疾病，又称肺线虫病。主要特征为群发性咳嗽，咳出的黏液中含有虫卵和幼虫，体温一般正常。

【病原体】丝状网尾线虫，寄生于羊、骆驼等的支气管内。虫体细线状，乳白色，肠管似 1 条黑线。雄虫长 25～80mm，交合伞发达，交合刺呈靴形。雌虫长 40～110mm，阴门位于虫体中部附近。虫卵呈椭圆形，灰白色，卵内含第 1 期幼虫。

胎生网尾线虫，寄生于牛等的支气管和气管内。虫体呈丝状，黄白色。雌虫阴门表面略突起呈唇瓣状。

【生活史】网尾线虫为直接发育型。虫卵随咳嗽进入口腔后被咽下，在消化道中孵出第 1 期幼虫，随粪便排出体外，20℃ 5～7d 蜕皮 2 次发育为感染性幼虫。宿主吞食感染性幼虫后感染，幼虫钻入肠淋巴结内蜕皮变为第 4 期幼虫，经淋巴循环到右心，再随血液循环到达肺，约需18d发育为成虫。成虫在羊体内的寿命与其营养状态和年龄有关，2~12个月不等。

【流行病学】炎热季节不利于幼虫生存，但幼虫耐低温，4~5℃就可以发育，并可以保持活力100d之久。多见于潮湿地区，常呈地方性流行。胎生网尾线虫多在西北、西南地区流行，是放牧牛群，尤其是牦牛春季死亡的重要原因之一。主要危害幼龄动物，症状明显，死亡率高。

【症状】感染初期，幼虫移行引起肠黏膜和肺组织损伤，继发细菌感染时引起广泛性肺炎。成虫寄生时引起细支气管、支气管炎症，严重时使其阻塞。由干咳转为湿咳，常具有群发性，特别是羊被驱赶或夜间时明显，镜检咳出的黏液团可检出虫卵或幼虫。从鼻孔排出黏液分泌物形成结痂，喷嚏，逐渐消瘦，后期严重贫血。体温一般正常。羔羊症状较重，可引起死亡。

【病理变化】有虫体及黏液、脓汁、血丝等阻塞细支气管，肺膨胀不全、气肿。虫体寄生部位表面隆起，触诊有坚硬感，切开后常见虫体。支气管黏膜肿胀、充血、出血。

【诊断】根据流行病学、症状、粪便检查和剖检变化以及发现的虫体进行综合诊断。注意咳嗽发生的季节和群发性。粪便检查用幼虫分离法，检出第1期幼虫即可确诊。第1期幼虫头端钝圆，有一扣状结节，尾端细而钝，体内有黑色颗粒。

【治疗】左咪唑，每千克体重8~10mg；丙硫咪唑，每千克体重10~15mg，均1次口服。伊维菌素或阿维菌素，每千克体重0.2mg，口服或皮下注射。

【防制措施】由放牧转舍饲前进行1次驱虫，使羊只安全越冬，2月初再进行1次驱虫，以免春乏死亡，驱虫后3~5d内，对羊实行圈养，集中粪便发酵；实行划地轮牧，成羊与羔羊分群放牧，保护羔羊不受感染；疏通牧场积水，注意饮水卫生；对羔羊接种致弱幼虫苗，可起到一定的保护作用。

羊鼻蝇蛆病

本病是由狂蝇科狂蝇属的羊狂蝇的幼虫寄生于羊的鼻腔及附近的腔窦引起的疾病，又称羊鼻蝇蚴病。主要特征为流鼻液和慢性鼻炎。

【病原体】羊鼻蝇蛆，第3期幼虫28~30mm，前端尖，有两个黑色口前钩。背面隆起，每节背面具有深褐色的横带。腹面扁平，各节前缘具有数列小刺。后端平齐，有两个气门板（图9-11）。成蝇为羊鼻蝇，又称羊狂蝇，外形似蜜蜂，淡灰色，头大呈黄色，口器退化。

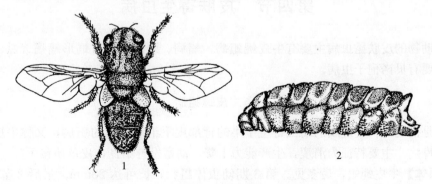

图9-11 羊鼻蝇
1. 成蝇 2. 第三期幼虫

【生活史】成蝇营自由生活,一般在夏季出现,雌、雄蝇交配后,雄蝇死亡。雌蝇体内幼虫形成后,择晴朗无风的白天活动,遇羊后突然冲向羊鼻孔,将幼虫产于鼻腔及鼻孔周围。1次产下20～40个幼虫,数日内可产幼虫500～600只,产完后死亡。刚产下的第1期幼虫爬入鼻腔,以口钩固着于鼻黏膜上,并逐渐向深部移行,在鼻腔、鼻窦、额窦及角窦内蜕皮发育为第2期幼虫,再蜕皮发育为第3期幼虫。到第2年春天,幼虫向鼻孔外侧移行。当羊打喷嚏时,将幼虫喷落,入土内化蛹,最后羽化为成蝇。

在北方地区,幼虫进入鼻腔及附近的腔窦中寄生9～10个月。第3期幼虫多出现在第2年的3～5月份。蛹期1～2个月。成蝇寿命2～3周,每年仅繁殖1代。在南方地区,其幼虫在鼻腔内寄生时间明显缩短,蛹期也缩短,每年可繁殖2代。

【流行病学】感染来源为羊鼻蝇。主要分布于北方养羊地区。

【症状与病理变化】成虫在侵袭羊群产幼虫时,羊表现不安,互相拥挤,频频摇头、喷嚏,或以鼻孔抵于地面,或把头伸向另一只羊的腹下或两腿之间,或低头奔跑躲闪,严重影响采食和休息,导致消瘦、生长缓慢。当幼虫进入鼻腔内固着或移行时,刺激鼻腔黏膜肿胀发炎,鼻腔流出浆液性或脓性分泌物,干涸后形成鼻痂,堵塞鼻孔导致呼吸困难。患羊打喷嚏、摇头、摩擦鼻部。数月后症状较轻,但至第2年春天,虫体变大且移向鼻孔外侧时症状加重。

在寄生过程中,部分第1期幼虫可进入额窦、角窦,长大后不能返回鼻腔。虫体分泌的毒素和长期机械性刺激,致使发生额窦炎、角窦炎。严重时累及脑膜,出现转圈、歪头、低头等神经症状,其中以转圈运动较多见,因此又称假回旋病。

【诊断】根据流行病学特点和典型的症状可初步诊断,死后剖检在鼻腔及附近腔窦内发现各期幼虫后确诊。也可进行治疗性诊断,药物治疗后症状减轻或消失可确诊。当出现神经症状时,应与脑多头蚴病和莫尼茨绦虫病相区别。

【治疗】伊维菌素或阿维菌素,每千克体重0.2mg,皮下注射或口服,连用2～3次,可灭活各期幼虫。氯氰碘柳胺钠,5%注射液按每千克体重5～10mg,皮下或肌内注射;5%混悬液,按每千克体重10mg,1次口服,可灭活各期幼虫。

【防制措施】北方地区可在11月份进行1～2次治疗,可灭活第1、2期幼虫,同时避免发育为第3期幼虫。

第四节　皮肤寄生虫病

反刍动物的皮肤昆虫病主要有牛皮蝇蛆病、螨病、硬蜱,还有蠕形螨病、虱、蠕形蚤,原虫病主要有贝诺孢子虫病。

牛皮蝇蛆病

本病是由皮蝇科皮蝇属的幼虫寄生于牛的背部皮下组织引起的疾病,又称牛皮蝇蚴病。三类动物疫病。主要特征为消瘦,生产能力下降,幼畜发育不良,皮革质量下降。

【病原体】牛皮蝇蛆,最多见。第3期幼虫体粗壮,长可达28mm,最后2节背、腹均无刺,背面较平,腹面凸而且有很多结节,有两个后气孔,气门板呈漏斗状(图9-12)。成蝇外形似蜂,全身被有绒毛,口器退化。虫卵呈长圆形,橙黄色。

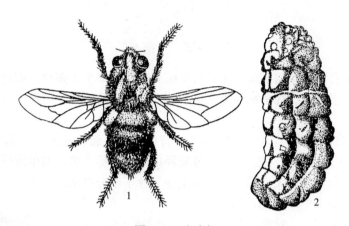

图 9-12 牛皮蝇
1. 成虫 2. 第三期幼虫

【生活史】属于完全变态，经卵、幼虫、蛹和成蝇 4 个阶段。成蝇多在夏季出现，雌、雄蝇交配后，雄蝇死亡。雌蝇在牛体产卵后死亡。虫卵经 4～7d 孵出第 1 期幼虫，经毛囊钻入皮下，移行至椎管硬膜的脂肪组织中，蜕皮变成第 2 期幼虫，然后从椎间孔钻出移行至背部皮下组织，蜕皮发育为第 3 期幼虫，在皮下形成指头大瘤状突起，皮肤有小孔与外界相通，成熟后落地化蛹，最后羽化为成蝇。

第 1 期幼虫到达椎管或食道的移行期约 2.5 个月，在此停留约 5 个月；在背部皮下寄生 2～3 个月，一般在第 2 年春天离开牛体；蛹期为 1～2 个月。幼虫在牛体内全部寄生时间 10～12 个月。成蝇在外界只存活 5～6d。

【流行病学】主要流行于西北、东北及内蒙古地区。多在夏季发生感染。1 条雌蝇一生可产卵 400～800 个。牛皮蝇产卵主要在牛的四肢上部、腹部及体侧被毛上。有时也可感染马、驴及野生动物，人也有被感染的报道。

【症状】成蝇虽然不叮咬牛，但雌蝇产卵时引起牛惊恐不安、奔跑，影响采食和休息，易造成外伤和流产，生产能力下降等。幼虫钻进皮肤时局部痛痒，表现不安。有时因幼虫移行伤及延脑或大脑可引起神经症状，严重者可引起死亡。

【病理变化】幼虫在体内移行时，造成移行各处组织损伤，在背部皮下寄生时，引起局部结缔组织增生和发炎，背部两侧皮肤上有多个结节隆起。当继发细菌感染时，可形成化脓性瘘管，幼虫钻出后，瘘管逐渐愈合并形成瘢痕，严重影响皮革质量。幼虫分泌的毒素损害血液和血管，引起贫血。

【诊断】根据流行病学、症状及病理变化进行综合诊断。幼虫寄生于背部皮下时容易确诊。初期触诊有皮下结节，后期眼观可见隆起，可挤出幼虫，但注意勿将虫体挤破，以免发生变态反应。夏季在牛被毛上发现单个或成排的虫卵可为诊断提供参考。

【治疗】伊维菌素或阿维菌素，每千克体重 0.2mg 皮下注射。蝇毒灵，每千克体重 10mg，肌内注射。2％敌百虫水溶液 300mL，在牛背部皮肤上涂擦。还可以选用皮蝇磷等。当幼虫成熟而且皮肤隆起处出现小孔时，可将幼虫挤出集中焚烧。

【防制措施】消灭牛体内幼虫，可防止幼虫化蛹，具有预防作用。在流行区感染季节可用敌百虫、蝇毒灵等喷洒牛体，每隔 10d 用药 1 次，防止成蝇产卵或杀死第 1 期幼虫。其他药物均可用于预防。

螨 病

本病是由疥螨科疥螨属的疥螨、痒螨科痒螨属的痒螨寄生于多种动物的皮肤所引起的皮肤病，又称疥癣，俗称癞。绵羊螨病为三类动物疫病。主要特征为剧痒、脱毛、皮炎、高度传染性等。

【病原体】疥螨，微黄色，0.2~0.5mm。背面隆起，腹面扁平。口器为咀嚼式。肢粗而短，第3、4对不突出体缘（图9-13）。各亚种以宿主名称命名，如牛疥螨、猪疥螨、山羊疥螨、绵羊疥螨、兔疥螨、犬疥螨等，其宿主特异性不十分严格。

痒螨，大小为0.5~0.8mm，椭圆形，口器为为刺吸式，4对肢均突出虫体边缘（图9-14）。主要有牛痒螨、水牛痒螨、绵羊痒螨、山羊痒螨、兔痒螨等。

【生活史】疥螨的发育过程有卵、幼虫、若虫和成虫四个阶段。雌螨与雄螨交配后，雄虫不久死亡。雌螨在宿主表皮内挖掘隧道，每隔一段距离即有小孔与外界相通，是进入空气和幼虫出入的通道。雌虫一生可产卵

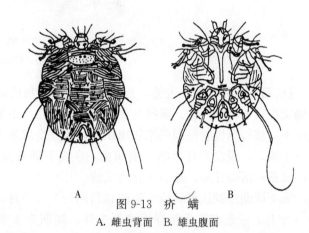

图9-13 疥 螨
A. 雌虫背面　B. 雄虫腹面

40~50个，卵孵化出幼虫，幼虫蜕皮变为若虫，再蜕皮变为成虫，完成1代发育需8~22d。雌虫产卵期为4~5周，产完卵后的寿命为4~5周。

痒螨寄生于体表，以患部渗出物和淋巴液为营养。发育过程与疥螨相似。雌螨采食1~2d后开始产卵，一生约产卵40个。整个发育需10~12d，寿命约42d。

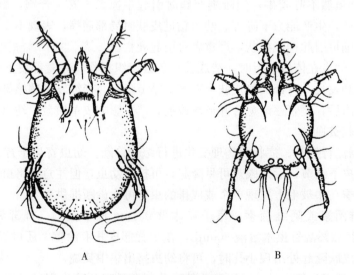

图9-14 痒螨腹面
A. 雌虫背面　B. 雄虫背面

【流行病学】
1. 传播特性 寄生于羊、牛、猪、骆驼、马、犬、猫、兔等哺乳动物。通过动物直接接触传播，或通过被污染的物品及工作人员间接接触传播。雌虫产卵数量虽然较少，但发育速度很快，在适宜的条件下 1～3 周即可完成 1 个世代。螨在宿主体上遇到不利条件时，可休眠 5～6 个月，常为疾病复发的原因。离开宿主后可生存 2～3 周，并保持侵袭力。

2. 流行特点 圈舍潮湿，饲养密度过大，皮肤卫生状况不良时容易发病。尤其在秋末以后，毛长而密，阳光直射动物时间减少，皮温恒定，湿度增高，有利于螨的生长繁殖。秋冬季节，尤其是阴雨天气，蔓延最快，发病强烈。幼龄动物病情较重，成年动物有一定的抵抗力，但往往成为感染来源。

【症状与病理变化】 疥螨多寄生于皮肤薄、被毛短而稀少的部位。直接刺激动物体以及分泌有毒物质刺激神经末梢，使皮肤发生剧痒。当动物进入温暖圈舍或运动后皮温增高时，痒觉加剧。动物瘙痒或啃咬患处，使局部损伤、发炎形成水疱，感染后成为脓疱，水疱和脓疱破溃流出脓汁，干涸后形成痂皮。病情继续发展，结缔组织增生，皮肤形成皱褶和龟裂。脱毛处不利于螨的生长发育，便向四周扩散使病变至全身。冬季脱毛，体温散失，脂肪大量消耗，甚至衰竭死亡。潜伏期 2～4 周，病程可持续 2～4 个月。

【诊断】 根据流行病学、症状和皮肤刮下物实验室检查即可诊断。注意与以下类症相鉴别：虱和毛虱寄生时，皮肤病变不如疥螨病严重，眼观检查体表可发现虱或毛虱。秃毛癣时为界限明显的圆形或椭圆形病灶，覆盖易剥落的浅灰色干痂，痒觉不明显，皮肤刮下物检查可有真菌。湿疹无传染性，在温暖环境中痒觉不加剧。过敏性皮炎无传染性，病变从丘疹开始，以后形成散在的小干痂和圆形秃毛斑。

【治疗】 双甲脒（特敌克），每千克体重 500mg，涂擦、药浴或喷淋。溴氰菊酯（倍特），每千克体重 500mg，喷淋或药浴。伊维菌素或阿维菌素，每千克体重 0.2mg，皮下注射。还有二嗪农（螨净）、巴胺磷、辛硫磷等。用药应先进行小群动物试验后再大批使用。涂擦时每次涂药面积不应超过体表面积的 1/3。多数杀螨药对卵的作用较差，应间隔 5～7d 重复用药。

【防制措施】 预防尤为重要，发病后再治疗，往往损失很大。定期进行动物体检查和灭螨，流行区的群养动物，无论是否发病均定期用药；圈舍保持干燥，光线充足，通风良好；动物群密度适宜；引进动物要进行严格检查，疑似动物应及早确诊并隔离治疗；被污染的圈舍及用具用杀螨剂处理；螨病羊毛要妥善放置和处理；防止通过饲养人员或用具间接传播。

硬 蜱

硬蜱是指硬蜱科各属的蜱，俗称扁虱、牛虱、草爬子、草瘪子、马鹿虱、狗豆子等。主要特征为引起贫血、消瘦、发育不良、皮毛质量降低及产乳量下降等。

【病原体】 呈红褐色，背腹扁平。吸饱血后膨胀如赤豆或蓖麻籽大。虫体头、胸、腹融合，不易分辨，分假头和体部。硬蜱分布广泛，已知有 800 余种，我国记载的有 100 余种。

【生活史】 硬蜱发育要经过卵、幼蜱、若蜱和成蜱 4 个阶段。雌蜱吸饱血后离开宿主产卵，虫卵呈卵圆形，黄褐色，胶着成团，经 2～4 周孵出幼蜱。几天后幼蜱侵袭宿主吸血，蛰伏一定时间后蜕皮变为若蜱，再吸血后蜕皮变为成蜱。在硬蜱整个发育过程中，需有 2 次蜕皮和3次吸血期。生活史的长短主要受环境温度和湿度影响，1个生活周期为3～12个月，环境条件不利时出现滞育现象，生活周期延长。

【流行病学】大多数寄生于哺乳动物，少数寄生于鸟类和爬虫类，个别寄生于两栖类。可产几千个卵。成蜱可耐饥1年。可在栖息场所或宿主体上越冬。各种蜱均有一定的地理分布区，分布与气候、地势、土壤、植被和宿主等有关，多数在温暖的季节活动。

【主要危害】蜱最大的危害是传播疾病，其中许多是人畜共患病，如森林脑炎、莱姆热、出血热、Q热、蜱传斑疹伤寒、鼠疫、野兔热、布鲁氏菌病、巴贝斯虫病、泰勒虫病等。

直接危害是吸食大量血液，雌虫饱食后体重可增加50～250倍。由于叮咬使宿主皮肤出现水肿、出血、急性炎性反应。动物贫血、消瘦、发育不良、皮毛质量降低及产乳量下降等。某些种的雌蜱分泌的神经毒素，可抑制动物肌神经乙酰胆碱的释放，造成运动神经传导障碍，引起急性上行性肌萎缩性麻痹，称为蜱瘫痪。

【诊断】在动物体表发现硬蜱即可确诊。

【治疗】在蜱活动季节，每天刷拭动物体，清除时应使蜱体与皮肤垂直拨出，集中杀死。可选用敌百虫、马拉硫磷、辛硫磷、杀螟松等，每隔3周向动物体表喷洒1次。还可用马拉硫磷、辛硫磷等药浴。杀虫剂要几种轮换使用，以免发生抗药性。

【防制措施】因地制宜采取综合防制措施，在圈舍墙壁、地面、饲槽等小孔和缝隙撒克辽林或杀蜱药剂，堵塞后用石灰乳粉刷。也可用溴氰菊酯（倍特）、马拉硫磷喷洒。

第五节　肌肉寄生虫病

发生于反刍动物肌肉的寄生虫病主要有牛囊尾蚴病、肉孢子虫病，还有羊囊尾蚴病、斯氏多头蚴病、牛副丝虫病、弓形虫病等。

牛囊尾蚴病

本病是由带科带吻属的肥胖带绦虫的幼虫寄生于牛的肌肉中引起的疾病，又称牛囊虫病。主要特征为幼虫移行时体温升高、虚弱、腹泻、反刍减缓或消失，幼虫定居后症状不明显。成虫寄生于人的小肠，是重要的人畜共患寄生虫病。

【病原体】牛囊尾蚴，呈灰白色、椭圆形的囊泡，大小为（5～9）mm×（3～6）mm，囊内充满液体，囊内有1个乳白色的头节，头节上无顶突和小钩。

成虫为肥胖带绦虫，又称牛带吻绦虫、牛肉带绦虫、无钩绦虫。虫体乳白色，扁平带状。长5～10m。由1000～2000个节片组成。头节上有4个吸盘，无顶突和小钩。成熟节片近似方形。孕卵节片窄而长。虫卵呈椭圆形，胚膜厚，辐射状，内含六钩蚴。

【生活史】中间宿主为黄牛、水牛、牦牛等。终末宿主为人。孕卵节片随终末宿主的粪便排出，污染了饲料、饲草或饮水，牛吞食后，六钩蚴逸出进入肠壁血管中，随血液循环到达全身肌肉，10～12周发育为牛囊尾蚴。主要分布在心肌、舌肌、咬肌等运动性强的肌肉中。人食入含有牛囊尾蚴的肌肉而感染，包囊被消化，头节吸附于小肠黏膜上，2～3个月发育为成虫，寿命可达25年以上。

【流行病学】

1. 传播特性　中间宿主可经胎盘感染。每个孕卵节片含虫卵10万个以上，平均每日排卵可达 70 余万个。虫卵在水中可存活 4～5 周，在湿润粪便中存活 10 周，在干燥牧场上可存活 8～10 周，在低湿牧场可存活 20 周。

2. 流行特点　呈世界性分布，其流行主要取决于食肉习惯、人粪便管理及牛的饲养方式。有些地区的居民有吃生或不熟牛肉的习惯，而导致该病呈地方性流行，其他地区多为散发。犊牛比成年牛易感性高。

【症状】初期六钩蚴在体内移行时症状明显，主要表现体温升高、虚弱、腹泻，反刍减弱或消失，严重者可导致死亡。囊尾蚴在肌肉中发育成熟后，则不表现明显的症状。

【病理变化】多寄生于咬肌、舌肌、心肌、肩胛肌、颈肌、臀肌等处，有时也可寄生于肺、肝、肾及脂肪等处。

【诊断】牛囊尾蚴病的生前诊断比较困难，可采用血清学方法，如 ELISA、间接血凝试验等。宰后在肌肉中发现囊尾蚴即可确诊。但一般感染强度较低，检验时需注意。人的肥胖带绦虫病可检查粪便中的孕卵节片或虫卵确诊。

【治疗】吡喹酮，每千克体重 30mg 口服，连用 7d。芬苯达唑，每千克体重 25mg，口服，连用 3d。人患牛带吻绦虫病可用氯硝柳胺、吡喹酮、丙硫咪唑等治疗。

【防制措施】做好人群中牛肥胖带吻绦虫病的普查和驱虫工作；加强人粪便管理工作，避免污染牛的饲料、草场、饮水；加强卫生监督检验工作，病肉无害化处理；加强宣传工作，改变生食牛肉的习惯。

肉孢子虫病

本病是由肉孢子虫科肉孢子虫属的肉孢子虫寄生于多种动物和人的横纹肌所引起的疾病。主要特征为隐性感染，但使胴体肌肉变性、变色。是重要的人畜共患病。

【病原体】肉孢子虫，100 余种。同种虫体寄生于不同宿主时，其形态和大小有显著差异。以中间宿主和终末宿主的名称命名，如寄生于牛的枯氏肉孢子虫的终末宿主是犬、狼、狐等，故被命名为牛犬肉孢子虫。肉孢子虫在中间宿主肌纤维和心肌中以包囊形态存在，在终末宿主小肠上皮细胞内或肠腔中以卵囊或孢子囊形态存在。

1. 包囊（米氏囊）　乳白色，多呈圆柱形、纺锤形，也有椭圆形或不规则形，最大可达 10mm，小的需在显微镜下才可见到。包囊壁由两层组成，内层向囊内延伸，将囊腔隔成许多小室。囊内含有母细胞，成熟后成为呈香蕉形的慢殖子（滋养体），又称雷氏小体。

2. 卵囊　为哑铃形，壁薄易破裂，无微孔、极粒和残体，内含 2 个孢子囊，每个孢子囊内有 4 个子孢子。孢子囊呈椭圆形，壁厚而平滑，无斯氏体。

【生活史】

1. 寄生宿主　中间宿主十分广泛，有哺乳类、禽类、鸟类、爬行类和鱼类，偶尔寄生于人，无严格的宿主特异性，可以相互感染，寄生于横纹肌。终末宿主为犬、狼、狐等食肉动物，还有猪、猫、人等，寄生于小肠上皮细胞。

2. 发育过程　肉孢子虫发育必须更换宿主。终末宿主吞食含有包囊的中间宿主肌肉后，包囊被消化，慢殖子逸出，侵入小肠上皮细胞发育为大配子体和小配子体，小配子体又分裂成许多小配子，大、小配子结合为合子后发育为卵囊，在肠壁内发育为孢子化卵囊。成熟的卵囊多自行破裂，因此随粪便排到外界的卵囊较少，多数为孢子囊。孢子囊和卵囊被中间宿主吞食后，脱囊后的子孢子经血液循环到达各脏器，在血管内皮细胞中进行两次裂殖生殖，然后进入血液或单核细胞中进行第3次裂殖生殖,裂殖子随血液侵入横纹肌纤维内,经1～2个月或数月发育为成熟包囊。

【流行病学】感染来源为患病或带虫的食肉动物和猪、犬、猫、人等,孢子囊和卵囊存在于粪便中。终末宿主体内的末代裂殖子对中间宿主也具有感染性。终末宿主和中间宿主均经口感染,亦可经胎盘感染。孢子囊对外界环境的抵抗力强,适宜温度条件下可存活1个月以上。但对高温和冷冻敏感,60～70℃ 100min,冷冻1周或-20℃存放3d均可灭活。各种年龄动物的感染率无明显差异,但牛、羊随着年龄增长而感染率增高。

【症状】成年动物多为隐性经过,严重感染一般也不表现症状。幼年动物感染后20～30d可能出现症状。犊牛表现发热,厌食,流涎,淋巴结肿大,贫血,消瘦,尾尖脱毛,发育迟缓。羔羊与犊牛症状相似,但体温变化不明显,严重感染时可死亡。妊娠动物易发生流产。胴体因有大量虫体寄生,使局部肌肉变性、变色而不能食用。猫、犬等肉食动物症状不明显。

人作为中间宿主时症状不明显,少数病人发热,肌肉疼痛;作为终末宿主时,有厌食、恶心、腹痛和腹泻症状。

【病理变化】病变主要在后肢、腰肌、食道、心脏、膈肌等处,牛在食道肌、心肌和膈肌,绵羊在食道肌和心肌最常见。可见顺着肌纤维方向有大量的白色包囊。显微镜检查时可见完整的包囊,也可见到包囊破裂释放出的慢殖子。在心脏时可导致严重的心肌炎。

【诊断】生前诊断困难,可用间接血凝试验,结合症状和流行病学进行综合诊断。慢性病例剖检发现包囊即可确诊。取病变肌肉压片或姬姆萨染色,检查香蕉形的慢殖子。注意与弓形虫区别,肉孢子虫染色质少,着色不均,弓形虫染色质多,着色均匀。

【治疗】尚无特效药物。可试用盐霉素、莫能菌素、氨丙啉、常山酮等预防。

【防制措施】加强肉品卫生检验,病肉应无害化处理;严禁用病肉喂犬、猫等;防止犬猫粪便污染饲料和饮水;人注意饮食卫生,不吃生肉或未熟的肉类食品。

第六节 其他寄生虫病

反刍动物的其他寄生虫病主要有脑多头蚴病、牛胎儿毛滴虫病,还有寄生于牛结膜囊和第三眼睑以及泪管的牛吸吮线虫病、腹腔的丝状线虫病、肝和腹腔的细颈囊尾蚴病、皮下和韧带以及动脉壁的盘尾丝虫病、神经系统的犬新孢子虫病、羊皮肤及皮下结缔组织的贝诺孢子虫病等。

脑多头蚴病

本病是由带科带属的多头带绦虫的幼虫寄生于反刍动物的大脑内引起的疾病,又称脑包虫病、回旋病。有时也寄生于延脑、脊髓中。主要特征为由于寄生部位的不同而表现相应的神经症状。人偶尔也能感染。

【病原体】脑多头蚴,又称脑共尾蚴、脑包虫。乳白色半透明的囊泡,直径约5cm或更大。囊壁外膜为角质层,内膜为生发层,其上有100～250个原头蚴。成虫为多头带绦虫,或称多头绦虫,寄生于犬科动物小肠。

【生活史】

1. 寄生宿主 中间宿主为反刍动物,寄生于大脑。终末宿主为犬、狼、狐狸等食肉动物，寄生于小肠。

2. 发育过程　孕卵节片或节片破裂释放的虫卵随终末宿主的粪便排出，污染了饲料、饲草、饮水，中间宿主吞食后感染，六钩蚴逸出进入肠壁血管，随血液循环到达脑、脊髓内，经2～3个月发育为脑多头蚴。终末宿主吞食了含有脑多头蚴的脑、脊髓后而感染，囊壁被消化，原头蚴逸出，吸附于小肠黏膜上，经1.5～2.5个月发育为成虫，可存活6～8个月至数年。

【流行病学】牧羊犬和狼在疾病传播中起重要作用。分布广泛，但牧区严重。

【症状】表现过程可分为前、后两个时期。前期为急性期，后期为慢性期。

1. 急性期　是感染初期，六钩蚴在脑组织中移行引起脑部炎性反应，表现体温升高，脉搏和呼吸加快，患畜做回旋、前冲或后退运动。有的病例表现流涎、磨牙、斜视、头颈弯向一侧等。发病严重的羔羊可在5～7d内因急性脑炎而死亡。

2. 慢性期　在一定时期内症状不明显，随着脑多头蚴的发育，逐渐出现明显症状。以寄生于大脑半球表面最为常见，出现典型的回旋运动，转圈方向与虫体寄生部位相一致，虫体大小与转圈直径成反比。虫体较大时可致局部头骨变薄、变软和皮肤隆起。如果压迫视神经，可致视力障碍以至失明。寄生于大脑额骨区时，头下垂，或向前冲，遇障碍物时用头抵住不动或倒地；寄生于枕骨区时，头高举；寄生于小脑时，站立或运动失去平衡，步态蹒跚；寄生于脊髓时，后躯无力或麻痹，呈犬坐姿势。上述症状常反复出现，终因神经中枢损伤及衰竭而死亡。如果多个虫体寄生于不同部位时，则出现综合性症状。

【病理变化】急性病例可见脑膜充血和出血，脑膜表面有六钩蚴移行所致的虫道。慢性病例头骨变薄、变软，并有隆起，打开后可见虫体，周围组织萎缩、变性、坏死等。

【诊断】急性期病例生前诊断比较困难。慢性期病例可根据典型症状和流行病学资料初步诊断。死后剖检在寄生部位发现虫体即可确诊。

【治疗】虫体寄生于头部前方大脑表面时，可采用外科手术摘除。急性病例可用吡喹酮试治，牛、羊每千克体重100～150mg，1次口服，连用3d为1个疗程；也可按每千克体重10～30mg，以1∶9的比例与液状石蜡混合，做深部肌内注射，3d为1个疗程。

【防制措施】对牧羊犬和散养犬定期进行驱虫，排出的粪便发酵处理；对犬提倡拴养，以免粪便污染饲料和饮水；牛、羊宰后发现含有脑多头蚴的脑和脊髓，要及时销毁或高温处理，防止犬吃入。

丝 虫 病

本病是由腹腔丝虫科丝状属的线虫寄生于牛、马等动物引起的疾病，又称腹腔丝虫病。三类动物疫病。寄生于腹腔的成虫一般数量较少，致病性不强，但某些种类的幼虫（微丝蚴）可引起马、羊脑脊髓丝虫病和马浑睛虫病，危害比较严重。

【病原体】丝状虫，呈乳白色。雄虫1对交合刺，不等长，不同形。雌虫尾部常呈螺旋状卷曲，尾尖上常有小结或小刺，阴门在食道部。雌虫产出的微丝蚴带鞘。胎生。主要有鹿丝状虫（又称唇乳突丝状虫）、指形丝状虫、马丝状虫。

【生活史】

1. 寄生宿主　中间宿主为蚊类和厩螫蝇。终末宿主为牛、马等动物。鹿丝状虫寄生于牛、羚羊和鹿的腹腔。指形丝状虫寄生于黄牛、水牛和牦牛的腹腔。马丝状虫寄生于马的腹腔。

2. 发育过程　成虫寄生于终末宿主的腹腔，雌虫产出的微丝蚴进入血液循环，周期性地出现在外周血液中，当中间宿主吸食终末宿主的血液时，微丝蚴进入其体内约 15d 发育为感染性幼虫，然后移行至口器内，当中间宿主再次吸食终末宿主血液时，感染性幼虫进入终末宿主体内，8～10 个月发育为成虫。

当带有指形丝状虫感染性幼虫的中间宿主吸食非固有宿主马和羊的血液时，晚期幼虫进入脑、脊髓的硬膜下或实质中，引起脑脊髓丝虫病。指形丝状虫、鹿丝状虫、马丝状虫的幼虫进入马属动物的眼前房中引起浑睛虫病。

【流行病学】幼虫存在于终末宿主的血液中，通过蚊、蝇等吸血昆虫传播，终末宿主经皮肤感染。本病分布于多蚊、蝇的地区，感染多在蚊、蝇繁殖旺季。

【症状】寄生于腹腔的成虫致病力不强，可引起轻度的腹膜炎，一般不显症状。

马脑脊髓丝虫病又称腰萎病。早期症状主要表现为腰髓支配的后躯运动神经障碍；后期表现脑髓受损的神经症状，但不严重。食欲、体温、脉搏、呼吸无明显变化。

引起马浑睛虫病时，发生角膜炎、虹彩炎和白内障。表现畏光、流泪、角膜和眼房液稍混浊，瞳孔散大，视力减退，眼睑肿胀，结膜和巩膜充血，重者失明。

【诊断】无明显症状，一般采终末宿主的外周血液，镜检发现微丝蚴确诊。马脑脊髓丝虫病早期诊断可用皮内反应试验。用牛腹腔指形丝状线虫提纯抗原，皮内注射 0.1mL，30min 后测量其丘疹直径，15mm 以上者为阳性，不足者为阴性。马浑睛虫病时，对光观察患眼，有虫体在眼前房游动。

【治疗】本病可用伊维菌素、阿维菌素、海群生等药物治疗。马脑脊髓丝虫病治疗困难，可用海群生，按每千克体重 50～100mg，1 次内服；或制成 20%～30% 注射液，肌内多点注射，4d 为 1 疗程。马浑睛虫病用角膜穿刺术取出虫体。如眼分泌物多时，可用硼酸液清洗，并用抗生素眼药水点眼。

【防制措施】杀灭吸血昆虫和防止叮咬宿主；在发病季节可用海群生预防马脑脊髓丝虫病。

牛毛滴虫病

本病是由毛滴虫科三毛滴虫属的胎儿三毛滴虫寄生于牛的生殖器官引起的疾病。三类动物疫病。主要特征为生殖器官炎症、机能减退、孕牛流产等。

【病原体】胎儿三毛滴虫，呈纺锤形、梨形，有波动膜，前鞭毛 3 根，后鞭毛 1 根。悬滴标本中可见其运动性。

【生活史】牛胎儿三毛滴虫主要寄生于母牛阴道和子宫、公牛包皮鞘和阴茎黏膜以及输精管等处。母牛妊娠后虫体可寄生在胎儿的皱胃、体腔以及胎盘和羊水中。虫体以纵二分裂方式进行繁殖。

【流行病学】主要通过交配感染，人工授精时带虫的精液和器械亦可传播。多发生于配种季节。虫体对外界抵抗力较弱，对热敏感，对冷有较强耐受性；对化学消毒剂敏感，大部分消毒剂可灭活。

【症状】公牛感染后发生急性黏液脓性包皮炎，出现粟粒大小的结节，有痛感，不愿交配。随着病情发展转为慢性，症状消失，但仍带虫，为重要的感染来源。母牛感染后 1～3d，出现阴道红肿，黏膜可见粟粒大结节，排出黏液性或黏液脓性分泌物。妊娠后 1～3 个月多发生流产、死胎。可导致子宫内膜炎、子宫蓄脓、发情期延长或不孕。

【诊断】 根据是否为配种季节、症状及实验室检查综合确诊。采集生殖道分泌物或冲洗液、羊水、流产胎儿皱胃内容物镜检，发现虫体可确诊。

【治疗】 0.2%碘液、0.1%黄色素或0.1%三氮脒，冲洗生殖道，每天1次，连用数天。10%灭滴灵水溶液局部冲洗，隔日1次，连用3次。甲硝达唑（灭滴灵），每千克体重10mg，配成5%的水溶液静脉注射，每天1次，连用3d。

【防制措施】 引进种公牛时要做好检疫，一般种公牛感染应淘汰，价值较高的种公牛可以治疗，但在判断是否治愈时应慎重。人工授精器械及授精员手臂要严格消毒。

复习思考题

1. 列表比较反刍动物蠕虫病代表虫种的形态构造特点。
2. 列表比较反刍动物蠕虫病病原体的生活史、中间宿主、补充宿主、终末宿主等，在重要宿主的寄生部位。
3. 简述当地重要的反刍动物寄生虫病的流行病学特点、症状特征、诊断和防制措施。
4. 简述反刍动物蠕虫卵的形态构造特点及粪学检查方法。
5. 简述反刍动物寄生虫病首选治疗药物、用法及剂量。
6. 简述人与反刍动物共患的寄生虫病及其综合防制措施。
7. 简述硬蜱和螨病对动物的主要危害及防制措施。
8. 制订牛、羊养殖场或散养牛、羊蠕虫病的综合防制措施。

第十章 猪的寄生虫病

> **学习目标**
> 1. 掌握姜片吸虫病、囊尾蚴病、旋毛虫病、蛔虫病病原体主要虫种的寄生部位及形态构造特点,以及流行特点、典型症状、粪便检查方法、首选治疗药物和剂量、防制措施。
> 2. 掌握后圆线虫病、毛尾线虫病、棘头虫病病原体主要虫种的寄生部位及形态构造特点,以及诊断、治疗和防制措施。
> 3. 了解伪裸头绦虫病、细颈囊尾蚴病、类圆线虫病、冠尾线虫病、球虫病、小袋虫病。

第一节 消化系统寄生虫病

猪消化系统寄生虫病主要有姜片吸虫病、伪裸头绦虫病、旋毛虫病、蛔虫病、类圆线虫病（杆虫病）、毛尾线虫病（鞭虫病）、棘头虫病、球虫病,还有华支睾吸虫病、食道口线虫病（结节虫病）、胃线虫病（包括似蛔线虫病、六翼泡首线虫病、西蒙线虫病、颚口线虫病等）、球首线虫病、红色猪圆线虫病、隐孢子虫病、小袋虫病等。

姜片吸虫病

本病是由片形科姜片属的布氏姜片吸虫寄生于猪和人的小肠引起的疾病。主要特征为消瘦、发育不良和肠炎。

【病原体】布氏姜片吸虫,虫体肥厚,叶片状,肉红色。长20~75mm,宽8~20mm,厚2~3mm。体表被有小棘。腹吸盘呈倒钟状,大小为口吸盘的3~4倍。两条肠管呈波浪状伸达后端。2个分枝的睾丸前后排列在后部中央。雄茎囊发达。卵巢分枝,位于中部偏后。卵黄腺呈颗粒状,分布在两侧。无受精囊。子宫弯曲位于卵巢与腹吸盘之间,内含虫卵（图10-1）。虫卵呈长椭圆形或卵圆形,淡黄色,有卵盖,卵内含有1个胚细胞和许多卵黄细胞。

【生活史】
1. 寄生宿主 中间宿主为淡水螺类的扁卷螺。终末宿主为猪,偶见于犬,可感染人,寄生于小肠。

2. 发育过程 虫卵随终末宿主的粪便排出落入水中,在适宜的温度、氧气和光照条件下,3~7d孵出毛蚴。毛蚴在水中进入中间宿主体内,25~30d发育为胞蚴、母雷蚴、子雷蚴、尾蚴。尾蚴离开螺体进入水中,附着在水浮莲、水葫芦、菱角、荸荠等水生植物上发育为囊蚴。终末宿主吞食囊蚴而感染,经100d在小肠内发育为成虫。成虫寿命为9~13个月。

【流行病学】1条成虫1昼夜可产卵1万~5万个。囊蚴对外界环境的抵抗力强,30℃可生存90d,在5℃的潮湿环境可生存1年,干燥及阳光照射易死亡。主要分布在习惯以水生植物喂猪的南方。

【症状】少量寄生时不显症状。寄生数量较多时,精神沉郁,被毛粗乱无光泽,消瘦,贫血,眼结膜苍白,水肿,尤其以眼睑和腹部较为明显,食欲减退,消化不良,腹痛,腹泻,粪便混有黏液。初期体温不高,后期体温微高,重者可死亡。耐过的仔猪发育受阻,增重缓慢。母猪常因泌乳量下降而影响乳猪生长。

【病理变化】虫体以强大的口吸盘和腹吸盘吸附肠黏膜,使附着部位发生机械性损伤,引起肠炎,肠黏膜脱落、出血,甚至发生脓肿。感染强度高时可引起肠阻塞,甚至肠破裂或肠套叠。贫血、水肿,嗜伊红白细胞增多,中性白细胞减少。

【诊断】根据猪有采集食水生植物的病史等流行病学资料,结合症状、粪便检查和剖检等综合诊断。粪便检查可用直接涂片法或沉淀法。

【治疗】敌百虫,每千克体重100mg,混料早晨空腹喂服,隔日1次,2次为1个疗程。硫双二氯酚,每千克体重60~100mg,混料喂服。吡喹酮,每千克体重50mg,混料喂服。还有六氯对二甲苯、硝硫氰胺等。人体驱虫首选吡喹酮。

【防制措施】在流行地区,每年春、秋两季定期驱虫;猪粪便经生物热处理后再利用;人和猪禁止采集食水生植物;做好人体尤其是儿童驱虫;灭螺。

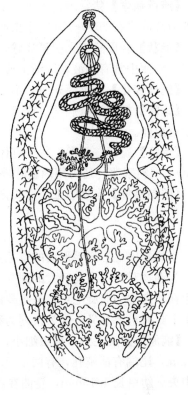

图10-1 布氏姜片吸虫

伪裸头绦虫病

本病是由膜壳科伪裸头属的克氏伪裸头绦虫寄生于猪和人的小肠引起的疾病。主要特征为轻度感染时无症状,重度感染时消瘦、毛焦、幼畜生长发育迟缓。

【病原体】克氏伪裸头绦虫,又称盛氏伪裸头绦虫、盛氏许壳绦虫或陕西许壳绦虫。虫体呈乳白色,长64~106cm,宽3.8~6mm。节片几百节至2000多节。头节有4个近似卵圆形的吸盘,顶突无钩。链体节片宽度大于长度若干倍。每个成熟节片有1套生殖器官,有24~43个球形睾丸,分布于卵巢与卵黄腺的两侧。雄茎囊短,雄茎常伸出生殖孔外。生殖孔规则地开口于节片一侧边缘的正中。分叶型卵巢位于节片中央。卵黄腺紧靠卵巢之后。孕节内的子宫为简单的袋状,内充满虫卵。虫卵为圆形,棕褐色,壳厚,内含六钩蚴。

【生活史】中间宿主为赤拟谷盗、黑粉虫等鞘翅目昆虫。终末宿主为猪、野猪和人,寄生于小肠。脱落的孕卵节片或破裂后逸出的虫卵,随粪便排出被中间宿主吞食,30~45d发育为似囊尾蚴,猪食入中间宿主后,似囊尾蚴在小肠内1个月发育为成虫。

【流行病学】猪常因食入含有中间宿主的米、面、糠麸等感染。虫体繁殖力较强,每个孕卵节片内含有2000～5000个虫卵。

【症状】轻度感染无明显症状。大量寄生时,被毛粗乱,食欲不振,阵发性呕吐、腹泻、腹痛,粪便中常有黏液,逐渐消瘦。仔猪发育迟缓,常变为僵猪。

【病理变化】肠黏膜充血,细胞浸润,细胞变性、坏死、脱落,黏膜水肿。

【诊断】根据流行病学、症状、粪便检查进行综合诊断。粪便检查检出孕卵节片或漂浮法检查虫卵。

【治疗】硫双二氯酚,每千克体重30～125mg,混入饲料中喂服。吡喹酮,每千克体重15mg,混料喂服。还可用丙硫咪唑。

【防制措施】定期驱虫,猪粪便堆积发酵,灭活饲料中的仓库害虫,灭鼠。

旋毛虫病

本病是由毛形科毛形属的旋毛虫寄生于多种动物和人引起的疾病。二类动物疫病。主要特征为动物对旋毛虫有较大的耐受力,常常不显症状。成虫寄生在肠道称为肠旋毛虫,幼虫寄生在肌肉称为肌旋毛虫。是重要的人畜共患病,是肉品卫生检验的重点项目之一,在公共卫生上具有重要意义。因为被列为猪的二类疫病,所以归类为猪的寄生虫病。

【病原体】旋毛虫,成虫细小,前部较细,较粗的后部为肠管和生殖器官。雄虫长1.4～1.6mm,尾端有泄殖孔,有两个呈耳状悬垂的交配叶。雌虫长3～4mm,阴门位于身体前部的中央。幼虫长1.15mm,卷曲在由机体炎性反应所形成的包囊内,包囊呈圆形、椭圆形,连同囊角而呈梭形,长0.5～0.8mm(图10-2)。

【生活史】

1. 寄生宿主 成虫与幼虫寄生于同一宿主,先为终末宿主,后为中间宿主。宿主包括猪、犬、猫、鼠等几乎所有哺乳动物。

2. 发育过程 宿主摄食含有感染性幼虫包囊的动物肌肉而感染,包囊在宿主胃内被消化溶解,幼虫在小肠经2d发育为成虫。雌、雄虫交配后,雄虫死亡。雌虫钻入肠黏膜深部肠腺中产出幼虫,幼虫随淋巴进入血液循环散布到全身。到达横纹肌的幼虫(胎生),在感染后17～20d开始蜷曲,周围逐渐形成包囊,到第7～8周时包囊完全形成,此时的幼虫具有感染力。每个包囊一般只有1条虫体,偶有多条。到6～9个月后,包囊从两端向中间钙化,全部钙化后虫体死亡。

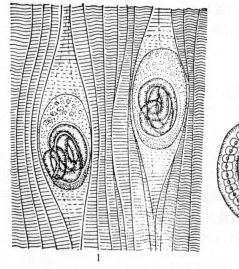

图10-2 旋毛虫幼虫
1. 肌肉中包囊 2. 幼虫

【流行病学】
1. 传播特性 感染来源为动物病肉，包囊幼虫存在于肌肉中。猪感染旋毛虫主要是因吞食老鼠或厨房废弃物。鼠为杂食性，且互相残食，一旦感染会在鼠群中保持平行感染。1条雌虫能产出1000~10000条幼虫。包囊幼虫的抵抗力很强，在-20℃可保持生命力57d，70℃才能灭活；盐渍和熏制品不能杀死肌肉深部的幼虫；在腐败肉里能活100d以上。

2. 流行特点 在集约化猪场，旋毛虫对猪的感染率不高。犬的活动范围广，许多地区散养犬的感染率达50%以上。

人感染旋毛虫病多与食用腌制和烧烤不当的猪肉制品有关，个别地区有吃生肉或半熟肉的习惯，切过生肉的菜刀、砧板均可能黏附包囊，污染食品而造成食源性感染。

【症状】 动物对旋毛虫的耐受性较强，往往不显症状。人感染旋毛虫后症状明显。成虫侵入肠黏膜时引起肠炎，严重带血性腹泻。幼虫进入肌肉后引起急性肌炎，表现发热和肌肉疼痛，同时出现吞咽、咀嚼、行走和呼吸困难，眼睑水肿，食欲不振，极度消瘦。严重感染时多因呼吸肌麻痹、心肌及其他脏器病变和毒素作用而引起死亡。

【病理变化】 成虫可引起肠黏膜出血、发炎和绒毛坏死。幼虫移行时引起肌炎、血管炎和胰腺炎，在肌肉定居后引起肌细胞萎缩、肌纤维结缔组织增生。

【诊断】 生前诊断困难，可采用间接血凝试验和ELISA等免疫学方法。目前国内已有快速诊断试剂。死后诊断可用肌肉压片法和消化法检查幼虫。

【治疗】 可用丙硫咪唑、甲苯咪唑、氟苯咪唑等。人可用甲苯咪唑或噻苯唑。

【防制措施】 加强肉品卫生检验，凡检出旋毛虫的肉尸，应按肉品检验法规处理；猪圈养，厨房废弃物高温灭菌后再喂猪；人改善不良的食肉方法，不食生肉或半生不熟的肉类食品；禁止用生肉喂犬、猫等动物；做好犬舍内灭鼠工作，注意勿使犬等食入灭鼠药。

猪蛔虫病

本病是由蛔科蛔属的猪蛔虫寄生于猪的小肠引起的疾病。主要特征为仔猪生长发育不良，严重病例发育停滞、甚至死亡。

【病原体】 猪蛔虫，近似圆柱形，活体呈淡红色或淡黄色。前端有3个唇片，排列成"品"字形。食道呈圆柱形。雄虫长15~25cm，尾端向腹面弯曲，有1对等长的交合刺，无引器。雌虫长20~40cm，尾端直，生殖器为双管形，两条子宫合为1个短小的阴道，阴门开口于虫体腹中线前1/3处。虫卵近似圆形，黄褐色，卵壳厚，由四层组成，最外层为呈波浪形的蛋白质膜。未受精卵较狭长，多数没有蛋白质膜或有而甚薄，且不规则，内容物为很多油滴状的卵黄颗粒和空泡。

【生活史】 虫卵随粪便排出，在适宜的温度、湿度和充足的氧气环境下，卵内胚细胞发育为第1期幼虫，蜕皮变为第2期幼虫，虫卵发育为感染性虫卵被猪吞食，在小肠内孵出的幼虫钻入肠壁血管，随血液循环进入肝，进行第2次蜕皮后变为第3期幼虫，幼虫随血液经肝静脉、后腔静脉进入右心房、右心室和肺动脉，穿过肺毛细血管进入肺泡，在此进行第3次蜕皮发育为第4期幼虫。幼虫上行到达咽部，被咽下后进入小肠，经第4次蜕皮发育第5期幼虫（童虫）至成虫。成虫寿命7~10个月。

温度对虫卵发育影响很大，胚细胞发育为第1期幼虫，28~30℃需10d，12~18℃时需40d。虫卵发育为感染性虫卵需3~5周。进入猪体内的感染性虫卵发育为成虫需2~2.5

个月。

【流行病学】

1. 传播特性 母猪乳房沾染虫卵可感染哺乳仔猪。虫体繁殖力强,每条雌虫平均每天产卵10万～20万个,高峰期可达100万～200万个。虫卵对外界不良因素有很强的抵抗力,在疏松湿润的土壤中可存活2～5年,用60℃以上的3%～5%热碱水,20%～30%的热草木灰或新鲜石灰水才能灭活。

2. 流行特点 猪蛔虫为土源性寄生虫,分布极其广泛。四季均可发生。以3～6月龄的仔猪感染严重,成年猪多为带虫者,为重要的感染来源。

【症状】仔猪在感染早期,由于虫体移行引起肺炎,轻度湿咳,体温40℃左右,精神沉郁,食欲缺乏,异嗜,营养不良,被毛粗乱,有的生长发育受阻,成为僵猪。感染严重时呼吸困难,常伴发沉重而粗厉的咳嗽,并有呕吐、流涎和腹泻等,可能经1～2周好转,或逐渐虚弱,趋于死亡。寄生的数量多时,可引起肠道阻塞,表现为疝痛,可引起死亡。虫体误入胆管时引起阻塞性黄疸,极易死亡。成年猪寄生的数量不多时症状不明显,但因胃肠机能遭受破坏,常有食欲不振、磨牙和增重缓慢。

【病理变化】初期肺组织致密,表面有大量出血斑点,肝、肺和支气管等器官常可发现大量幼虫。小肠卡他性炎症、出血或溃疡。肠破裂时可见有腹膜炎和腹腔内出血。病程较长者,有化脓性胆管炎或胆管破裂,肝黄染和变硬等。

【诊断】根据流行病学、症状、粪便检查和剖检等综合判定。粪便检查采用直接涂片法或漂浮法。幼虫移行所致肺炎,用抗生素治疗无效,可为诊断提供参考。

【治疗】左咪唑,每千克体重10mg,口服或混料喂服。丙硫咪唑,每千克体重10mg,1次口服。还有甲苯咪唑、氟苯咪唑、伊维菌素等。

【防制措施】规模化养猪场对全群猪驱虫后,以后每年对公猪至少驱虫2次,母猪产前1～2周驱虫1次;仔猪转入新群时驱虫1次;后备猪在配种前驱虫1次;新引进的猪驱虫后再合群。圈舍要及时清理,勤冲洗,勤换垫草,粪便和垫草发酵处理;产房和猪舍在进猪前要清洗和消毒;母猪转入产房前要用肥皂水清洗全身;运动场平整,排水良好。

猪类圆线虫病

本病是由小杆科类圆属的兰氏类圆线虫寄生于猪的小肠黏膜引起的疾病,又称杆虫病。主要特征为严重的肠炎、消瘦、生长迟缓,甚至大批死亡。

【病原体】兰氏类圆线虫,营自由生活与营寄生生活的虫体形态构造有差异。寄生性雌虫细小,乳白色,长2～2.5mm,口囊小,食道细长,阴门位于中后部。虫卵较小,呈椭圆形,卵壳薄而透明,内含幼虫。

【生活史】成虫的生殖方式为孤雌生殖,猪体内只有雌虫寄生。虫卵随猪的粪便排出,在外界12～18h孵出第1期幼虫(杆虫型幼虫)。当外界条件不利时,第1期幼虫发育为感染性幼虫(丝虫型幼虫);当外界条件适宜时,第1期幼虫发育为营自由生活的雌虫和雄虫。雌虫雄虫交配后,雌虫产出含有杆虫型幼虫的虫卵,幼虫在外界孵出后,根据条件或直接发育或间接发育,重复上述过程。

感染性幼虫经猪皮肤钻入时直接侵入血管,被猪吃入时从胃黏膜钻入血管,经心脏、肺到达咽喉,被咽下到小肠内发育为雌性成虫。从皮肤侵入的感染性幼虫发育为成虫需6～

10d，经口感染时需 14d。

【流行病学】 仔猪可从母乳、胎盘感染。未孵化的虫卵在适宜的环境下，可保持其发育能力 6 个月以上。感染性幼虫在潮湿环境下可生存 2 个月。本病主要分布于南方。温暖潮湿的夏季容易流行。

【症状】 主要侵害仔猪，幼虫移行引起肺炎时体温升高，消瘦，贫血，呕吐，腹痛，最后多因极度衰竭而死亡。少量寄生时不显症状，但影响生长发育。

【病理变化】 幼虫穿过皮肤移行时，常引起仔猪湿疹、支气管炎、肺炎和胸膜炎。仔猪寄生强度大时，小肠充血、出血和溃疡。

【诊断】 根据流行病学、症状、粪便检查等综合诊断。粪便检查用漂浮法，发现大量虫卵时才能确诊。也可用幼虫检查法。剖检发现虫体可确诊。

【治疗】 左咪唑，每千克体重 10mg；丙硫咪唑，每千克体重 10mg，均 1 次口服。

【防制措施】 猪舍及运动场保持清洁、干燥、通风，避免阴暗潮湿，及时清扫粪便；妊娠和哺乳母猪及时驱虫，防止感染仔猪；仔猪、母猪、病猪和健康猪均应分开饲养。

猪毛尾线虫病

本病是由毛尾科毛尾属的猪毛尾线虫寄生于猪的盲肠等引起的疾病，又称鞭虫病。主要特征为严重感染时引起贫血、顽固性下痢。

【病原体】 猪毛尾线虫，乳白色，前部为食道部，细长。后部为体部，短粗，内有肠道和生殖器官。由细变粗突然似鞭子。雄虫长 20～52mm，尾端卷曲，有 1 根交合刺，交合鞘短而膨大呈钟形。雌虫长 39～53mm，后端钝圆，阴门位于粗细交界处。虫卵呈黄褐色，腰鼓状，两端有塞状构造，壳厚，光滑，内含未发育的卵胚。

【生活史】 成虫以头部固着于肠黏膜上，虫卵随粪便排出，在适宜的温度和湿度条件下，3～4 周发育为含有第 1 期幼虫的感染性虫卵，猪吃入后幼虫在小肠内释出，钻入肠绒毛间发育，然后移行到盲肠和结肠钻入肠腺进行 4 次蜕皮，40～50d 发育为成虫。

【流行病学】 虫卵抵抗力强，感染性虫卵在土壤中可存活 5 年。四季均可感染，但夏季感染率高，秋、冬季出现症状。幼猪感染较多。

【症状】 轻度感染不显症状，严重感染时虫体可以达数千条，出现顽固性下痢，粪便中带黏液和血液，贫血，消瘦，食欲不振，发育障碍。可继发细菌及结肠小袋虫感染。

【病理变化】 大肠呈慢性卡他性炎症，有时呈出血性炎。严重感染时，肠黏膜有出血性坏死、水肿和溃疡。

【诊断】 根据流行病学、症状、粪便检查和剖检等综合诊断。粪便检查用漂浮法。因虫卵较小，需反复检查，以提高检出率。

【治疗】 羟嘧啶，为特效药，每千克体重 2mg，口服或混料喂服。

【防制措施】 参照猪蛔虫病。

棘头虫病

本病是由棘头动物门少棘科巨吻属的蛭形巨吻棘头虫寄生于猪的小肠引起的疾病。主要特征为下痢、粪便带血、腹痛。

【病原体】 蛭形大棘吻棘头虫，乳白色或淡红色，长圆柱形，前部较粗，后部逐渐变细，体表有横皱纹，头端有 1 个可伸缩的吻突，上有小棘。无消化器官，以体表的微孔吸收营养。雄虫 7～15cm，雌虫 30～68cm。虫卵呈长椭圆形，深褐色，卵壳厚，两端稍尖，内含棘头蚴。

【生活史】
1. 寄生宿主 中间宿主为金龟子等甲虫。终末宿主为猪，也感染野猪、犬和猫，偶见于人。

2. 发育过程 虫卵随终末宿主粪便排出体外，被中间宿主的幼虫吞食后，虫卵在其体内孵化出棘头蚴，发育为棘头体、棘头囊。猪吞食了含有棘头囊的中间宿主的幼虫而感染，棘头囊脱囊，以吻突固着于肠壁上发育为成虫。

幼虫在中间宿主体内的发育期因季节而异，如果甲虫幼虫在 6 月份以前感染，则棘头蚴可在其体内经 3 个月发育到感染期；如果在 7 月份以后感染，需经 12～13 个月发育到感染期。棘头囊发育为成虫需 2.5～4 个月。成虫在猪体的寿命为 10～24 个月。

【流行病学】放牧猪比舍饲猪感染率高，后备猪比仔猪感染率高。虫卵对外界环境的抵抗力很强。1 条雌虫每天产卵 26 万～68 万个，可持续 10 个月，使外界环境污染相当严重。呈地方性流行。金龟子一般出现在早春至 6、7 月，本病同季节感染。

【症状】随感染强度和饲养条件不同而异，感染较多时，食欲减退，黏膜苍白，腹泻，粪便内混有血液。肠壁因溃疡而穿孔引起腹膜炎时，体温 41～41.5℃，腹部异常，疼痛，不食，起卧抽搐，多以死亡而告终。

【病理变化】尸体消瘦，黏膜苍白，空肠和回肠浆膜上有灰黄或暗红色小结节，周围有红色充血带。严重感染时，肠道充满虫体，可能出现肠壁穿孔而引起腹膜炎。

【诊断】结合流行病学和症状，以直接涂片法或沉淀法检查粪便中的虫卵，发现虫卵即可确诊。

【治疗】无特效药物。可试用左咪唑、氯硝柳胺。

【防制措施】对病猪进行驱虫，改放牧为舍饲，消灭中间宿主。

猪球虫病

本病是由艾美耳科等孢属和艾美耳属的球虫寄生于猪的小肠上皮细胞所引起的疾病。主要特征为仔猪下痢和增重缓慢。

【病原体】猪等孢球虫，致病力最强。卵囊呈球形或亚球形，囊壁光滑，无色，无卵膜孔，囊内有 2 个椭圆形或亚球形的孢子囊，每个孢子囊内有 4 个子孢子。

还有粗糙艾美耳球虫、蠕孢艾美耳球虫、蒂氏艾美耳球虫、猪艾美耳球虫、有刺艾美耳球虫、极细艾美耳球虫、豚艾美耳球虫等。

【生活史】卵囊随猪粪便排出体外，在适宜条件下发育为孢子化卵囊，猪吃入后子孢子侵入肠壁，进行裂殖生殖及配子生殖，大、小配子在肠腔结合为合子，最后形成卵囊。裂殖生殖的高峰期在感染后第 4 天。卵囊见于感染后第 5 天，孢子化时间为 63h。

【流行病学】卵囊能耐受冰冻 26d。温暖、潮湿季节有利于卵囊的孢子化，为高发季节。

【症状】主要是腹泻，持续 4～6d，排黄色或灰白色粪便，恶臭，初为黏液，12d 后排水样粪便，导致仔猪脱水。在伴有传染性胃肠炎病毒、大肠杆菌或轮状病毒等感染时，往往造成死亡。耐过仔猪生长发育受阻。成年猪多不表现明显症状，成为带虫者。

【病理变化】主要是空肠和回肠急性炎症，黏膜覆盖黄色纤维素坏死性伪膜，肠上皮细胞坏死并脱落。在组织切片上可见绒毛萎缩和脱落，还有不同发育阶段的虫体。

【诊断】确诊用漂浮法进行粪便检查，亦可用小肠黏膜直接涂片检查。

【治疗】选用氨丙啉或磺胺类药物。

【防制措施】主要是良好的卫生条件和阻止母猪排出卵囊。从母猪产仔前1周开始，直至整个哺乳期服用抗球虫药；对猪舍应经常清扫，地面用热水冲洗，亦可用含氨和酚的消毒剂喷洒，以减少环境中的卵囊数量。

小袋虫病

本病是由纤毛虫纲小袋科小袋属的小袋虫寄生于猪和人的大肠所引起的疾病。主要特征为隐性感染，重症病例腹泻。

【病原体】小袋虫，在发育过程中有滋养体和包囊两个阶段。

1. 滋养体 呈不对称的卵圆形或梨形，体表有许多纤毛。前端略尖，腹面有1个胞口，与漏斗状的胞咽相连。中部和后部各有1个伸缩泡。大核多在虫体中央，呈肾形，小核呈球形，常位于大核的凹陷处。

2. 包囊 呈圆形或椭圆形，囊壁较厚而透明。在新形成的包囊内，可见到滋养体在囊内活动，但不久即变成一团颗粒状的细胞质。包囊内有核、伸缩泡，甚至食物泡。

【生活史】猪吞食小袋虫的包囊而感染，囊壁被消化后，滋养体进入大肠，以二分裂法繁殖。当环境条件不适宜时，滋养体即形成包囊。滋养体和包囊均可随粪便排出体外。

【流行病学】主要感染猪和人，也感染牛、羊以及鼠类。包囊有较强的抵抗力，在潮湿环境下可活2个月，直射阳光下3h死亡。分布广泛，南方地区多发。一般发生在夏、秋季节。

【症状】因猪的年龄、饲养管理条件、季节不同而有差异，仔猪严重，成年猪常为带虫者。急性型多突然发病，短时间内死亡。慢性型可持续数周至数月，主要表现腹泻，粪便由半稀转为水泻，带有黏液碎片和血液，并有恶臭。精神沉郁，食欲减退或废绝，喜躺卧，全身颤抖，有时体温升高，重症病例可死亡。

【病理变化】一般无明显变化。当宿主消化功能紊乱或因其他原因肠黏膜损伤时，虫体可侵入肠壁形成溃疡，主要发生在结肠，其次是直肠和盲肠。

【诊断】生前根据症状和在粪便中检出滋养体和包囊可确诊。急性病例的粪便中常有大量能运动的滋养体，慢性病例以包囊为多。用温热的生理盐水5~10倍稀释粪便，过滤后吸取少量粪便液涂片镜检，可滴加0.1%碘液，使虫体着色而便于观察。还可刮取肠黏膜涂片检查。

【治疗】可选用土霉素、四环素或金霉素等。

【防制措施】搞好猪场的环境卫生和消毒；饲养人员注意个人卫生和饮食，以防感染。

第二节 其他寄生虫病

猪的其他寄生虫病主要有囊尾蚴病、细颈囊尾蚴病、后圆线虫病（肺线虫病）、冠尾线虫病（肾虫病），还有疥螨病、蠕形螨病、虱病、弓形虫病等。

许多猪对弓形虫都有耐受力而不表现症状,在组织内形成包囊后转为隐性感染。包囊是弓形虫在中间宿主体内的最终形式,可存在数月甚至终生,所以一些猪场的猪虽然阳性率很高,但急性发病的却很少,猫又是弓形虫的唯一终末宿主,因此,归类为其他动物寄生虫病中阐述。

猪囊尾蚴病

本病是由带科带属的猪带绦虫的幼虫寄生于猪的横纹肌所引起的疾病,俗称猪囊虫病。二类动物疫病。主要特征为寄生在肌肉时症状不明显,寄生在脑时可引起神经机能障碍。成虫寄生于人的小肠,是重要的人兽共患寄生虫病。

【病原体】 猪囊尾蚴,又称猪囊虫,俗称痘、米糁子。椭圆形,白色半透明的囊泡,囊内充满液体。大小为(6~10)mm×5mm,囊壁上有1个头节,其上有顶突、小钩和4个吸盘。

猪带绦虫,又称有钩绦虫、链状带绦虫、猪肉绦虫。呈乳白色,扁平带状,2~5m。头节小呈球形,其上有4个吸盘,顶突上有2排小钩。全虫由700~1000个节片组成。未成熟节片宽而短,成熟节片长宽几乎相等呈四方形,孕卵节片则长度大于宽度。每个节片内有1组生殖系统,睾丸为泡状,生殖孔略突出,在体节两侧不规则地交互开口(图10-3)。孕卵节片内子宫由主干分出7~13对侧支。每1个孕节含虫卵3万~5万个。孕节单个或成段脱落。

虫卵呈圆形,浅褐色,两层卵壳,外层薄且易脱落,内层较厚,有辐射状的条纹,称为胚膜,卵内含六钩蚴。

 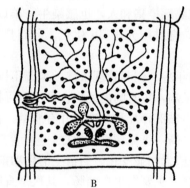

A   B

图 10-3 猪带绦虫
A. 头节 B. 成熟节片

【生活史】 猪带绦虫寄生于人的小肠中,其孕卵节片不断脱落,随粪便排出体外,孕卵节片在直肠或在外界由于机械作用破裂而散出虫卵。猪吞食孕卵节片或虫卵而感染,节片或虫卵经消化液的作用而破裂,六钩蚴钻入肠黏膜血管或淋巴管内,随血液到达横纹肌等各部组织中,经2个月发育为成熟的猪囊尾蚴。人吃入含有猪囊蚴的病肉而感染,猪囊尾蚴在胃液和胆汁的作用下,于小肠内翻出头节,用其小钩和吸盘固着于肠黏膜上,2~3个月发育为成虫。一般只寄生1条,偶有数条。在人的小肠内可存活数年至数十年。

【流行病学】
传播特性 感染来源为患病或带虫的人。猪吃入绦虫患者的粪便或被粪便污染的饲料和饮水而感染。人患绦虫病是由于吃入猪囊尾蚴病肉。人亦可感染囊尾蚴病，其原因一是猪带绦虫的虫卵污染人的手、蔬菜等，被误食后而受感染；二是猪带绦虫的患者发生肠逆蠕动时，脱落的孕节随肠内容物逆行到胃内，卵膜被消化，逸出的六钩蚴返回肠道钻入肠壁血管，移行至全身各处而发生自身感染，多见于肌肉、皮下组织和脑、眼等部位。

绦虫患者每天通过粪便向外界排出孕卵节片，每月可排出 200 多节，可持续数年甚至 20 余年。每个节片含虫卵约 4 万个。虫卵在外界抵抗力较强，一般能存活 1~6 个月。

【流行特点】猪散养或用人的粪便做饲料是猪感染的重要原因，经常拱食垃圾的"垃圾猪"也不可忽视。人感染绦虫主要取决于饮食卫生习惯和烹调与食肉方法，如有吃生猪肉习惯的地区，则呈地方性流行。烹煮时间不够亦可能感染。对肉品的检验不严格，病肉处理不当，均可成为本病重要的流行因素。

【症状】猪囊尾蚴多寄生在活动性较大的肌肉中，如咬肌、心肌、舌肌、肋间肌、腰肌、肩胛外侧肌、股内侧肌等，严重时可见于眼球和脑内。轻度感染时症状不明显。严重感染时，体形可能改变，肩胛肌肉表现严重水肿、增宽，后肢部肌肉水肿隆起，外观呈哑铃状或狮子形；走路时四肢僵硬，左右摇摆；发音嘶哑，呼吸困难，睡觉发鼾。重度感染时，触摸舌根或舌腹面可发现囊虫引起的结节。寄生于脑时可引起严重的神经扰乱，特别是鼻部的触痛、强制运动、癫痫、视觉扰乱和急性脑炎，有时突然死亡。

人患猪带绦虫病时，表现肠炎、腹痛、肠痉挛、消瘦，虫体分泌物和代谢物等毒性物质被吸收后，可引起胃肠机能失调和神经症状。猪囊尾蚴寄生于脑时，多数患者癫痫发作，头痛、眩晕、恶心、呕吐、记忆力减退和消失，严重者可致死亡；寄生在眼时可导致视力减弱，甚至失明；寄生于皮下或肌肉组织时肌肉酸痛无力。

【诊断】猪囊尾蚴病生前诊断较为困难，在舌部有稍硬的豆状结节时可作为参考，但注意只有在重度感染时才可能出现。一般只能在宰后确诊。已有血清免疫学诊断方法。人猪带绦虫病可通过粪便检查发现孕卵节片和虫卵确诊。

【治疗】在实际生产中无治疗意义。人驱除的虫体应仔细检查，如无头节则还会生长。

【防制措施】加强肉品卫生检验，定点屠宰，病肉化制处理；对人群普查和驱虫治疗，排出的虫体和粪便深埋或烧毁；加强人的粪便管理，改善猪的饲养管理方法，做到粪便入厕，猪圈养，切断感染途径；加强宣传教育，提高人们对本病危害性和感染原因的认识，提高防病能力；注意个人卫生，不吃生的或不熟的猪肉。

细颈囊尾蚴病

本病是由带科带属的泡状带绦虫的幼虫寄生于猪等多种动物的腹腔引起的疾病。主要特征为幼虫移行时引起出血性肝炎、腹痛。

【病原体】细颈囊尾蚴，俗称水铃铛，是泡状带绦虫的幼虫期。呈乳白色，囊泡状，囊内充满液体。大小如鸡蛋或更大，囊壁上有 1 个乳白色具有长颈的头节。在肝、肺等脏器中的囊体，由宿主组织反应产生的厚膜包裹，故不透明，易与棘球蚴混淆。

【生活史】

1. 寄生宿主 中间宿主为猪、牛、羊、骆驼等，寄生于肝、浆膜、大网膜、肠系膜、腹腔。终末宿主为犬、狼、狐狸等肉食动物，寄生于小肠。

2. 发育过程 孕卵节片随终末宿主的粪便排出，破裂后虫卵逸出，污染牧草、饲料和饮水，中间宿主吞食后，六钩蚴在消化道内逸出，钻入肠壁血管，随血流到达肝实质停留0.5~1个月，以后移行到腹腔，经1~2个月发育为成熟的细颈囊尾蚴。终末宿主吞食了患病脏器后，在小肠内经52~78d发育为成虫。成虫寿命约1年。

【流行病学】感染来源为患病或带虫犬等肉食动物。养犬集中的地区多发。

【症状】轻度感染一般不表现症状。对仔猪、羔羊危害较严重。仔猪有时突然大叫后倒毙。多数幼畜表现为虚弱、不安、流涎、不食、消瘦、腹痛和腹泻。有急性腹膜炎时，体温升高并有腹水，按压腹壁有痛感，腹部增大。

【病理变化】六钩蚴移行时肝出血，肝实质中有虫道。有时能见到急性腹膜炎，腹水混有渗出的血液，其中含有幼小的囊尾蚴体。

【诊断】生前可试用血清学诊断方法，死后发现虫体可确诊。

【治疗】吡喹酮，每千克体重50mg，1次口服。

【防制措施】对犬应定期驱虫；防止犬进入猪、羊舍内，以免污染饲料、饮水；禁止将屠宰动物的患病脏器随地抛弃，或未经处理喂犬。

猪后圆线虫病

本病是由后圆科后圆属的线虫寄生于猪的支气管和肺泡所引起的疾病，又称肺线虫病。主要特征为危害仔猪，引起支气管炎和支气管肺炎，严重时可造成大批死亡。

【病原体】猪后圆线虫，乳白色或灰色，口囊很小，口缘有1对分3叶的侧唇。雄虫交合伞呈现一定程度的退化，有1对细长的交合刺。雌虫两条子宫并列，至后部合为阴道。

还有野猪后圆线虫（长刺后圆线虫）、复阴后圆线虫、萨氏后圆线虫。

【生活史】

1. 寄生宿主 中间宿主为蚯蚓。野猪后圆线虫除寄生于猪和野猪外，偶见于羊、鹿、牛和其他反刍兽，亦偶见于人。复阴后圆线虫和萨氏后圆线虫寄生于猪和野猪的支气管、细支气管和肺泡。

2. 发育过程 雌虫在终末宿主的支气管内产卵，虫卵随黏液转至口腔被咽下，再经消化道随粪便排到外界，卵内孵出第1期幼虫（卵胎生）。虫卵可因吸收水分而破裂释出第1期幼虫。蚯蚓吞食了第1期幼虫或虫卵，经2次蜕皮变为感染性幼虫，随蚯蚓粪便排至土壤中。猪吞食了蚯蚓或土壤中的感染性幼虫而感染。幼虫在小肠逸出钻入肠壁，沿淋巴系统进入肠系膜淋巴结，蜕皮变为第4期幼虫，随血流至心脏和肺，穿过肺泡进入支气管，再蜕皮变为第5期幼虫，25~35d发育为成虫。成虫一般可生存1年左右。

【流行病学】猪感染后5~9周产卵最多，以后逐渐减少。虫卵和第1期幼虫抵抗力很强，在外界可生存6个月以上。感染性幼虫在蚯蚓体内可长期保存其生活力。温暖多雨季节适于蚯蚓滋生繁殖，所以夏季多发。

【症状】轻度感染时症状不明显，但影响猪的生长。严重感染时，发育不良，阵发性咳嗽，早晚运动或遇冷空气刺激时尤为剧烈，被毛干燥，有脓性黏稠鼻液流出，呼吸困难。病程长则成僵猪。有些病例的胸下、四肢和眼睑浮肿。重症呕吐、腹泻，最后因极度衰竭而死亡。

【病理变化】眼观病变常不显著。严重感染时在肺膈叶腹面边缘有楔状气肿区，支气管增厚、扩张，靠近气肿区有坚实的灰色小结，小支气管周围呈淋巴样组织增生和肌纤维状肥大，支气管内有虫体和黏液。

【诊断】根据流行病学、症状和粪便检查综合确诊。粪便检查用漂浮法。只有检出大量虫卵时才能认定。

【治疗】可用丙硫咪唑、苯硫咪唑或伊维菌素等。出现肺炎时用抗生素治疗，防止继发感染。

【防制措施】在流行地区，春、秋各进行1次驱虫；猪实行圈养，防止采食蚯蚓；及时清除粪便，进行生物热发酵。

冠尾线虫病

本病是由冠尾科冠尾属的有齿冠尾线虫寄生于猪的肾盂和肾周围脂肪和输尿管等处引起的疾病，又称肾虫病。主要特征为仔猪生长迟缓，母猪不孕或流产。

【病原体】有齿冠尾线虫，形似火柴杆，灰褐色，体壁薄而透明，可隐约看到内部器官。口囊呈杯状，底部有6~10个圆锥状大小不等的小齿。雄虫长20~30mm，交合伞小，有2根等长或稍不等的交合刺，有引器和副引器。雌虫长30~45mm，阴门靠近肛门。虫卵较大，呈椭圆形，灰白色，两端钝圆，卵壳薄，内含32~64个胚细胞，胚与卵壳壁间有较大空隙。

【生活史】终末宿主为猪，亦能寄生于黄牛、马、驴、豚鼠等。虫卵随猪尿液排出体外，在适宜的温度、湿度条件下孵出第1期幼虫，经过2次蜕化发育为披鞘的第3期幼虫。猪经口感染时，幼虫钻入胃壁脱去鞘膜，蜕皮变为第4期幼虫，然后随血流经门静脉到达肝；经皮肤感染时，幼虫钻入皮肤和肌肉，蜕皮变为第4期幼虫，然后随血流经肺到达肝，停留3个月或更长时间。幼虫变为第5期幼虫后，穿过肝包膜进入腹腔，移行到肾或输尿管壁组织中形成包囊，经6~12个月发育成虫。少数幼虫在移行中误入其他器官，均不能发育为成虫。

【流行病学】虫卵存在于尿液中。经口和皮肤感染。成虫繁殖力强，猪中等程度感染时，每天至少排出100万个虫卵。因此，即使是短期饲养过病猪的猪场，也可能受到严重污染。虫卵在日光和干燥条件下易死亡。虫卵和感染性幼虫对化学药品的抵抗力较强。一般发生在多雨季节，炎热干旱季节较少。常呈地方性流行，主要分布在南方。

【症状】食欲减退，精神委顿，逐渐消瘦，贫血，被毛粗乱，行动迟钝，后肢乏力，左右摇摆，尿液中常有白色黏稠状物或脓液。有时后躯麻痹，不能站立，拖地爬行，食欲废绝，颜面微肿。仔猪发育停滞，母猪不孕或流产，公猪可失去交配能力。严重者导致死亡。经皮肤感染时，有丘疹和红色小结节，体表淋巴结肿大。

【病理变化】尸体消瘦，皮肤有丘疹和小结节，局部淋巴结肿大。肝内包囊和脓肿中有幼虫，肝结缔组织增生，切面上有幼虫钙化的结节，肝门静脉中有血栓，内含幼虫。肾盂脓肿，结缔组织增生。输尿管壁增厚，常有数量较多的包囊，内含成虫。腹水增多并有成虫。在胸膜壁面和肺中有结节或脓肿，脓液中可能有幼虫。

【诊断】根据流行病学、症状、尿液检查和尸体剖检进行综合诊断。

【治疗】可选用左咪唑、丙硫咪唑、氟苯咪唑和伊维菌素等。

【防制措施】加强饲养管理，尤其注意补充维生素和矿物质，以增强机体抵抗力；搞好猪舍及运动场的卫生，保持地面清洁和干燥；定期驱虫，定期消毒。

? 复习思考题

1. 简述猪蠕虫病病原体代表性虫种的形态构造特点、生活史。
2. 列表比较猪蠕虫病病原体的中间宿主、补充宿主、终末宿主，在重要宿主的寄生部位。
3. 简述当地重要的猪寄生虫病的流行病学特点、症状特征、诊断和防制措施。
4. 简述猪蠕虫卵的形态构造特点及粪学检查方法。
5. 简述猪寄生虫病首选治疗药物、用法及剂量。
6. 简述猪囊尾蚴病等重要的人猪共患病的综合防制措施。
7. 制订猪养殖场或散养猪蠕虫病的综合防制措施。

第十一章 家禽的寄生虫病

> **学习目标**
>
> 1. 掌握鸡绦虫病、鸡蛔虫病、鸡异刺线虫病、鸡球虫病病原体主要虫种的寄生部位及形态构造特点,以及流行特点、典型症状、粪便检查方法、首选治疗药物和剂量、防制措施。
> 2. 基本掌握鸭球虫病、鹅球虫病病原体主要虫种的寄生部位及形态构造特点,以及诊断、治疗和防制措施。
> 3. 了解棘口吸虫病、前殖吸虫病、后睾吸虫病、矛型剑带绦虫病、鸭棘头虫病、软蜱、禽羽虱、螨病。

第一节 消化系统寄生虫病

禽的消化系统寄生虫病主要有棘口吸虫病、前殖吸虫病、后睾吸虫病、鸡绦虫病、矛形剑带绦虫病、鸡蛔虫病、鸡异刺线虫病、鸭棘头虫病、鸡球虫病、鸭球虫病、鹅球虫病,还有毛毕吸虫病、纤细背孔吸虫病、禽胃线虫病、毛细线虫病、锐形线虫病、四棱线虫病、嗉囊筒线虫病、鹅裂口线虫病、组织滴虫病等。

棘口吸虫病

本病是由棘口科的多种吸虫寄生于家禽和野禽的肠道引起的疾病。主要特征为下痢、消瘦,幼禽生长发育受阻。

【病原体】卷棘口吸虫,为棘口属,长叶形,活体为淡红色。长7.6~13mm,宽1.3~1.6mm。体表被有小刺,具有头棘。睾丸呈椭圆形,边缘光滑,在卵巢后方前后排列。卵巢呈圆形或扁圆形,位于虫体中央或稍前。子宫弯曲在卵巢前方,内充满虫卵。卵黄腺分布于腹吸盘后方两侧,伸达虫体后端(图11-1)。虫卵淡黄色,椭圆形,有卵盖,内含卵细胞。

宫川棘口吸虫,又称卷棘口吸虫日本变种,与卷棘口吸虫的主要区别为睾丸分叶,卵黄腺在睾丸后方体中央扩展汇合。还有棘隙属的日本棘隙吸虫,低颈属的似锥低颈吸虫。

【生活史】

1. 寄生宿主 中间宿主为淡水螺。补充宿主为淡水螺、淡水鱼和蛙类。终末宿主为鸡、鸭、鹅和野生禽类,寄生于肠道。棘口科还有多种吸虫也可寄生于猪、犬、猫等哺乳动物。

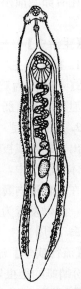

图11-1 卷棘口吸虫

2. 发育过程 卷棘口吸虫产出的虫卵随终末宿主粪便排出，落入水中的虫卵在气温30℃时7～10d孵出毛蚴，钻入中间宿主体内，32～50d 发育为胞蚴、母雷蚴、子雷蚴和尾蚴。尾蚴逸出螺体游于水中，侵入补充宿主变为囊蚴。终末宿主吞食补充宿主而感染，20d 发育为成虫。

【流行病学】流行广泛，南方普遍发生。用浮萍等水生植物做饲料时更易感染。

【症状】主要危害雏禽。少量寄生时不显症状，严重感染时可引起食欲不振，消化不良，下痢，粪便中混有黏液，贫血，消瘦，生长发育受阻，可因衰竭而死亡。

【诊断】根据流行病学、症状和粪便检查初步诊断，剖检发现虫体可确诊。粪便检查用沉淀法。

【治疗】硫双二氯酚，每千克体重 150～200mg，混料喂服。氯硝柳胺，每千克体重50～60mg，混料喂服。丙硫咪唑，每千克体重20～40mg，1次口服。

【防制措施】流行区内的家禽进行计划性驱虫，驱出的虫体和排出的粪便无害化处理；勿以浮萍或水草等作为饲料；改善饲养管理方式，减少感染机会。

前殖吸虫病

本病是由前殖科前殖属的多种吸虫寄生于家禽及鸟类的多种器官引起的疾病。主要特征为输卵管炎、产畸形蛋和继发腹膜炎。

【病原体】 透明前殖吸虫，前端稍尖，后端钝圆，体表前半部有小刺。长 6.5～8.2mm，宽 2.5～4.2mm。口吸盘呈球形，腹吸盘呈圆形。睾丸卵圆形，并列于虫体中央两侧。卵巢多分叶，位于睾丸与腹吸盘之间。子宫盘曲于腹吸盘和睾丸后，充满虫体大部。卵黄腺分布于腹吸盘后缘与睾丸后缘之间的虫体两侧（图11-2）。虫卵棕褐色，椭圆形，一端有卵盖，另一端有小刺，内含卵黄细胞。

还有卵圆前殖吸虫、楔形前殖吸虫、鲁氏前殖吸虫和家鸭前殖吸虫等。

【生活史】

1. 寄生宿主 中间宿主为淡水螺类。补充宿主为蜻蜓及其稚虫。终末宿主为鸡、鸭、鹅、野鸭和鸟类，寄生于输卵管、法氏囊、泄殖腔及直肠。

2. 发育过程 虫卵随终末宿主的粪便和排泄物排出体外，在水中孵出毛蚴，或被中间宿主吞食发育为毛蚴、胞蚴、尾蚴。尾蚴逸出螺体游于水中，进入补充宿主的肌肉经 70d 形成囊蚴。家禽啄食含有囊蚴的补充宿主而感染，在消化道内囊蚴壁被消化，童虫逸出，经肠进入泄殖腔，再转入输卵管或法氏囊发育为成虫。囊蚴发育为成虫在鸡体内需1～2周，成虫寿命3～6周，在鸭体内发育约需3周，成虫寿命18周。

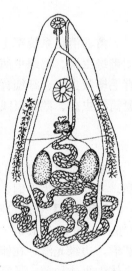

图 11-2 透明前殖吸虫

【流行病学】流行广泛，主要分布于南方。流行季节与蜻蜓的出现季节相一致。每年5～6月份蜻蜓的稚虫聚集在水池岸旁，并爬到水草上变为成虫，所以放牧禽多发。

【症状】本病主要危害鸡，特别是产蛋鸡，对鸭的致病性不强。初期症状不明显，有时产薄壳蛋、畸形蛋产蛋率下降。随着病情的发展，食欲减退，消瘦，羽毛蓬乱脱落，产蛋停止，有时从泄殖腔排出卵壳的碎片或流出类似石灰水样的液体，腹部膨大下垂、压痛，泄殖腔突出，肛门潮红。后期体温上升，严重者可致死。

【病理变化】主要是输卵管炎，黏膜充血，极度增厚，可见到虫体。腹膜炎时腹腔内有大量黄色混浊的液体，腹腔器官粘连。

【诊断】根据蜻蜓活跃季节等流行病学资料、症状和粪便检查初步诊断，剖检发现虫体即可确诊。粪便检查用沉淀法。

【治疗】丙硫咪唑，每千克体重120mg，1次口服。吡喹酮，每千克体重60mg，1次口服。氯硝柳胺，每千克体重100~200mg，1次口服。

【防制措施】在流行区进行计划性驱虫；避免在蜻蜓出现的早、晚和雨后或到其稚虫栖息的池塘岸边放牧；改变家禽散养方式。

后睾吸虫病

本病是由后睾科多个属的多种吸虫寄生于鸭、鹅等禽类的肝胆管及胆囊引起的疾病的总称。主要特征为肝胆管及胆囊肿大、下痢、消瘦，幼禽生长发育受阻。

【病原体】鸭后睾吸虫，为后睾属。寄生于鹅、鸭和其他野禽胆管。虫体较长，前端尖细，后端稍钝圆。长7~23mm，宽1~1.5mm。体表平滑，腹吸盘小于口吸盘。食道短或缺，肠管伸达虫体后端。睾丸分叶，前后纵列于虫体的后方。缺雄茎囊。卵巢分许多小叶，受精囊小。子宫发达。梅氏腺不明显。卵黄腺位于虫体两侧。

还有寄生于鸭胆管的对体属的鸭对体吸虫，寄生于鸭、鸡和野鸭胆管和胆囊的次睾属的东方次睾吸虫等。

【生活史】

1. 寄生宿主 中间宿主为淡水螺类的纹沼螺。补充宿主为麦穗鱼和爬虎鱼等。终末宿主为鸭，还有鹅、鸡等禽类，寄生于肝胆管及胆囊。

2. 发育过程 虫卵随终末宿主的粪便排到外界，孵出的毛蚴侵入中间宿主体内，经无性繁殖发育为尾蚴，尾蚴侵入补充宿主发育为囊蚴，终末宿主吞食补充宿主而感染。感染后16~21d粪便中即出现虫卵。

【流行病学】主要流行于鸭群中，1月龄以上的雏鸭感染率较高，感染强度可达百余条。鸡和鹅偶见感染。

【症状】食欲下降，逐渐消瘦，无力，缩颈闭眼，精神沉郁。随着病情加剧，羽毛松乱，食欲废绝，结膜发绀，呼吸困难，贫血，下痢，粪便呈草绿色或灰白色。

【病理变化】肝肿大，脂肪变性或坏死，胆管增生变粗，肝结缔组织增生，细胞变性萎缩，肝硬化。胆囊肿大，胆汁变质或消失，囊壁增厚。

【诊断】根据流行病学特点、症状和粪便检查以及剖检发现虫体进行综合诊断。粪便检查用沉淀法。

【治疗】吡喹酮，每千克体重15mg；丙硫咪唑，每千克体重75~100mg，均1次口服。

【防制措施】流行区应根据流行季节进行计划性驱虫；避免到水边放牧，不用淡水鱼饲喂家禽；灭螺。

鸡绦虫病

本病是由戴文科赖利属和戴文属的多种绦虫寄生于鸡的小肠引起的疾病的总称。主要特征为小肠黏膜发炎、下痢、生长缓慢和产蛋率下降。

【病原体】 四角赖利绦虫，长达25cm，宽3mm，头节较小，顶突上小钩排成1～3圈，吸盘椭圆形有小钩，成节内含1组生殖器官，生殖孔位于同侧。每个副子宫器内含6～12个虫卵。虫卵呈灰白色，壳厚。

棘沟赖利绦虫，大小和形状似四角赖利绦虫。区别为顶突上小钩排成2圈，吸盘圆形有小钩。每个副子宫器内含6～12个虫卵。

有轮赖利绦虫，长不超过4cm。头节大，顶突宽厚似轮状，小钩排成2圈。吸盘无钩。孕节中有许多副子宫器，每个只有1个虫卵（图11-3）。

图11-3 赖利绦虫头节
A. 四角赖利绦虫　B. 棘沟棘利绦虫　C. 有轮棘利绦虫

节片戴文绦虫，仅有0.5～3mm，由4～9个节片组成。头节小，顶突和吸盘的小钩易脱落。成节内含1组生殖器官，生殖孔规则地交替开口于体节侧缘前部。每个副子宫器内含1个虫卵（图11-4）。

还有膜壳科膜壳属的鸡膜壳绦虫，长3～8cm，纤细，顶突无钩。寄生于鸡和火鸡小肠。

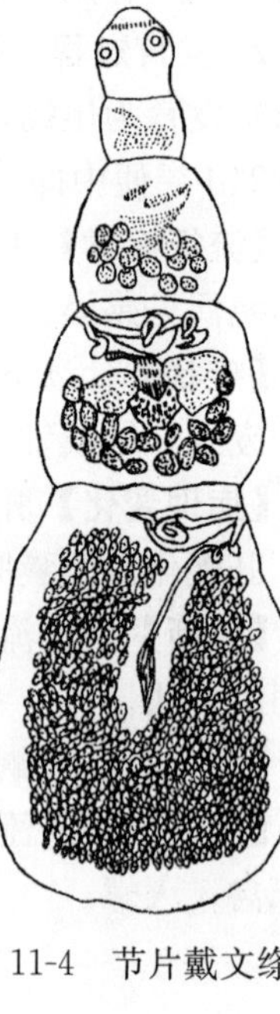

【生活史】

1. 寄生宿主　四角赖利绦虫的中间宿主为家蝇和蚂蚁，棘沟赖利绦虫为蚂蚁，有轮赖利绦虫为家蝇、金龟子、步行虫等，节片戴文绦虫为蛞蝓和陆地螺。前三种寄生于鸡和火鸡小肠内；节片戴文绦虫寄生于鸡、鸽子和鹌鹑等十二指肠内。

2. 发育过程　虫卵随终末宿主粪便排至外界，被中间宿主吞食后，14～21d发育为似囊尾蚴。中间宿主被终末宿主吞食后，似囊尾蚴经12～20d在小肠发育为成虫。

【流行病学】 不同年龄均可感染，但以幼禽为重，25～40日龄死亡率最高。常为几种绦虫混合感染。分布广泛，与中间宿主的分布面广有关。

【症状】 食欲下降，渴欲增强，行动迟缓，羽毛蓬乱，粪便稀且有黏液，贫血，消瘦，产蛋下降或停止。雏鸡生长缓慢或停止，严重

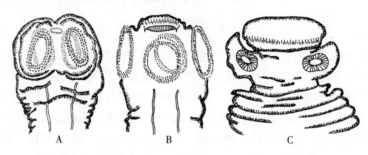

图11-4 节片戴文绦虫

者可继发其他疾病而死亡。

【病理变化】肠黏膜增厚、出血，内容物中含有大量脱落的黏膜和虫体。赖利绦虫多为大型虫体，大量感染时虫体积聚成团，导致肠阻塞甚至破裂引起腹膜炎而死亡。

【诊断】根据流行病学、症状、粪便检查见到虫卵或节片诊断，剖检发现虫体可确诊。粪便检查用漂浮法。

【治疗】丙硫咪唑，每千克体重 10～20mg。吡喹酮，每千克体重 10～20mg。氯硝柳胺，每千克体重 80～100mg。均 1 次口服。

【防制措施】搞好鸡场防蝇、灭蝇；雏鸡在 2 个月龄左右进行第 1 次驱虫，以后每隔 1.5～2 个月驱虫 1 次，转舍或上笼之前必须进行驱虫；及时清除粪便；定期检查鸡群，治疗病鸡，减少病原扩散。

矛形剑带绦虫病

本病主要由膜壳科多个属的多种绦虫寄生于鸭、鹅等禽类的小肠引起的疾病。主要特征为小肠黏膜发炎、下痢、生长缓慢和产蛋率下降。

【病原体】矛形剑带绦虫，为剑带属。乳白色，前窄后宽，形似矛头，长达 13cm，由 20～40 个节片组成。头节上有 4 个吸盘，顶突上有 8 个小钩。3 个椭圆形睾丸横列于节片中部（图 11-5）。虫卵呈椭圆形，无色，4 层膜，2 个外层分离，第 3 层一端有突起，突起上有卵丝，卵内含六钩蚴。

还有寄生于鸭、鹅小肠的冠状膜壳绦虫，寄生于鸭、鹅、鸡和鸟类小肠的皱褶属的片形皱褶绦虫。

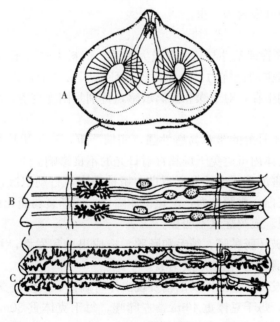

图 11-5　矛形剑带绦虫
A. 头节　B. 成熟节片　C. 孕卵节片

【生活史】

1. 寄生宿主　中间宿主种类很多，包括许多甲壳类动物、蚯蚓及昆虫。螺可作为补充宿主。终末宿主广泛，虫体可寄生70余种禽类和鸟类，而且宿主特异性不强。

2. 发育过程 孕节或虫卵随终末宿主的粪便排至体外，在水中被中间宿主吞食，20～30d发育为似囊尾蚴。中间宿主被终末宿主吞食，似囊尾蚴在小肠内19d发育为成虫。

【流行病学】膜壳绦虫多呈地方性流行，水禽的感染率较高。

【症状】排绿色粪便，有时带有白色米粒样孕卵节片。食欲不振，消瘦，行动迟缓，生长发育受阻。中毒时运动障碍，失去平衡，突然倒地。若病势持续发展，最终死亡。

【诊断】根据流行病学、症状、粪便检查见到虫卵或节片初步诊断，剖检发现虫体确诊。

【治疗】丙硫咪唑，每千克体重10～20mg。吡喹酮，每千克体重10～20mg。氯硝柳胺，每千克体重80～100mg。均1次口服。

【防制措施】每年在春、秋两季进行计划性驱虫；禽舍和运动场的粪便及时清理；幼禽与成禽分开饲养；放牧时尽量避开中间宿主滋生地。

鸡蛔虫病

本病是由禽蛔科禽蛔属的鸡蛔虫寄生于鸡的小肠引起的疾病。主要特征为肠黏膜发炎、下痢、生长缓慢和产蛋率下降。

【病原体】鸡蛔虫，黄白色，头端有3个唇片。雄虫长2.7～7cm，尾端有明显的尾翼和尾乳突，有1个圆形或椭圆形的肛前吸盘。雌虫长6.5～11cm，阴门开口于虫体中部。虫卵呈椭圆形，壳厚而光滑，深灰色，内含单个胚细胞。

【生活史】虫卵随鸡的粪便排至外界，在空气充足及适宜的温度和湿度条件下，17～18d发育为感染性虫卵。鸡吞食感染性虫卵，幼虫在肌胃和腺胃逸出，钻进肠黏膜发育一段时间后，重返肠腔经35～50d发育为成虫。

【流行病学】

1. 传播特性 饲养管理条件与感染有极大关系，饲料中富含蛋白质、维生素A和维生素B等时，可使鸡有较强的抵抗力。虫卵对外界环境因素和消毒剂有较强的抵抗力，在阴暗潮湿的环境中可长期生存，对干燥和高温敏感，特别是阳光直射、沸水处理和粪便堆沤可迅速灭活。

2. 流行特点 3～4月龄的雏鸡易感性强，病情严重，1岁以上多为带虫者。蚯蚓可作为贮藏宿主，虫体在其体内可避免干燥和直射日光的不良影响。

【症状】对雏鸡危害严重，生长发育不良，精神委靡，行动迟缓，常呆立不动，翅膀下垂，羽毛松乱，鸡冠苍白，黏膜贫血，消化机能障碍，逐渐衰弱而死亡。成虫寄生数量多时常引起肠阻塞甚至破裂。成鸡症状不明显。

【病理变化】幼虫破坏肠黏膜、绒毛和肠腺，造成出血和发炎，并易导致病原菌继发感染，此时在肠壁上常见颗粒状化脓灶或结节。

【诊断】粪便检查发现大量虫卵及剖检发现虫体可确诊。粪便检查用漂浮法。

【治疗】丙氧咪唑，每千克体重40mg。左咪唑，每千克体重30mg。哌哔嗪，每千克体重200～300mg。还有丙硫咪唑、甲苯咪唑等。

【防制措施】流行的鸡场，雏鸡在2月龄进行第1次驱虫，第2次在冬季；成年鸡第1次在10～11月份，第2次在春季产蛋前1个月进行；成、雏鸡应分群饲养；鸡舍和运动场上的粪便逐日清除；饲槽和用具定期消毒；加强饲养管理，增强雏鸡抵抗力。

鸡异刺线虫病

本病是由异刺科异刺属的鸡异刺线虫寄生于鸡的盲肠引起的疾病，又称盲肠虫病。主要特征为盲肠黏膜发炎、下痢、生长缓慢和产蛋率下降。

【病原体】鸡异刺线虫，白色，细小丝状。头端略向背面弯曲，有侧翼，向后延伸的距离较长，食道球发达。雄虫长7～13mm，尾直，末端尖细，交合刺不等长，有1个圆形的泄殖腔前吸盘。雌虫长10～15mm，尾细长，生殖孔位于虫体中央稍后方（图11-6）。虫卵呈椭圆形，灰褐色，壳厚，内含单个胚细胞。

【生活史】虫卵随鸡的粪便排至外界，在适宜的温度和湿度条件下，2周发育为感染性虫卵，鸡吞食后在盲肠内孵化出幼虫。幼虫钻进肠黏膜发育一段时间后，重返肠腔24～30d发育为成虫。成虫寿命约1年。

【流行病学】蚯蚓可作为贮藏宿主。各种年龄均易感，但营养不良和饲料中缺乏磷和钙等矿物质的幼鸡最易感。虫卵对外界抵抗力很强，在低湿处可存活9个月，能耐干燥16～18d。

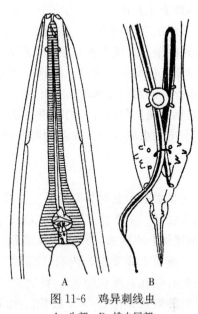

图11-6 鸡异刺线虫
A. 头部 B. 雄虫尾部

鸡异刺线虫是火鸡组织滴虫的超寄生宿主。火鸡组织滴虫寄生于鸡的盲肠和肝，侵入异刺线虫卵内使鸡同时感染。

【症状】感染初期幼虫侵入盲肠黏膜使其肿胀，引起盲肠炎和下痢。成虫期时患鸡消化机能障碍，食欲不振。雏鸡发育停滞，消瘦，严重时死亡。成年鸡产蛋量下降。

鸡如果感染火鸡组织滴虫，可因血液循环障碍，使鸡冠、肉髯发绀，称为黑头病；对盲肠和肝造成炎症，称为盲肠-肝炎。

【病理变化】尸体消瘦，盲肠肿大，肠壁发炎和增厚。

【诊断】通过粪便检查发现虫卵和剖检发现虫体确诊。粪便检查用漂浮法。

【治疗】参照鸡蛔虫病。

【防制措施】参照鸡蛔虫病。

鸭棘头虫病

本病是由多形科多形属和细颈科细颈属的虫体寄生于鸭的小肠引起的疾病。主要特征为肠炎、血便。

【病原体】多形科虫体的特点为体表有刺，吻突为卵圆形，吻囊壁双层，黏液腺一般为管状。多形属主要有大多形棘头虫、小多形棘头虫、腊肠状多形棘头虫、四川多形棘头虫等。

细颈科细颈属主要有鸭细颈棘头虫，颈细长，黏液腺呈梨状、肾状或管状。

【生活史】中间宿主为一些虾、蟹和栉水蚤。虫卵随终末宿主粪便排出，被中间宿主吞食后，54~60d 发育为棘头囊，鸭吞食中间宿主感染，27~30d 发育为成虫。

【流行病学】不同种鸭棘头虫的地理分布不同，多为春、夏季呈地方性流行。部分感染性幼虫可在钩虾体内越冬。

【症状】雏鸭表现明显，下痢，消瘦，生长发育受阻，重者可死亡。

【病理变化】棘头虫以吻突牢固地附着在肠黏膜上，引起卡他性肠炎，肠壁浆膜面上可看到肉芽组织增生的结节，黏膜面上可见虫体和不同程度的创伤。有时吻突深入黏膜下层，甚至穿透肠壁，造成出血、溃疡，严重者可穿孔。

【诊断】根据流行病学、症状、粪便检查发现虫卵或剖检发现虫体可确诊。

【治疗】选用丙硫咪唑、左咪唑。

【防制措施】对流行区的鸭进行预防性驱虫；雏鸭与成年鸭分开饲养；选择未受污染或无中间宿主的水域放牧；加强饲养管理，饲喂全价饲料以增强抗病力。

鸡球虫病

本病是由孢子虫纲艾美耳科艾美耳属的球虫寄生于鸡的肠上皮细胞和肠道引起的疾病。二类动物疫病。主要特征为雏鸡多发，出血性肠炎，发病率和死亡率均高。

【病原体】鸡球虫，卵囊呈椭圆形、圆形或卵圆形，囊壁1或2层，内有1层膜。有些种类在一端有微孔，或在微孔上有突出的帽称为极帽，有的微孔下有1~3个极粒。刚随粪便排出的卵囊内含有1团原生质。具有感染性的卵囊含有子孢子，即孢子化卵囊。孢子囊和子孢子形成后剩余的原生质称为残体，在孢子囊内的称为孢子囊残体，其外的称为卵囊残体。孢子囊的一端有1个小突起称为斯氏体。子孢子呈前尖后钝的香蕉形。艾美耳属球虫孢子化卵囊内含有4个孢子囊，每个孢子囊内含有2个子孢子（图11-7）。

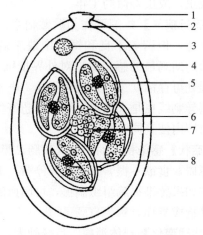

图11-7 鸡球虫孢子化卵囊
1. 极帽 2. 微孔 3. 极粒 4. 孢子囊
5. 子孢子 6. 斯氏体 7. 卵囊残体 8. 孢子囊残体

公认的艾美耳球虫有7种：柔嫩艾美耳球虫，主要寄生于盲肠及其附近区域，致病力最强；毒害艾美耳球虫，其裂殖生殖阶段主要寄生于小肠中1/3段，严重时可扩展到整个小肠，在小肠球虫中致病性仅次于盲肠球虫；还有堆形艾美耳球虫、布氏艾美耳球虫、巨型艾美耳球虫、和缓艾美耳球虫、早熟艾美耳球虫等。

【生活史】属于直接发育型，不需要中间宿主。整个发育过程分2个阶段，3种繁殖方式：在鸡体内进行裂殖生殖和配子生殖，在外界环境中进行孢子生殖。

卵囊随鸡粪便排出体外，在适宜的条件下，很快发育为孢子化卵囊，鸡吞食后感染。孢子化卵囊在鸡胃肠道内释放出子孢子，子孢子侵入肠上皮细胞进行裂殖生殖，产生第1代裂殖子，裂殖子再侵入上皮细胞进行裂殖生殖，产生第2代裂殖子。第2代裂殖子侵入上皮细胞后，其中一部分不再进行裂殖生殖，而进入配子生殖阶段，即形成大配子体和小配子体，继而分别发育为大、小配子，结合成为合子。合子周围形成厚壁即变为卵囊，卵囊一经产生即随粪便排出体外。完成1个发育周期约需7d。

【流行病学】

1. 传播特性　其他畜禽、昆虫、野鸟和尘埃以及饲养管理人员都可成为机械性传播者。一般暴发于3～6周龄，2周龄以内的鸡群少见。柔嫩艾美耳球虫、堆型艾美耳球虫和巨型艾美耳球虫的感染常发生于21～50日龄，毒害艾美耳球虫常见于8～18周龄。

2. 流行特点　发病和流行与气候和雨量关系密切，故多发生于温暖潮湿的季节。南方可全年流行，北方4～9月为流行期，7～8月最为严重。饲养管理条件不良和营养缺乏均能诱发本病，拥挤、潮湿或卫生条件恶劣的鸡舍最易发病。

3. 卵囊抵抗力　卵囊对外界环境和消毒剂具有很强的抵抗力。在土壤中可以存活4～9个月，在有树荫的运动场上可存活15～18个月。温暖潮湿的环境有利于卵囊的发育，当气温在22～30℃时，一般只需18～36h就可发育为孢子化卵囊，但低温、高温和干燥均会延迟卵囊的孢子化过程，有时会杀死卵囊，55℃或冰冻能很快杀死卵囊。

【症状与病理变化】本病的发生不仅取决于感染球虫的种类，而且与感染强度有很大关系，其暴发或流行往往是由于在短期内遭到强烈感染所致。即使是强致病虫种，轻度感染时往往也不呈现明显症状，也可能自行恢复。

1. 柔嫩艾美耳球虫　对3～6周龄的雏鸡致病性最强。病初食欲不振，随着盲肠损伤的加重，出现下痢、血便，甚至排出鲜血。病鸡战栗，拥挤成堆，体温下降，食欲废绝。由于肠道炎症和肠细胞崩解等，有毒物质被吸收，导致自体中毒而死亡。严重感染时死亡率高达80%。

严重感染的病例，盲肠高度肿大，肠腔中充满血凝块和脱落的黏膜碎片，随后逐渐变硬，形成红色或红白相间的肠芯，黏膜损伤难以完全恢复。轻度感染时病变较轻，无明显出血，黏膜肿胀，从浆膜面可见脑回样结构，在感染后第10天左右黏膜再生恢复。

2. 毒害艾美耳球虫　通常发生于2月龄以上的中雏，精神不振，翅下垂，弓腰，下痢和脱水。小肠中部高度肿胀或气胀是重要特征之一。肠壁充血、出血和坏死，黏膜肿胀增厚，肠内容物中含有多量的血液、血凝块和坏死脱落的上皮组织。感染后第5天出现死亡，第7天达高峰，死亡率仅次于盲肠球虫。病程可延续到第12天。

【诊断】由于鸡带虫现象非常普遍，所以不能将检出卵囊作为确诊的唯一依据。必须根据流行病学、症状、病理变化、粪便检查等综合诊断。粪便检查用漂浮法或直接涂片法，亦可刮取肠黏膜进行涂片检查。多数情况下为两种以上球虫混合感染。

【治疗】抗球虫药对球虫生活史早期作用明显，而一旦出现症状和组织损伤，再用药往往收效甚微，因此，应注意平时监测。

磺胺二甲基嘧啶（SM_2），0.1%饮水，连用2d，或按0.05%饮水，连用4d，休药10d。磺胺喹噁啉（SQ），按0.1%混入饲料，用3d，停3d后用0.05%混入饲料，用2d后停药3d，再给药2d。磺胺氯吡嗪（Esb_3），0.03%混入饮水，连用3d。氨丙啉，0.012%～0.024%混入饮水，连用3d。

【防制措施】实践证明，依靠搞好环境卫生、消毒等措施尚不能有效地控制球虫病的发生，但网上或笼养方式，可以显著降低其发生。鸡场一旦流行本病则很难根除。集约化养鸡场必须对球虫病进行预防，主要是药物预防，其次是免疫预防。

1. 药物预防 即从雏鸡出壳后第 1 天即开始使用抗球虫药。氨丙啉，按 0.0125% 混入饲料，鸡整个生长期均可用。尼卡巴嗪，按 0.0125% 混入饲料，休药 5d。氯苯胍，按 0.0003% 混入饲料，休药期 5d。马杜拉霉素，按 0.005%～0.007% 混入饲料，无休药期。拉沙里菌素，按 0.0075%～0.0125% 混入饲料，休药期 3d。莫能菌素，按 0.0001% 混入饲料，无休药期。盐霉素，按 0.005%～0.006% 混入饲料，无休药期。常山酮，按 0.0003% 混入饲料，休药 5d。氯氰苯乙嗪，按 0.0001% 混入饲料，无休药期。

各种抗球虫药连续使用一定时间后，都会产生不同程度的耐药性。通过合理使用抗球虫药，可以减缓耐药性的产生，延长药物的使用寿命，并可以提高防治效果。对肉鸡常采用下列两种方案：一是穿梭用药，即开始使用一种药物至鸡生长期时，换用另一种药物，一般是将化学药品和离子载体类药物穿梭应用；二是轮换用药，即合理地变换使用抗球虫药，可按季节或鸡的不同批次变换药物。

2. 免疫预防 使用球虫疫苗可避免药物残留对环境和食品的污染以及耐药虫株的产生，但免疫剂量不易控制均匀，不论是活毒苗、弱毒苗还是混合苗，使用超量都会致病。

鸭球虫病

本病是由艾美耳科泰泽属和温扬属的球虫寄生于鸭的小肠上皮细胞和肠道引起的疾病。主要特征为出血性肠炎。

【病原体】 毁灭泰泽球虫，致病性较强。卵囊椭圆形，浅绿色，无卵膜孔。孢子化卵囊内无孢子囊，8 个裸露的子孢子游离于卵囊内。

菲莱氏温扬球虫，致病性较轻。卵囊大，卵圆形，浅蓝绿色。孢子化卵囊内含 4 个孢子囊，每个孢子囊内含 4 个子孢子。

【生活史】 发育过程与鸡球虫相似。

【症状】 雏鸭精神委顿，缩脖，食欲下降，渴欲增加，腹泻，随后排血便，腥臭。在发病当日或第 2～3 天出现死亡，死亡率一般为 20%～30%，严重感染时可达 80%，耐过病鸭生长发育受阻。成年鸭很少发病，但常常成为球虫的携带者和传染源。

【病理变化】 毁灭泰泽球虫常引起小肠泛发性出血性肠炎，尤以小肠中段最为严重。肠壁肿胀出血，黏膜上密布针尖大小的出血点，有的黏膜上覆盖着一层麸糠样或奶酪样黏液，或者是红色胶冻样黏液，但不形成肠芯。菲莱氏温扬球虫可致回肠后部和直肠轻度出血，有散在出血点，重者直肠黏膜弥漫性出血。

【诊断】 成年鸭和雏鸭的带虫现象极为普遍，所以不能只根据粪便中存在卵囊作出诊断，应根据流行病学、症状、病理变化和粪便检查综合判断。急性死亡病例可根据病理变化和镜检肠黏膜涂片或粪便涂片作出诊断。粪便检查用漂浮法。

【治疗】 可选用磺胺六甲氧嘧啶（SMM）、磺胺甲基异噁唑（SMZ）或其复方制剂，以预防量的 2 倍进行治疗，连用 7d，停药 3d，再用 7d。

【防制措施】 保持鸭舍干燥和清洁，防止饲料和饮水及其用具被鸭粪便污染。在球虫病流行季节，当雏鸭由网上转为地面饲养时，或已在地面饲养至 2 周龄时，可选用药物预防：磺胺六甲氧嘧啶，按 0.1% 混入饲料，连喂 5d，停药 3d，再喂 5d。复方磺胺六甲氧嘧啶，按 0.02% 混入饲料，连喂 5d，停药 3d，再喂 5d。磺胺甲基异噁唑，按 0.1% 混入饲料，或用 SMZ+甲氧苄氨嘧啶（TMP），比例为 5:1，按 0.02% 混入饲料，连喂 5d，停药 3d，再喂 5d。

鹅球虫病

本病是由艾美耳科艾美耳属球虫寄生于鹅的肾和肠道上皮细胞和肠道引起的疾病。主要特征为出血性肠炎。

【病原体】艾美耳属球虫孢子化卵囊含有 4 个孢子囊，每个孢子囊内含有 2 个子孢子。主要有寄生于肾小管上皮细胞的截形艾美耳球虫，寄生于小肠的鹅艾美耳球虫，寄生于小肠后段及直肠的柯氏艾美耳球虫。

【生活史】与鸡球虫基本相似。

【症状】幼鹅感染截型艾美耳球虫后常呈急性经过，表现为精神不振，食欲下降，腹泻，粪便白色，消瘦，衰弱，严重者死亡，死亡率高达 87%。

【病理变化】小肠充满稀薄的红褐色液体，卡他性出血性炎症，也可能出现白色结节或纤维素性类白喉坏死性肠炎。在干燥的伪膜下有大量的卵囊、裂殖体和配子体。

【诊断】可根据流行病学、症状、病理变化和粪便检查综合诊断。粪便检查用漂浮法。

【治疗】主要用磺胺间甲氧嘧啶、磺胺喹噁啉等磺胺类药物。氨丙啉、克球粉、尼卡巴嗪、盐霉素等也有较好的效果。

【防制措施】幼鹅与成鹅分开饲养，放牧时避开高度污染地区，发病季节用药物预防。

第二节 皮肤寄生虫病

禽的皮肤寄生虫病主要有软蜱、禽羽虱、螨病。

软 蜱

对禽危害较大的软蜱主要是软蜱科锐缘蜱属和钝缘蜱属的蜱。主要特征为消瘦、贫血、生产能力下降，软蜱性麻痹。

【病原体】软蜱，虫体扁平，卵圆形或长卵圆形，前端较窄。与硬蜱的主要区别是假头在前部腹面头窝内，背面不易见到，无孔区；须肢为圆柱状；口下板不发达，其上的齿较小；躯体体表为革质表皮并有皱襞；背面无盾板，腹面无腹板；大多数无眼；足基节无距。雌蜱与雄蜱的主要区别在生殖孔，前者呈横沟状，后者呈半月状。幼蜱和若蜱的形态与成蜱相似，但未形成生殖孔。幼蜱有 3 对足（图 11-8）。

【生活史】生活史包括卵、幼蜱、若蜱和成蜱 4 个阶段。大多数软蜱属于多宿主蜱。卵孵化出幼蜱，吸血后蜕皮变为若蜱，若蜱阶段有 1~8 期，由最后的若蜱期变为成蜱。整个发育过程需要 1~2 个月。

【生活习性】成蜱必须吸血后才能产卵，

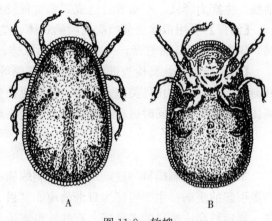

图 11-8 软蜱
A. 背面 B. 腹面

每次产50～300个，一生可产1000余个。软蜱具有极强的耐饥饿能力，如拉合尔钝缘蜱的3期若蜱和成蜱可耐饥5～10年。软蜱一般寿命为5～7年，甚至15～25年。若蜱变态期的次数和各期发育的时间，主要取决于宿主的种类、吸血时间和饱血程度。软蜱只在夜间吸血时才到动物体上，白天隐伏在圈舍隐蔽处。软蜱在温暖季节活动和产卵，寒冷季节卵细胞不能成熟。

【主要危害】软蜱吸血可使宿主消瘦，贫血，生产能力下降，软蜱性麻痹，甚至死亡。波斯锐缘蜱是鸡埃及立克次氏体和鸡螺旋体的传播媒介，也可传播羊泰勒虫病、无浆体病、马脑脊髓炎、布鲁氏菌病和野兔热等。

【防制措施】参见硬蜱防制。鸡舍灭蜱要注意安全，可用敌敌畏块状烟剂熏杀，用量为 $0.5g/m^3$，熏后关闭门窗1～2h，然后通风排烟。敌敌畏块状烟剂为氯酸钾20%、硫酸铵（化肥）15%、敌敌畏20%、白陶土或黄土25%、细干锯末20%，研细混匀，压制成块备用。

禽羽虱

寄生于家禽体表的羽虱属于长角羽虱科和短角羽虱科。主要特征为禽体瘙痒、羽毛脱落、食欲下降、生产力降低。

【病原体】羽虱，体长0.5～1mm，体型扁而宽或细长形，头端钝圆。咀嚼式口器。触角分节。雄性尾端钝圆，雌性尾端分两叉。

寄生于鸡的主要有广幅长羽虱、鸡翅长羽虱、鸡圆羽虱、鸡角羽虱、鸡羽虱、鸡体虱等。鸭、鹅羽虱主要细鹅虱、细鸭虱、鹅巨毛虱、鸭巨毛虱等。

【生活史】禽羽虱的全部发育过程都在宿主体上完成，包括卵、幼虫、若虫、成虫4个阶段，其中若虫有3期。虱卵成簇附着于羽毛上，需4～7d孵化出若虫，每期若虫间隔约3d。完成整个发育过程约需3周。

【生活习性】大多数羽虱啮食羽毛和皮屑。鸡体虱可刺破柔软羽毛根部吸血，并嚼咬表皮下层组织。每种羽虱均有其一定的宿主和一定的寄生部位。秋冬季绒毛浓密，体表温度较高，适宜羽虱的发育和繁殖。虱的正常寿命为几个月，一旦离开宿主则只能活5～6d。

【主要危害】虱采食过程中造成禽体瘙痒，并伤及羽毛或皮肉，表现不安，食欲下降，消瘦，生产力降低。严重者可造成雏鸡生长发育停滞，体质衰弱，导致死亡。

【治疗】可用拟除虫菊酯类药喷洒鸡体、垫料、鸡舍、槽架等。在鸡体患部涂擦70%酒精、碘酊或5%硫黄软膏，一次即可灭活虫体。

【防制措施】认真检查进出场人员、车辆等，防止携带虫体；不同鸡舍之间应禁止人员和器具的流动；防止鸟类进入鸡舍；经常更换垫草并烧毁；避免在潮湿的草地上放鸡。治疗鸡体和处理鸡舍应同时进行，处理鸡舍时应将鸡撤出。

螨 病

本病是由皮刺螨科等皮刺螨属和禽刺螨属、恙螨科新棒螨属的多种螨寄生于鸡体及其他鸟类引起的疾病。主要特征为日渐消瘦、贫血、产蛋量下降。还有恙螨科、羽螨科、羽轴螨科、翼螨科和皮螨科的多种螨。有些螨可寄生于禽类呼吸系统和气囊。

【病原体】皮刺螨科的螨，背腹扁平，体长为0.5～1.5mm，头部前端尖，螯肢长呈鞭状。

【生活史】均为不完全变态，发育过程包括卵、幼虫、若虫、成虫4个阶段。鸡皮刺螨的雌螨吸饱血后，离开鸡体返回栖息地，12~24h后产卵，在20~25℃条件下，渐次孵化出幼螨、第1期若螨、第2期若螨和成虫。全部过程需7d。

【生活习性】鸡皮刺螨栖息在鸡舍的缝隙、物品及粪便下面等阴暗处，夜间吸血时才侵袭鸡体，白天也可侵袭鸡体。林禽刺螨和囊禽刺螨白天和夜间均存于鸡体上。成螨适应高湿环境，故一般多出现于春、夏雨季，干燥环境容易死亡。

【主要危害】螨吸食鸡体血液，引起鸡不安，日渐消瘦，贫血，产蛋量下降，如不及时治疗，可能死亡。鸡皮刺螨可传播禽霍乱和螺旋体病。

【治疗】参照禽羽虱。

【防制措施】参照禽羽虱。

复习思考题

1. 列表比较禽蠕虫病病原体主要虫种的形态构造特点和生活史。
2. 列表比较禽寄生虫病病原体的中间宿主、补充宿主、贮藏宿主、终末宿主，在重要宿主的寄生部位。
3. 简述禽主要蠕虫病的流行病学特点、主要症状、诊断和综合防制措施。
4. 简述禽寄生虫病治疗的首选药物、用法及剂量。
5. 简述禽蠕虫卵的形态构造特点比较及粪学检查方法。
6. 简述鸡球虫病的药物预防及综合防制措施。
7. 简述鸭、鹅球虫病的综合防制措施。
8. 制订鸡、鸭或鹅养殖场或乡村蠕虫病的综合防制措施。

第十二章 其他动物的寄生虫病

> **学习目标**
> 1. 掌握华支睾吸虫病、弓形虫病、利什曼原虫病、兔球虫病病原体主要虫种的寄生部位及形态构造特点,以及流行特点、典型症状、粪便检查方法、首选治疗药物和剂量、防制措施。
> 2. 基本掌握并殖吸虫病、绦虫病、蛔虫病、钩虫病、蠕形螨病、兔螨病病原体主要虫种的寄生部位及形态构造特点,以及诊断、治疗和防制措施。

本章选编一些人兽共患或与家畜关系密切的犬、猫寄生虫病,以及对兔危害严重的寄生虫病。

第一节 犬、猫的寄生虫病

主要有华支睾吸虫病、并殖吸虫病、绦虫病、蛔虫病、钩虫病、蠕形螨病、弓形虫病、利什曼原虫病,还有寄生于犬和猫盲肠的毛尾线虫、犬食道和胃及其他组织的旋尾线虫、犬右心室及肺动脉的心丝虫、犬肾或腹腔的肾膨结线虫、犬瞬膜下的眼虫、犬皮肤的疥螨和蚤以及虱、犬和猫外耳道皮肤的耳痒螨、犬和猫小肠的球虫、犬和猫大肠的溶组织阿米巴、犬和猫肺组织的卡氏肺孢子虫、犬红细胞内的巴贝斯虫等所引起的寄生虫病。

华支睾吸虫病

本病是由后睾科支睾属的吸虫寄生于多种动物和人的肝胆管及胆囊引起的疾病,又称肝吸虫病。是重要的人畜共患病。主要特征为多呈隐性感染和慢性经过。

【病原体】 华支睾吸虫,背腹扁平,叶状,半透明,长10~25mm,宽3~5mm。睾丸分枝,前后排列于虫体后 1/3,无雄茎、雄茎囊及前列腺。卵巢分叶,位于睾丸前。受精囊发达,呈椭圆形,位于睾丸与卵巢之间。卵黄腺呈细小颗粒状,分布于虫体两侧中间。子宫从卵模处开始盘绕向前,开口于腹吸盘前缘的生殖孔,内充满虫卵(图12-1)。虫卵很小,黄褐色,形似灯泡,内含成熟的毛蚴,一端有卵盖,另一端有一个小结。

【生活史】
1. 寄生宿主 中间宿主为淡水螺类。补充宿主为70多种淡水鱼和虾,鱼多为鲤科,其中以麦穗鱼感染率最高。终末宿主为犬、猫、猪等动物和人。

2. 发育过程 虫卵随胆汁随终末宿主粪便排出体外,被中间宿主吞食后,30~40d发育为毛蚴、胞蚴、雷蚴、尾蚴。尾蚴离开螺体游于水中,进入补充宿主形成囊蚴,终末宿主吞食补充宿主而感染。囊蚴在十二指肠破囊后逸出,从总胆管进入肝胆管,30d发育为成虫。完成全部发育过程约需100d。幼虫也可以钻入十二指肠壁随血流到达胆管。在犬、猫体内分别可存活3.5年和12年以上；在人体内可存活20年以上。

【流行病学】患病动物和人的粪便未经处理倒入鱼塘，螺感染后使鱼的感染率上升，有些地区可达50%～100%。囊蚴遍布鱼的全身，以肌肉中最多。动物感染多因食入生鱼、虾饲料或厨房废弃物而引起。人感染的主要原因是不良的食鱼习惯，有食生鱼菜肴、烫鱼、生鱼粥等习惯的地区，人的感染率很高。囊蚴对高温敏感，90℃时立即死亡。在烹制全鱼时，可因温度和时间不足而不能杀死囊蚴。在水源丰富、淡水渔业发达地区流行严重。

【症状】多数动物为隐性感染。严重感染时，表现消化不良，食欲减退，下痢，水肿，腹水，逐渐消瘦和贫血，肝区叩诊有痛感。病程多为慢性经过，易并发其他疾病。

人主要表现胃肠道不适，食欲不佳，消化障碍，腹痛，有门静脉瘀血症状，肝肿大，肝区隐痛，轻度浮肿，或有夜盲症。

【病理变化】少量寄生时无明显病变。大量寄生时可见卡他性胆管炎和胆囊炎，胆管变粗，胆囊肿大，胆汁浓稠呈草绿色，肝脂肪变性、结缔组织增生和硬化。

【诊断】根据流行病学、症状、粪便检查和病理变化等综合诊断。因虫卵小，粪便检查可用漂浮法。死后剖检发现虫体可确诊。在流行地区，有以生鱼虾饲喂动物的习惯时，应注意本病。人可用间接血凝试验和ELISA作为辅助诊断。

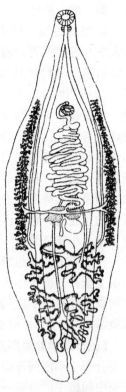

图12-1 华支睾吸虫

【治疗】吡喹酮，犬、猫每千克体重50～60mg，1次口服，隔周服用1次。丙硫咪唑，每千克体重30mg，口服，每日1次，连用12d。还有六氯对二甲苯、硫双二氯酚等。

【防制措施】流行区的易感动物和人要定期进行检查和驱虫；禁止以生鱼、虾饲喂易感动物，厨房废弃物经高温处理后再作饲料；防止终末宿主粪便污染水塘；人禁食生鱼、虾，改变不良的鱼、虾烹调习惯，做到熟食；消灭中间宿主。

并殖吸虫病

本病是由并殖科并殖属的吸虫寄生于犬等动物和人的肺引起的疾病，又称肺吸虫病。主要特征为引起肺炎和囊肿，痰液中含有虫卵，异位寄生时引起相应症状。

【病原体】并殖吸虫种类很多，主要是卫氏并殖吸虫，虫体肥厚，卵圆形，腹面扁平，背面隆起，体表被有小棘，活体呈红褐色。长7.5～16mm，宽4～6mm。口腹吸盘大小相近。肠支呈波浪状弯曲，终于体末端。卵巢分5～6个叶，形如指状。子宫内充满虫卵与卵巢左右相对，其后是并列的分枝状睾丸。卵黄腺由密集的卵黄滤泡组成，分布于虫体两侧（图12-2）。虫卵呈金黄色，椭圆形，卵壳薄厚不均，卵内有十余个卵黄细胞，大多有卵盖。

【生活史】

1. 寄生宿主 中间宿主为淡水螺类的短沟蜷和瘤拟黑螺。补充宿主为溪蟹类和蝲蛄。终末宿主为主要为犬、猫、猪、人，还见于野生的犬科和猫科动物，如狐狸、狼、貉、猞狸、狮、虎、豹等。

2. 发育过程 成虫在终末宿主的肺产卵，虫卵上行进入支气管和气管，随着宿主的痰液进入口腔，被咽下进入肠道随粪便排出体外。落于水中的虫卵在适宜的温度下，2～3周孵出毛蚴，毛蚴侵入中间宿主体内发育为胞蚴、母雷蚴、子雷蚴及短尾的尾蚴。尾蚴离开螺体在水中游动，遇到补充宿主即侵入其体内变成囊蚴。终末宿主吃到含囊蚴的补充宿主后，幼虫在十二指肠破囊而出，穿过肠壁进入腹腔，在脏器间移行窜扰后穿过膈肌进入胸腔，钻过肺膜进入肺发育为成虫。成虫常成对被包围在肺组织形成的包囊内，包囊以微小管道与气管相通，虫卵则由此管道进入小支气管。

在外界中的虫卵孵出毛蚴需2～3周；从毛蚴进入中间宿主至补充宿主体内出现囊蚴约需3个月；进入终末宿主的囊蚴经移行到达肺需5～23d，到达肺的囊蚴发育为成虫需2～3个月。成虫寿命5～6年，甚至20年。

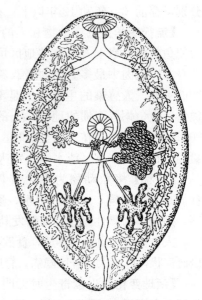

图12-2 卫氏并殖吸虫

【流行病学】 螺多滋生于山间小溪及溪底布满卵石或岩石的河流中。补充宿主溪蟹类，主要分布于小溪河流旁的洞穴及石块下，蝲蛄多居于水质清晰的河流的岩石缝内。发生和流行与中间宿主的分布一致。由于中间宿主和补充宿主分布的特点，加之卫氏并殖吸虫的终末宿主范围广泛，因此，本病具有自然疫源性。

在补充宿主体内的囊蚴抵抗力强，经盐、酒腌浸大部分不能杀死，被浸在酱油、10%～20%盐水或醋中，部分囊蚴可存活24h以上，但加热到70℃ 3min时可全部死亡。

【症状】 精神不佳，食欲不振，消瘦，咳嗽，气喘，胸痛，血痰，湿性啰音。因并殖吸虫在体内有窜扰的习性，有时出现异位寄生。寄生于脑部时，表现头痛、癫痫、瘫痪等；寄生于脊髓时，出现运动障碍，下肢瘫痪等；寄生于腹部时，可致腹痛、腹泻、便血、肝肿大等；寄生于皮肤时，皮下出现游走性结节，有痒感和痛感。

【病理变化】 童虫和成虫在移行和寄生期间可造成机械损伤，引起组织损伤和出血，形成内含血液的结节性病灶，并有炎性渗出。虫体的代谢产物等抗原物质可导致变态反应，使病灶周围逐渐形成肉芽组织薄膜，其内大量细胞浸润、集聚、死亡，形成脓肿，以肺最为常见，还可见于各内脏器官中。脓肿内容物液化，肉芽组织增生形成囊壁而变为囊肿。肺中的囊肿多位于浅层，有豌豆大，稍凸出于肺表面，呈暗红色或灰白色，单个散在或积聚成团，切开可见黏稠褐色液体，有的可见虫体，有的有脓汁或纤维素，有的虫体转移或死亡后形成空囊。有时可见纤维素性胸膜炎、腹膜炎并与脏器粘连。

【诊断】 根据症状，结合流行病学、检查痰液及粪便中的虫卵可确诊。痰液用10%氢氧化钠处理后，离心沉淀检查。粪便检查用沉淀法。血清学方法可用间接血凝试验及ELISA等。

【治疗】 硫双二氯酚，每千克体重50～100mg，每日或隔日给药，10～20个治疗日为1个疗程。丙硫咪唑，每千克体重50～100mg，连服14～21d。还有吡喹酮、硝氯酚等。

【防制措施】 防止易感动物及人生食溪蟹和蝲蛄；粪便无害化处理；患病脏器销毁；

灭螺。

绦虫病

本病是由多种绦虫寄生于犬、猫和肉食兽小肠引起疾病的总称。主要特征为消化不良、腹泻，多为慢性经过。

【病原体】寄生于犬的绦虫的幼虫期（中绦期）多以家畜或人为中间宿主。因为治疗和预防各种绦虫病的方法和措施基本相同，诊断时鉴定虫种没有意义，所以只描述科的特征。

1. 带科 为大、中、小型虫体。吸盘上无小钩，顶突上有2圈小钩（牛带吻绦虫无）。每个成熟节片内有1组生殖器官，生殖孔不规则地交替开口于节片侧缘。孕卵节片内子宫有主干和众多分枝。幼虫为囊尾蚴型。虫卵呈近圆形，壳厚，有辐射状条纹，黄褐色，内含六钩蚴。

主要有带属泡状带绦虫、羊带绦虫、豆状带绦虫、带状带绦虫（带状泡尾带绦虫），多头属多头带绦虫、连续多头绦虫、斯氏多头绦虫，棘球属细粒棘球绦虫、多房棘球绦虫。

2. 双壳科 中、小型虫体，吸盘上有或无小钩，多数有顶突，上有1～2圈小钩。每节有1组或2组生殖器官。孕卵节片子宫为横袋状或分叶，或为副子宫器或卵袋所替代。主要有复孔属犬复孔绦虫。

3. 中绦科 中、小型虫体，头节上有4个吸盘，无顶突。主要有中绦属中线绦虫。

4. 双叶槽科 大、中型虫体，头节上有吸槽，分节明显。子宫为螺旋管状。主要有双叶槽属宽节双叶槽绦虫、迭宫属曼氏迭宫绦虫。

【生活史】随终末宿主粪便排出孕卵节片或虫卵，进入中间宿主（有的还需进入补充宿主）体内发育为幼虫，被终末宿主吃入后在小肠发育为成虫。

【流行病学】本病流行广泛。多数无明显的季节性。宿主范围广，养犬比较集中的牧区尤其多发，对需要把牛、羊等作为中间宿主的动物威胁很大。

【症状】轻度感染时症状不明显，多为营养不良。严重感染时，食欲不振，消化不良，呕吐，慢性肠卡他，下痢，异嗜，逐渐消瘦，贫血，有时腹痛。虫体成团时可致肠阻塞、肠扭转甚至破裂，个别剧烈兴奋，有的痉挛和四肢麻痹。多呈慢性经过，很少死亡。

【诊断】用漂浮法检查粪便发现虫卵可初步诊断，粪便中有孕卵节片可确诊。

【治疗】硫双二氯酚，犬、猫每千克体重200mg，1次口服。丙硫咪唑，犬每千克体重10～20mg，每天口服1次，连用3～4d。还有氢溴酸槟榔素、吡喹酮、氯硝柳胺（对细粒棘球绦虫无效）等。

【防制措施】严格实施肉品卫生检验制度，未经无害化处理的肉类及废弃物不得喂犬、猫及其他肉食兽；对犬、猫应每年进行4次预防性驱虫；避免犬、猫吃入生鱼、虾；灭活动物体和舍内的蚤和虱；搞好灭鼠。

蛔虫病

本病是由弓首科弓首属、蛔科弓蛔属的蛔虫寄生于犬、猫的小肠引起的疾病。主要特征为幼犬和幼猫发育不良、生长缓慢，重者死亡。

【病原体】犬弓首蛔虫，弓首属。头端有3片唇，前端两侧有颈翼膜，食道通过小胃与肠管相连。雄虫长5～11cm，尾端弯曲，交合刺不等长，无引器。雌虫长9～18cm，尾端直，阴门开口于前半部。虫卵呈亚球形，卵壳厚，表面有许多点状凹陷。

猫弓首蛔虫，弓首属。颈翼前窄后宽，尾部有指状突起。虫卵与犬弓首蛔虫卵相似。

狮弓蛔虫，弓蛔属。头端向背侧弯曲，颈翼中间宽，两端窄，使头端呈矛尖形，无小胃。虫卵呈钝椭圆形，壳厚且光滑。

【生活史】犬弓首蛔虫虫卵随犬的粪便排出体外，在适宜的条件下发育为感染性虫卵，幼犬吞食后在肠内孵出幼虫，进入血液循环经肝、肺移行，到达咽后重返小肠发育为成虫。成年母犬感染后，幼虫随血流到达器官组织中形成包囊，但不发育。母犬妊娠后，幼虫经胎盘或以后经母乳感染仔犬，仔犬出生后23～40d小肠中已有成虫。感染性虫卵如被贮藏宿主吞入，在其体内形成含有第3期幼虫的包囊，犬摄入贮藏宿主后感染。

猫弓首蛔虫移行途径与犬弓首蛔虫相似，可经母乳感染。宿主吞食了狮弓蛔虫感染性虫卵后，逸出的幼虫钻入肠壁内发育，其后返回肠腔，经3～4周发育为成虫。

犬弓首蛔虫的贮藏宿主为啮齿类，猫弓首蛔虫为蚯蚓、蟑螂、一些鸟类和啮齿类，狮弓蛔虫多为啮齿类、食虫目动物和小的肉食兽。

【流行病学】妊娠母犬器官组织中的幼虫可抵抗驱虫药物，因此成为幼犬的重要感染来源。主要经口感染，亦可经胎盘或母乳感染。主要发生于6月龄以下幼犬。每条犬弓首蛔虫雌虫每天随每克粪便可排出700个虫卵。虫卵在土壤中可存活数年。

【症状与病理变化】幼虫移行时引起腹膜炎、肝炎和蛔虫性肺炎。在肺移行时出现咳嗽，呼吸加快，泡沫状鼻漏，重者死亡。成虫寄生时可引起卡他性肠炎和黏膜出血，表现胃肠功能紊乱，呕吐，腹泻或与便秘交替出现，贫血，神经症状，生长缓慢，被毛粗乱。虫体大量寄生时可引起肠阻塞，亦可导致肠破裂、腹膜炎而死亡。当宿主发热、妊娠、饥饿、饲料成分改变或应激反应时，虫体可能窜入胃、胆管或胰管。犬弓首蛔虫严重时可引起幼犬死亡。

【诊断】根据呕吐物和粪便中混有虫体，结合粪便检查可确诊。粪便检查用漂浮法。

【治疗】常用驱线虫药均有效。芬苯哒唑，每千克体重50mg，每天1次，连喂3d。哌嗪盐，每千克体重40～65mg（指含哌嗪的量），口服。左咪唑，每千克体重10mg，一次内服。伊维菌素，每千克体重0.2～0.3mg，皮下注射或口服，有柯利血统的犬禁用。

【防制措施】定期驱虫，母犬在妊娠后第40天至产后14d驱虫，以减少围产期感染；幼犬在2周龄首次驱虫，2周后再次驱虫，2月龄时第3次驱虫；哺乳期母犬与幼犬同时驱虫；犬、猫避免吃入中间宿主的患病脏器，以及补充宿主和贮藏宿主。

钩虫病

本病是由钩口科钩口属和弯口属的线虫寄生于犬、猫等动物的小肠引起的疾病。主要特征为贫血、肠炎和低蛋白血症。

【病原体】犬钩口线虫，淡红色，长10～16mm。前端向背面弯曲，口囊大，有齿。虫卵呈椭圆形，无色，壳薄而光滑，随粪便排出的卵，内含8个卵细胞。还有巴西钩口线虫、狭首弯口线虫等。

【生活史】虫卵随宿主粪便排出体外，在适宜温度和湿度下1周内发育为感染性幼虫，经皮肤侵入后进入血液循环，经心脏、肺转入咽部，咽下后进入小肠发育为成虫。经口感染时，幼虫侵入食道黏膜进入血液循环。狭首弯口线虫移行时一般不经过肺。

【流行病学】寄生于犬、猫和狐狸。母乳是幼犬感染的重要来源。经皮肤感染，狭首弯口线虫主要经口感染。多危害1岁以内的幼犬和幼猫，成年动物由于年龄免疫而不发病。

【症状与病理变化】幼虫钻入皮肤时引起瘙痒、皮肤炎症，可继发细菌感染，多发生在被毛较少处。一般无症状，大量幼虫移至肺时引起肺炎。成虫在小肠黏膜吸血时不断变换部位，造成宿主大量失血，表现贫血、呼吸困难、倦怠，哺乳期幼犬尤为严重。常伴有血性或黏液性腹泻，粪便呈黑色油状。血液稀薄，白细胞总数增多，嗜酸性粒细胞比例增大，血色素下降。小肠黏膜肿胀并有出血点，肠内容物混有血液。重者死亡。

【诊断】根据流行病学、症状和粪便检查综合诊断。粪便检查用漂浮法。可在圈舍土壤或垫草内分离幼虫。

【治疗】常用驱线虫药均有效。参照蛔虫病。

【防制措施】定期驱虫；保持圈舍和活动处的清洁、干燥，用干燥或加热方法杀死幼虫；保护妊娠和哺乳动物。

蠕形螨病

本病是由蠕形螨科蠕形螨属的各种蠕形螨寄生于犬等动物及人的毛囊和皮脂腺引起的疾病，又称脂螨或毛囊虫。主要特征为脱毛、皮炎、皮脂腺炎和毛囊炎等。

【病原体】蠕形螨，半透明，乳白色，细长，长0.25~0.3mm，分为头、胸、腹。胸部有4对很短的足，腹部长并有横纹，口器由1对须肢、1对螯肢和1个口下板组成。

蠕形螨以动物名命名，如犬蠕形螨、牛蠕形螨等，均有其专一性宿主，互不交叉感染。

【生活史】发育过程包括卵、幼虫、若虫和成虫阶段，全部在宿主体上进行。雌虫在毛囊和皮脂腺内产卵，2~3d孵出幼虫，经1~2d蜕皮变为第1期若虫，经3~4d蜕皮变为第2期若虫，再经2~3d蜕皮变为成螨。全部发育期为14~15d。

【流行病学】以犬最多。通过动物直接接触或通过饲养人员和用具间接接触传播。皮肤卫生差、环境潮湿、通风不良、应激状态、免疫力低下等原因，均可诱发本病发生。

【症状】犬主要发生于头部、眼睑和腿部。开始为鳞屑型，皮肤肥厚，发红并附有糠皮状鳞屑，随后皮肤变为红铜色。后期伴有化脓菌侵入，患部脱毛，形成皱褶，生脓疱，流出的淋巴液干涸成为痂皮，重者因贫血及中毒而死亡。

【诊断】根据症状及皮肤结节和镜检脓疱内容物发现虫体确诊。

【治疗】局部治疗或药浴时，患部剪毛，清洗痂皮，然后涂擦杀螨药或药浴。犬局部病变可用鱼藤酮、苯甲酸苄酯或过氧化苯甲酰凝胶等杀螨剂处理，全身病变可用1%伊维菌素，每千克体重0.2mg，1次皮下注射，10d后再注射1次。有深部化脓时，配合用抗生素。

【防制措施】对患病动物进行隔离治疗，圈舍用二嗪哝、双甲脒等喷洒处理；圈舍保持干燥和通风；犬患全身蠕形螨病时不宜繁殖后代。

弓形虫病

本病是由弓形虫科弓形虫属的龚地弓形虫寄生于动物和人的有核细胞中引起的疾病。二类动物疫病。主要特征为多呈隐性感染，表现神经、呼吸及消化系统症状。对人的致病性严重，是重要的人畜共患病。

【病原体】龚地弓形虫，只 1 种，但有不同的虫株。发育过程有 5 个阶段，即 5 种虫型：

1. 速殖子　又称滋养体，主要出现在急性病例，以二分裂法增殖。呈香蕉形，一端较尖，另一端钝圆。经姬姆萨或瑞氏染色后，胞质呈淡蓝色，有颗粒，核呈深蓝色，位于钝圆一端。有时众多速殖子集聚在宿主细胞内，被宿主细胞膜所形成的假囊包围。

2. 包囊　又称组织囊，见于慢性病例的多种组织。包囊呈卵圆形，有较厚的囊壁，包囊可随虫体的繁殖而增大至 1 倍。囊内的虫体以缓慢的方式增殖称为慢殖子，由数十个至数千个。在机体免疫力低下时，包囊可破裂，慢殖子从包囊中逸出，重新侵入新的细胞内形成新的包囊，但不会致宿主死亡。包囊是弓形虫在中间宿主体内的最终形式，可存在数月甚至终生。

3. 裂殖体　见于终末宿主肠上皮细胞内。呈圆形，内含 4～20 个裂殖子。

4. 配子体　见于终末宿主。裂殖子经过数代裂殖生殖后变为配子体，大配子体形成 1 个大配子，小配子体形成若干小配子，大、小配子结合形成合子，最后发育为卵囊。

5. 卵囊　在终末宿主的小肠绒毛上皮细胞内产生。随终末宿主粪便排出的卵囊为圆形，孢子化后为近圆形，含有 2 个椭圆形孢子囊，每个孢子囊内有 4 个子孢子。

【生活史】

1. 寄生宿主　中间宿主有 200 多种动物和人。速殖子、包囊寄生于中间宿主的有核细胞内，急性感染时速殖子可游离于血液和腹水中。猫（猫科动物）是唯一的终末宿主，在传播中起重要作用。裂殖体、配子体、卵囊可寄生于终末宿主小肠绒毛上皮细胞中。

2. 发育过程　弓形虫全部发育过程需要两种宿主。在中间宿主和终末宿主组织细胞内进行无性繁殖称为肠内期发育；在终末宿主体内进行有性繁殖称为肠外期发育。

中间宿主吃入速殖子、包囊、慢殖子、孢子化卵囊、孢子囊等各阶段虫体或经胎盘均可感染。子孢子通过淋巴和血液循环进入有核细胞，以二分裂增殖形成速殖子和假囊，引起急性发病。当宿主产生免疫力时，虫体繁殖受到抑制，在组织中形成包囊，并可长期生存。

猫吃入速殖子、包囊、慢殖子、卵囊、孢子囊等各阶段虫体均可感染。一部分虫体进入肠外期发育，另一部分进入肠上皮细胞进行数代裂殖生殖后，再进行配子生殖，最后形成卵囊，随猫的粪便排出体外。肠内期发育可在终末宿主体内进行，故终末宿主也可作为中间宿主。猫从感染到排出卵囊需 3～5d，高峰期在 5～8d，卵囊在外界完成孢子化需 1～5d。

【流行病学】

1. 传播特性　患病或带虫的中间宿主和终末宿主均为感染来源。速殖子存在于患病动物的唾液、痰、粪便、尿液、乳汁、肉、内脏、淋巴结、眼分泌物，以及急性病例的血液和腹腔液中，包囊存在于动物组织，卵囊存在于猫的粪便。主要经消化道感染，也可通过呼吸道、损伤的皮肤和黏膜及眼感染，母体血液中的速殖子可通过胎盘使胎儿发生生前感染。猫每天可排出 1000 万个卵囊，持续 10～20d。

卵囊在常温下可保持感染力 1～1.5 年，一般常用消毒剂无效，在土壤和尘埃能长期存活。包囊在冰冻和干燥条件下不易生存，但在 4℃时尚能存活 68d，有抵抗胃液的作用。速殖子和裂殖子的抵抗力最差，在生理盐水中几小时后即丧失感染力，各种消毒剂均能灭活。

2. 流行特点　中间宿主之间、终末宿主之间、中间宿主与终末宿主之间均可相互感染。由于中间宿主和终末宿主分布广泛，故本病广泛流行，无地区性。

【症状】

1. 急性型 潜伏期3~7d，突然废食，体温升至40℃以上，呈稽留热型。食欲降低甚至废绝。便秘或腹泻，有时粪便带有黏液或血液。呼吸急促，咳嗽。眼内出现浆液性或脓性分泌物，流清鼻涕。皮肤有紫斑，体表淋巴结肿胀。孕畜流产或产死胎。发病后数日出现神经症状，后肢麻痹。病程2~8d，常发生死亡。耐过后转慢性型。

2. 慢性型 病程较长，表现厌食，逐渐消瘦、贫血。后期出现后肢麻痹。多数动物可耐过。

【病理变化】急性病例多见于幼年动物，出现全身性病变，淋巴结、肝、肺和心脏等器官肿大，有出血点和坏死灶。肠系膜淋巴结呈索状肿胀，切面外翻。肠重度充血，肠黏膜坏死灶，肠腔和腹腔内有多量渗出液。慢性病例多见内脏器官水肿，并有散在的坏死灶。隐性感染的病例主要是在中枢神经系统内有包囊，有时可见有神经胶质增生性肉芽肿性脑炎。

【诊断】本病的症状、病理变化和流行病学虽有一定的特点，但仍不能作为确诊的依据，必须检出病原体或特异性抗体。急性病例可用肺、淋巴结和腹水涂片，姬姆萨或瑞氏染色后检查滋养体。将肺、肝和淋巴结等组织研碎，加入10倍生理盐水，室温放置1h，取其上清0.5~1mL接种于小鼠腹腔，观察是否出现症状，1周后剖杀取腹腔液镜检，阴性者至少需传代3次。血清学诊断主要有染料试验、间接血凝试验、间接免疫荧光抗体试验、ELISA等。

【治疗】尚无特效药物。急性病例口服磺胺类药物有一定疗效。磺胺-6-甲氧嘧啶，每千克体重60~100mg，每日1次，连用4次。磺胺嘧啶，每千克体重70mg，或二甲氧苄氨嘧啶，每千克体重14mg，每日2次，连用3~4d。

【防制措施】主要防止猫粪污染食物、饲料和饮水；患病动物及时隔离治疗，病死动物和流产胎儿要深埋或高温处理；禁止用未煮熟的肉喂猫和其他动物；做好灭鼠，防止饲养动物与猫、鼠接触；加强饲养管理，提高动物抗病能力。

利什曼原虫病

本病是由锥体科利什曼属的利什曼原虫寄生于犬和人的巨噬细胞和其他网状内皮系统细胞中引起的疾病，又称黑热病。三类动物疫病。是对人危害严重的人畜共患病。主要特征为大量脱毛并形成湿疹，或唇和眼睑部有浅层溃疡。

【病原体】利什曼属虫种的形态相似，无鞭毛体阶段呈卵形或球形，大小为(2.5~5.0)μm×(1.5~2.0)μm。在姬姆萨染色的涂片中，虫体呈深蓝色，核呈深红色。致病虫种主要为热带利什曼原虫、杜氏利什曼原虫、巴西利什曼原虫。

【生活史】

1. 寄生宿主 犬是利什曼原虫的天然宿主，无脊椎动物宿主为白蛉。在脊椎动物宿主中，虫体寄生于皮肤、脾、肝、骨髓、淋巴结、黏膜等处的巨噬细胞和其他网状内皮系统细胞中，也可见于血液白细胞和大单核细胞中，为无鞭毛体，以二分裂法增殖。

2. 发育过程 白蛉吸血时吸入无鞭毛体虫体，在其中肠变为前鞭毛体型虫体，二分裂法增殖。然后返回口腔，再次吸血时使宿主感染。

【流行病学】犬是人感染热带利什曼原虫和杜氏利什曼原虫的感染来源。世界性分布。

新中国成立前在多个省广泛流行，人的死亡率高达40%，成为我国人群五大寄生虫病之一，20世纪50年代末已基本消灭。

【症状与病理变化】 犬的潜伏期为数月。症状多样，体温稍高，贫血，恶病质，淋巴组织增生。内脏型常见，初期眼圈周围脱毛似眼镜，然后体毛大量脱落并形成湿疹，皮肤中有大量虫体。皮肤型在唇和眼睑部有浅层溃疡，一般能自愈。死亡后剖检可见脾和淋巴结肿胀。

【治疗】 对病犬不予治疗，对患病动物一律扑杀。

【防制措施】 搞好一般性卫生防疫措施，避免人和犬被白蛉叮咬。

第二节 兔的寄生虫病

对兔危害较大的主要有兔螨病、兔球虫病等，还有寄生于肝的豆状囊尾蚴、肌间和皮下的连续多头蚴、盲肠和大肠的钉尾线虫（蛲虫）、脑和肾的兔脑原虫等所引起的寄生虫病。

兔 螨 病

本病是由疥螨科、痒螨科、肉食螨科的螨类寄生于家兔的体表或表皮内引起的慢性皮肤病，又称疥癣，俗称癞。主要特征为剧痒及皮炎。

【病原体】 疥螨科主要有兔疥螨，圆形，直径为0.2～0.5mm，微黄白色，背面隆起，腹面扁平。还有兔背肛螨，与兔疥螨相似。

痒螨科主要有兔痒螨，呈长圆形，长0.5～0.9mm，口器长，呈圆锥形，躯体背面表皮有细皱纹，肛门位于躯体末端，前两足发达。还有兔足螨，与兔痒螨相似。

肉食螨科主要有寄食姬螯螨。

【生活史】 发育过程包括卵、幼虫、若虫和成虫4个阶段。

【流行病学】 成年兔带螨现象较多。直接接触或间接接触传播。疥螨在秋、冬季节，尤其是阴雨天发病剧烈。春末夏初，皮肤受光照充足，症状减轻或康复。痒螨、寄食姬螯螨寄生于体表，夏季对其发育不利。螨潜伏在体表隐蔽处，进入秋、冬季节则重新引起发病。

【症状】 主要是对机体产生机械性刺激和毒素作用，皮肤损伤引起继发感染，重者可死亡。兔疥螨多寄生于口、鼻及脚爪。兔背肛螨多寄生于口、鼻和耳。兔痒螨、兔足螨多寄生于外耳道，引起炎症，耳分泌物增多，干涸成痂，甚至完全堵塞，频频摇头，搔耳不安，波及脑部时有神经症状。寄食姬螯螨感染处有小红疹，剧痒，脱毛。

【诊断】 根据症状和皮肤刮下物检查出虫体确诊。

【治疗】 参照反刍动物螨病。

【防制措施】 参照反刍动物螨病。

兔球虫病

本病是由艾美耳科艾美耳属球虫寄生于兔的肝和肠道黏膜上皮细胞所引起的疾病。二类动物疫病。主要特征为呈肠、肝混合型感染，后期出现神经症状。

【病原体】孢子化卵囊，椭圆形，含 4 个孢子囊，每个孢子囊内含 4 个橘瓣形子孢子。

兔球虫有 16 种，其中：斯氏艾美耳球虫致病力最强，寄生于肝胆管；中型艾美耳球虫致病力很强，寄生于空肠和十二指肠；大型艾美耳球虫致病力很强，寄生于大肠和小肠；黄色艾美耳球虫致病力强，寄生于小肠、盲肠及大肠。

【生活史】发育经裂殖生殖、配子生殖和孢子生殖 3 个阶段。除斯氏艾美耳球虫前 2 个阶段在胆管上皮细胞发育外，其余种类均在肠上皮细胞内发育。孢子生殖阶段在外界环境中完成，最终形式为孢子化卵囊。

【流行病学】仔兔主要是吃入母兔乳房沾污的卵囊感染，幼兔通过被污染的饲料和饮水感染。饲养人员、工具、鼠和昆虫等均可机械性传播。死亡率可达 70%。耐过兔长期不能康复，成年兔多为带虫者。温暖潮湿季节多发，晴雨交替、饲料骤变或单一可促进暴发。

【症状】食欲减退或废绝，精神沉郁，动作迟缓，伏卧不动，眼、鼻分泌物增多，唾液分泌增多，腹泻与便秘交替，尿频，由于肠膨胀、膀胱积尿和肝肿大而出现腹围增大，肝区疼痛，结膜苍白、黄染。后期出现神经症状、四肢痉挛、麻痹，多因高度衰竭而死亡。病程为 10 余天至数周。病愈后长期生长发育不良。

【诊断】根据流行病学、症状和粪便检查发现卵囊确诊。粪便检查用漂浮法。

【治疗】磺胺六甲氧嘧啶（SMM），按 0.1% 浓度混入饲料，连用 3~5d，隔 1 周再用 1 个疗程。磺胺二甲基嘧啶（SM_2）与三甲氧苄胺嘧啶（TMP），按 5∶1 混合后，以 0.02% 浓度混入饲料，连用 3~5d，停用 1 周后，再用 1 个疗程。还有克球粉和苄喹硫酯合剂、氯苯胍等。可用莫能菌素进行预防，按每千克饲料 40mg 混入，连用 1~2 个月。

【防制措施】引进兔时严格检疫，将病兔隔离治疗；幼兔与成兔分隔饲养，保持兔舍清洁干燥，笼具等用开水或火焰消毒；科学安排母兔繁殖时间，使幼兔断奶避开霉雨季节；流行季节在断奶仔兔饲料中添加药物预防；消灭兔场内鼠及蝇类，避免机械性传播。

复习思考题

1. 简述华支睾吸虫、并殖吸虫、弓形虫的形态构造特点和生活史。
2. 简述犬蠕虫病病原体的中间宿主、补充宿主和终末宿主，在重要宿主的寄生部位。
3. 简述犬重要寄生虫病的流行病学特点、症状特征、诊断及防制措施。
4. 简述犬蠕虫病的首选治疗药物、用法及剂量。
5. 简述兔球虫病的症状特点、诊断、首选治疗药物和防制措施。
6. 制订人与犬共患寄生虫病的综合卫生防疫措施。

第十三章　实践技能训练指导

> **学习目标**
> 1. 掌握动物主要寄生虫病病原体代表虫种的形态构造特点。
> 2. 掌握大动物蠕虫学剖检技术。
> 3. 掌握家禽蠕虫学剖检技术。
> 4. 掌握驱虫技术。
> 5. 基本掌握寄生虫材料的保存与固定技术。
> 6. 初步掌握动物寄生虫病流行病学调查的内容和方法。

实训一　吸虫及其中间宿主形态构造观察

【实训内容】
(1) 观察主要吸虫的形态构造特点。
(2) 观察主要吸虫的中间宿主。
(3) 观察患病器官病理变化。

【实训目标】通过对吸虫的详细观察，能描述形态构造的共同特征，并绘制出形态构造图；通过对比的方法，指出主要吸虫的形态构造特点；认识主要吸虫的中间宿主。

【材料准备】
1. 图片　各种吸虫和中间宿主的图片。
2. 标本　上述吸虫以及其他主要吸虫的浸渍标本和染色标本，两种标本编成对应一致的号码；各种吸虫中间宿主的标本，如椎实螺、扁卷螺、陆地蜗牛等；严重感染肝片吸虫的动物肝，以及其他吸虫病的病理标本。
3. 仪器及器材　多媒体投影仪、显微投影仪、生物显微镜、实体显微镜、放大镜、毛笔、培养皿、直尺。

【方法步骤】
1. 示教讲解　教师用投影仪讲解吸虫的形态和器官的形状及位置，指出其形态构造特点。
2. 分组观察　学生用毛笔挑取代表性虫种，如胰阔盘吸虫或华支睾吸虫的浸渍标本（注意不要用镊子夹取虫体，以免破坏内部构造），置于培养皿中，用放大镜观察其一般形态，用直尺测量大小。然后取染色标本在显微镜下观察，注意观察口、腹吸盘的位置和大小，口、咽、食道和肠管的形态，睾丸数目、形状和位置，雄茎囊的构造和位置，卵巢、卵模、卵黄腺和子宫的形态与位置，生殖孔的位置等。

取各种吸虫的浸渍标本和制片标本，通过观察找出形态构造特征。取各种中间宿主，在培养皿中观察其形态特征，测量其大小。观察病理标本，认识主要病理变化。

【实训报告】
(1) 绘制两种吸虫的形态构造图,并标出各个器官名称。
(2) 将各种标号标本所见的特征填入主要吸虫鉴别表（表13-1）,绘制该吸虫最具特征部分的简图并标明器官名称。

表 13-1　主要吸虫鉴别表

标本号码	形状	大小	吸盘位置	肠管形态	睾丸形状位置	卵巢形状位置	卵黄腺位置	子宫形状位置	生殖孔位置	其他特征	鉴定结果

【实训提示】本实训可在吸虫概述学习完毕后选择 2～3 种代表性虫种进行 1 次；吸虫病学习完毕后再进行 1 次。

实训二　绦虫（蚴）形态构造观察

【实训内容】
(1) 绦虫（蚴）的形态构造特点。
(2) 观察患病器官的病理变化。

【实训目标】通过对主要绦虫（蚴）的观察,能描述绦虫（蚴）的形态构造；认识主要绦虫蚴患病器官的病理变化。

【材料准备】
1. 图片　各种绦虫图片；绦虫蚴构造模式图；地螨形态图。
2. 标本　绦虫（蚴）浸渍标本、病理标本、头节及节片染色标本。
3. 仪器及器材　多媒体投影仪、显微投影仪、生物显微镜、实体显微镜、放大镜、毛笔、培养皿、直尺。

【方法步骤】
1. 示教讲解　教师用投影仪讲解描述上述绦虫（蚴）的形态构造特点。
2. 分组观察　学生挑取曲子宫绦虫或莫尼茨绦虫的浸渍标本,置于瓷盘中观察其一般形态,用直尺测量虫体全长及最宽处,测量成熟节片的长度及宽度。然后用同样的方法观察其他绦虫的浸渍标本。

取绦虫的头节、成熟节片和孕卵节片的染色标本,在显微镜下观察头节的构造、成熟节片的睾丸分布、卵巢形状、卵黄腺及节间腺的位置、生殖孔的开口、孕卵节片内子宫的形状和位置。然后观察其他绦虫。注意成熟节片内生殖器官的组数、生殖孔开口位置和睾丸的位置,孕卵节片内子宫形状和位置等。取地螨标本在实体显微镜下观察。

取绦虫蚴浸渍标本置于培养皿中,观察囊泡的大小、囊壁的厚薄、透明程度、头节的有无,取染色标本在显微镜下观察头节的构造。观察绦虫蚴病理标本。

【实训报告】
(1) 绘制两种绦虫的头节及成熟节片的形态构造图,并标出各个器官名称。
(2) 按表 13-2、表 13-3 样式制表并填写。

【实训提示】本实训可在绦虫概述学习完毕后选择 2～3 种代表性虫种进行一次；绦虫病

学习完毕后再进行一次。

表 13-2　主要绦虫鉴别表

编号	大小		头节		成熟节片					孕卵节片	鉴定结果
	长	宽	大小	吸盘附属物	生殖孔位置	生殖器组数	卵黄腺有无	节间腺形状	睾丸位置	子宫形状和位置	

表 13-3　主要绦虫蚴的特征

绦虫蚴名称	形状	大小	头节数	侵袭动物及寄生部位	成虫名称及鉴别要点

实训三　线虫形态构造观察

【实训内容】

(1) 圆线目雄性线虫尾端构造。

(2) 主要线虫的形态构造特点。

【实训目标】通过对圆线目线虫的观察，能描述雄性线虫尾端构造。通过对比的方法，掌握线虫的形态构造特点。

【材料准备】

1. 图片　圆线目雄性线虫尾端构造模式图；各种动物常见线虫的形态构造图片。

2. 标本　线虫的浸渍标本及透明标本。

3. 仪器及器材　多媒体投影仪、显微投影仪、生物显微镜、实体显微镜、放大镜、解剖针、载玻片、盖玻片、培养皿、直尺。

【方法步骤】

1. 示教讲解　教师用投影仪讲解描述线虫的形态构造特点。

2. 分组观察　学生先挑取雄虫透明标本，滴加 1 滴保存液后加盖玻片，在显微镜下详细观察其尾部构造。然后挑取雌虫透明标本，同样方法制片，在显微镜下观察具有特征性的部位，如头部、阴户、尾部等。取肌旋毛虫标本片，在显微镜下观察其包囊。

【实训报告】绘制一种圆线虫尾部构造图，并标出各部位名称。

【实训提示】本实训可在线虫概述学习完毕后选择代表性虫种进行一次；所有线虫病学习完毕后再进行一次。观察虫体种类较多时可分 2~3 次进行。

实训四　蜱螨及昆虫形态观察

【实训内容】

(1) 观察疥螨、痒螨和蠕形螨的形态特征。

(2) 观察羊狂蝇蛆、牛皮蝇蛆的形态特征。

(3) 观察硬蜱成虫的一般形态。

【学习目标】掌握疥螨、痒螨、蠕形螨、羊狂蝇蛆和牛皮蝇蛆的形态特点；熟悉硬蜱的一般形态。

【材料准备】

1. 图片 疥螨、痒螨、蠕形螨和硬蜱的形态构造图，羊狂蝇蛆、牛皮蝇蛆的形态图片。

2. 标本 硬蜱的浸渍标本和制片标本；疥螨和痒螨成虫及蠕形螨的制片标本。

3. 仪器及器材 多媒体投影仪、显微投影仪、生物显微镜、实体显微镜、放大镜、解剖针、载玻片、盖玻片、培养皿。

【方法步骤】

1. 示教讲解 教师用投影仪讲解疥螨、痒螨、蠕形螨、皮刺螨的形态特征，指出疥螨和痒螨的鉴别要点。

2. 分组观察 分别取疥螨、痒螨和蠕形螨的标本片，在显微镜下观察其大小、形状、口器形状、肢的长短、肢端吸盘的有无、交合吸盘的有无等。取羊狂蝇蛆、牛皮蝇蛆的浸渍标本进行形态观察。取硬蜱的浸渍标本，置于培养皿中，在放大镜下观察其一般形态，然后在实体显微镜下进行观察。

【实训报告】将疥螨和痒螨的特征按表13-4格式制表填入。

表13-4 疥螨和痒螨鉴别表

名 称	形 状	大 小	口 器	肢	肢吸盘		交合吸盘
					♂	♀	
疥 螨							
痒 螨							

实训五 蠕虫病粪学检查技术

许多寄生虫的虫卵、卵囊或幼虫可随宿主的粪便排出体外，通过检查粪便，可以确定是否感染寄生虫及其种类和感染强度。粪便检查在动物寄生虫病诊断、流行病学调查和驱虫效果评定上均具有重要意义。

【实训内容】

(1) 粪便采集及保存方法。

(2) 虫体及虫卵简易检查技术。

(3) 沉淀法。

(4) 漂浮法。

【实训目标】掌握粪便采集的方法和粪便检查操作技术。

【材料准备】

1. 仪器及器材 粗天平、粪便盒（或小塑料袋）、粪便筛、4.03×10^5孔/m^2尼龙筛、玻璃棒、镊子、玻璃杯、100mL烧杯、漏斗、台式离心机、离心管、试管、试管架、青霉素瓶、带胶乳头移液管、载玻片、盖玻片、纱布、污物桶等。

2. 其他材料 被检动物粪便样，饱和盐水。

【方法步骤】 教师带领学生到现场进行动物粪便采集。对下列方法逐一讲述。学生对每种检查方法分别操作。

1. 粪便样采集及保存方法

（1）粪便采集。被检粪便应该是新鲜且未被污染，最好从直肠采集。大动物按直肠检查的方法采集；小动物可将食指套上塑料指套，伸入直肠直接钩取粪便。自然排出的粪便，要采集粪便上部未被污染的部分。采集的粪便应装入清洁的容器内。采集用品最好一次性使用，如多次使用则每次都要清洗，相互不能污染。

（2）粪便保存。采集的粪便应尽快检查，否则，应放在冷暗处或冰箱冷藏箱中保存。当地不能检查需送出或保存时间较长时，可将粪便样浸入加温至 50~60℃、5%~10%福尔马林中，使其中的虫卵失去活力，但仍保持固有形态，还可以防止微生物的繁殖。

2. 虫体及虫卵简易检查技术

（1）肉眼检查法。适用于对绦虫的检查，也可用于某些胃肠道寄生虫病的驱虫诊断。

对于较大的绦虫节片和大型虫体，在粪便表面或搅碎后即可观察。对于较小的绦虫节片和小型虫体，将粪便置于较大的容器中，加入 5~10 倍量的生理盐水，彻底搅拌后静置 10min，倾去上层液，再重新加水、搅匀、静置，如此反复数次，直至上层液体透明为止，此方法即反复水洗沉淀法。最后倾去上层液，每次取一定量的沉淀物放在黑色浅盘（或衬以黑色背景的培养皿）中观察，必要时可用放大镜或实体显微镜检查，发现虫体和节片则用分离针或毛笔取出，以便进一步鉴定。

（2）直接涂片法。适用于随粪便排出的蠕虫卵或幼虫以及球虫卵囊的检查。操作简便、快速，但检出率较低。取 50%甘油水溶液或普通水 1~2 滴放于载玻片上，取火柴头大小的被检粪便样与之混匀，剔除粗粪便渣，加盖玻片镜检。

（3）尼龙筛淘洗法。适用于较大虫卵的检查。取 5~10g 粪便置于烧杯或塑料杯中，先加入少量的水，使粪便易于搅开，然后加入 10 倍量的水，用金属筛（6.2×10^4 孔/m^2）过滤于另一杯中。将粪便液全部倒入尼龙筛网，先后浸入 2 个盛水的盆内，用光滑的圆头玻璃棒轻轻搅拌淘洗。最后用少量清水淋洗筛壁与玻璃棒，使粪便渣集中于网底，用吸管吸取后滴于载玻片上，加盖玻片后镜检。

3. 沉淀法 原理是虫卵可自然沉于水底，便于集中检查，多用于吸虫卵和棘头虫卵的检查。

（1）彻底洗净法。取粪便 5~10g 置于烧杯或塑料杯中，先加入少量的水将粪便充分搅开，然后加 10~20 倍量的水搅匀，用金属筛或纱布将粪便液滤过于另一杯中，静置 20min 经反复水洗沉淀法处理后，用吸管吸取沉淀物滴于载玻片上，加盖玻片后镜检。

（2）离心沉淀法。取粪便 3g 置于小杯中，先加入少量的水将粪便充分搅开，然后加 10~15 倍水搅匀，用金属筛或纱布将粪便液过滤于另一杯中，然后倒入离心管，用天平配平后放入离心机内，以 2000~2500r/min 离心沉淀 1~2min，经反复水洗沉淀法多次离心沉淀，用吸管吸取沉淀物滴于载片上，加盖玻片后镜检。

4. 漂浮法 原理是用比重较虫卵大的溶液作为漂浮液，使虫卵、球虫卵囊浮于液体表面，进行集中检查。漂浮法对大多数较小的虫卵，如某些线虫卵、绦虫卵和球虫卵囊等有很高的检出率，但对吸虫卵和棘头虫卵检出效果较差。

（1）饱和盐水漂浮法。取 5~10g 粪便置于 100~200mL 烧杯或塑料杯中，先加入少量漂浮液将粪便充分搅开，再加入约 20 倍的漂浮液搅匀，静置 40min 左右，用直径 0.5~1cm 的金属圈平着接触液面,提起后将液膜抖落于载玻片上,如此多次蘸取不同部位的液面,加盖玻片镜检。

(2)浮聚法。取2g粪便置于烧杯或塑料杯中,先加入少量漂浮液将粪便充分搅开,再加入10~20倍的漂浮液搅匀,用金属筛或纱布将粪便液过滤于另一杯中,然后将粪便液倒入青霉素瓶,用吸管加至凸出瓶口为止。静置30min后,用盖玻片轻轻接触液面顶部,提起后放在载玻片上镜检。

最常用的漂浮液是饱和盐水溶液,按1000mL沸水中约加食盐400g,直至不再溶解生成沉淀为止,用四层纱布过滤后冷却备用。为了提高检出效果,还可用硫代硫酸钠、硝酸钠、硫酸镁、硝酸铵和硝酸铅等饱和溶液作为漂浮液,但易使虫卵和卵囊变形。因此,检查必须迅速,制片时可补加1滴水。

【实训报告】绘制离心沉淀法和浮聚法的操作流程示意图。

【实训提示】本实训可分2次进行。

【参考资料】尼龙筛网是将4.03×10^5孔$/m^2$的尼龙筛绢剪成直径30cm的圆片,沿圆周将其缝在粗铁丝弯成的直径10cm的带柄圆圈上。

实训六 蠕虫卵形态观察

【实训内容】识别常见吸虫、绦虫、线虫和棘头虫卵。

【实训目标】能识别主要吸虫、绦虫、线虫和棘头虫卵,并指出主要形态构造特点。

【材料准备】

1. 图片 家畜、禽和犬等常见蠕虫卵形态图片,粪便中易与虫卵混淆的物质图。

2. 标本 牛、羊、猪、禽、犬等常见吸虫、绦虫、线虫和棘头虫卵的浸渍标本。

3. 仪器及器材 生物显微镜、显微投影仪、载玻片、盖玻片、玻璃棒、纱布等。

【方法步骤】

1. 示教讲解 教师用显微投影仪讲解所备标本,指出蠕虫卵的鉴别要点。

2. 分组观察 学生用玻璃棒蘸取所备虫卵浸渍标本于载玻片上,加盖玻片后镜检。观察时注意先用低倍镜找到虫卵,然后再转换高倍镜观察其形态构造。尤其要注意用玻璃棒蘸取虫卵浸渍标本后,一定要冲洗干净,用纱布擦拭后再蘸取另一种标本,以免混淆虫卵。

【实训报告】将观察的各种虫卵特征,按表13-5格式制表填入,并绘出简图。

表13-5 主要虫卵鉴别表

虫名	大小	形态	颜色	卵壳特征	卵内容物

【参考资料】

1. 蠕虫卵的基本特征 鉴别虫卵的主要依据是其大小、形状、颜色、卵壳和内容物的典型特征等,还应注意区分易与虫卵混淆的物质。

(1)吸虫卵。多为卵圆形,卵壳数层,多数一端有小盖,有的还有结节、小刺、丝等突出物,卵内含有卵黄细胞所围绕的卵细胞或发育成形的毛蚴。

(2)线虫卵。多为椭圆形,卵壳多为四层,完整地包围虫卵,但有的一端有缺口,被另一个增长的卵膜封盖着；卵壳光滑，或有结节、凹陷等。卵内含未分割或已分割的多数细胞，或为1个幼虫。

（3）绦虫卵。圆叶目绦虫的虫卵形状不一，卵壳厚度和构造也不同，内含一个具有三对胚钩的六钩蚴；六钩蚴被覆两层膜，内层膜紧贴六钩蚴，外层膜与内层膜有间隙，有的六钩蚴被包围在梨形器里，有的几个虫卵被包在卵袋中。假叶目绦虫的虫卵呈椭圆形，有卵盖，内含卵细胞及卵黄细胞。

2. 棘头虫卵的特征 多为椭圆形，卵壳三层，内层薄，中间层厚，多数有压痕，外层变化较大，并有蜂窝状构造；卵内含长圆形棘头蚴，其一端有三对胚钩。

3. 动物常见蠕虫卵 牛羊常见蠕虫卵（图13-1），猪常见蠕虫卵（图13-2），禽常见蠕虫卵（图13-3），肉食动物常见蠕虫卵（图13-4）。

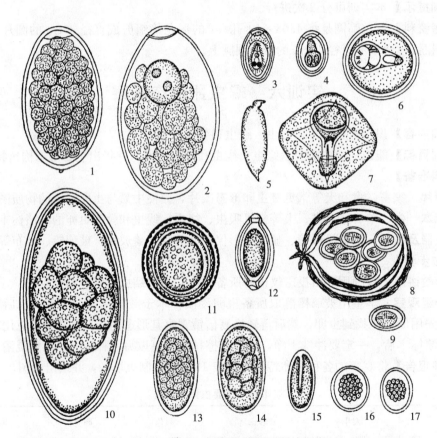

图13-1 牛羊常见蠕虫卵

1. 肝片吸虫卵 2. 前后盘吸虫卵 3. 胰阔盘吸虫卵 4. 双腔吸虫卵 5. 东毕吸虫卵 6、7. 莫尼茨绦虫卵 8. 曲子宫绦虫子宫周围器 9. 曲子宫绦虫卵 10. 钝刺细颈线虫卵 11. 牛弓首蛔虫卵 12. 毛尾线虫卵 13. 捻转血矛线虫卵 14. 仰口线虫卵 15. 乳突类圆线虫卵 16、17. 牛艾美耳属球虫卵囊

4. 易与虫卵混淆的物质 气泡为圆形无色、大小不一，折光性强，内部无胚胎结构；花粉颗粒无卵壳构造，表面常呈网状，内部无胚胎结构；植物细胞为螺旋形或小型双层环状或铺石状上皮，均有明显的细胞壁；豆类淀粉粒的形状不一，外被粗糙的植物纤维，颇似绦虫卵，可滴加卢戈尔氏碘液（碘0.1g，碘化钾2.0g，水100.0mL）染色加以区分，未消化

前显蓝色，略经消化后呈红色；霉孢子折光性强，内部无明显的胚胎构造（图13-5）。

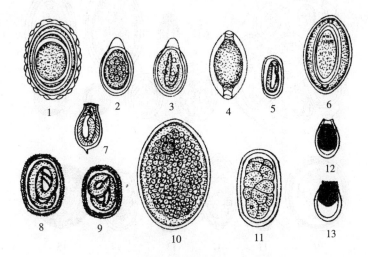

图 13-2 猪常见蠕虫卵形态图

1. 猪蛔虫卵 2. 刚棘颚口线虫卵（新鲜虫卵） 3. 刚棘颚口线虫卵（已发育的虫卵）
4. 猪毛尾线虫卵 5. 六翼泡首线虫卵 6. 蛭形棘头虫卵 7. 华支睾吸虫卵 8. 野猪后圆线虫卵
9. 复阴后圆线虫卵 10. 姜片吸虫卵 11. 食道口线虫卵 12、13. 猪球虫卵囊

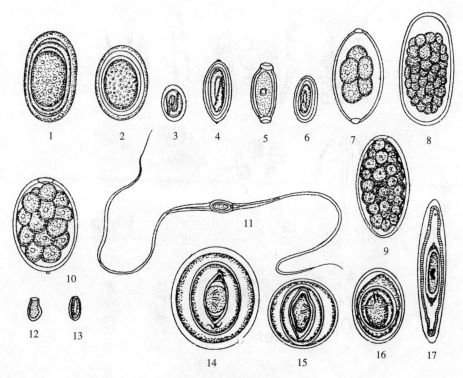

图 13-3 禽常见蠕虫卵

1. 鸡蛔虫卵 2. 鸡异刺线虫卵 3. 螺旋咽饰带线虫卵 4. 四棱线虫卵 5. 毛细线虫卵 6. 鸭束首线虫卵
7. 比翼线虫卵 8. 鹅裂口线虫卵 9. 隐叶吸虫卵 10. 卷棘口吸虫卵 11. 背孔吸虫卵 12. 前殖吸虫卵
13. 次睾吸虫卵 14. 矛形剑带绦虫卵 15. 膜壳绦虫卵 16. 有轮赖利绦虫卵 17. 鸭多型棘头虫卵

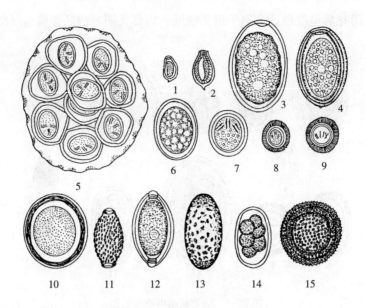

图 13-4 肉食动物常见蠕虫卵
1. 后睾吸虫卵 2. 华支睾吸虫卵 3. 棘隙吸虫卵 4. 并殖吸虫卵 5. 犬复孔绦虫卵
6. 裂头绦虫卵 7. 中线绦虫卵 8. 细粒棘球绦虫卵 9. 泡状带绦虫 10. 狮弓蛔虫卵
11. 毛细线虫卵 12. 毛尾线虫卵 13. 肾膨结线虫卵 14. 犬钩口线虫卵 15. 犬弓首蛔虫卵

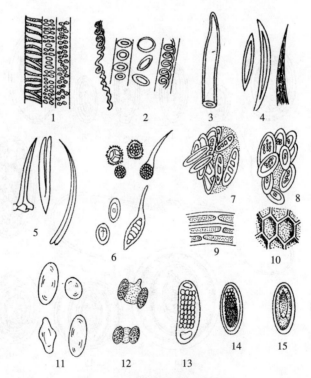

图 13-5 易与虫卵混淆的物质
1~10. 植物细胞和孢子（1. 植物的导管 2. 螺纹和环纹 3. 管胞 4. 植物纤维 5. 小麦的颖毛
6. 真菌的孢子 7. 谷壳的一些部分 8. 稻米的胚乳 9、10. 植物的薄皮细胞） 11. 淀粉粒
12. 花粉粒 13. 植物线虫虫卵 14. 螨的卵（未发育） 15. 螨的卵（已发育）

实训七 动物寄生虫病流行病学调查

【实训内容】
(1) 动物寄生虫病的流行病学调查与分析。
(2) 临诊检查与病料采集。

【实训目标】掌握流行病学资料的调查、搜集和分析的方法，为确立诊断奠定基础。掌握病料采集的方法。

【材料准备】

1. 表格　流行病学调查表、临诊检查记录表（均可由学生设计）。

2. 器材　听诊器、体温计、试管、镊子、外科刀、粪便盒（或小塑料袋）、纱布等。

【方法步骤】　教师讲解流行病学调查、病料采集的方法和要求，学生模拟训练后，再进行实地调查。

1. 流行病学调查

(1) 拟定调查提纲。
(2) 设计流行病学调查表、临诊检查记录表。
(3) 按照调查提纲，采取询问、查阅各种记录资料和实地考察等方式进行，尽可能全面收集有关资料。
(4) 对于获得的资料应进行数据统计和情况分析，提炼出规律性资料。

2. 临诊检查与病料采集　临诊检查一般以群体为单位，动物数量较少时，应逐头（只）检查，数量较多时可随机抽样。

(1) 群体观察。对动物群体进行仔细观察，从中发现异常或病态动物。
(2) 一般检查。主要为营养状况，体表有无肿瘤、脱毛、出血、皮肤异常变化和淋巴结肿胀，对体表寄生虫应搜集并计数。如怀疑为螨病时应刮取皮屑备检。
(3) 系统检查。按临诊诊断的方法进行，查体温、脉搏、呼吸数，检查呼吸、循环、消化、泌尿、神经等各系统，收集症状。根据所怀疑的寄生虫病，可采集粪便、尿、血样及制血片备检。
(4) 症状分析。将收集到的症状分类，统计各种症状的比例，提出可疑寄生虫病的范围。

【实训报告】写出流行病学调查及临诊检查报告，并提出进一步确诊的建议。
【参考资料】流行病学调查提纲的主要内容参照第七章第三节。

实训八 大动物蠕虫学剖检技术

【实训内容】大动物蠕虫学剖检技术。
【实训目标】掌握大动物蠕虫学剖检的操作技术。
【材料准备】

1. 器材　大动物解剖器（解剖刀、剥皮刀、解剖斧、解剖锯、骨剪、肠剪、剪刀）、小动物解剖器（手术刀、剪刀、镊子）、眼科镊、分离针、大瓷盆、小瓷盆、成套粪便桶、提水桶、黑色浅盘、手持放大镜、平皿、酒精灯、毛笔、铅笔、玻璃铅笔、标本瓶、青霉素瓶、载玻片、压片用玻璃板、实体显微镜。食盐。

2. 实习动物 以绵羊为代表。

【方法步骤】教师概述大动物全身蠕虫学剖检法的操作规程，指出绵羊各器官、部位寄生的常见蠕虫后，进行剖检示教，然后学生分组进行绵羊蠕虫学剖检操作。采集发现的蠕虫，按不同的寄生器官或初步鉴定结果，分别放置在加有生理盐水的平皿内。

1. 宰杀与剥皮 放血宰杀时应采集血液涂片备检。剥皮前检查体表、眼睑和创伤等，随时采集体表寄生虫，遇有皮肤可疑病变则刮取材料备检。剥皮时应注意检查各部皮下组织，发现并采集病变和虫体。剥皮后切开四肢的各关节腔，吸取滑液立即检查；切开浅在淋巴结进行观察，或切取小块备检。

2. 采集脏器

（1）腹腔脏器。切开腹壁后观察内脏器官的位置和特殊病变，吸取腹腔液，用生理盐水稀释以防凝固，随后用实体显微镜检查，或沉淀后检查沉淀物。在结扎食管末端和直肠后，切断食管、各部韧带、肠系膜根和直肠末端，将所有脏器一次采出，然后采集肾，最后收集腹腔内的血液混合物备检。应注意观察和收集脏器表面的虫体，并观察腹膜上有无病变和虫体。骨盆腔脏器以同样方法全部采出。

（2）胸腔脏器。打开胸腔后，观察脏器的自然位置和状态后，将脏器连同食管和气管全部摘出，再采集胸腔内液体备检。

3. 脏器检查

（1）食管。沿纵轴剪开，仔细观察浆膜和黏膜表层。刮取食道黏膜夹于两张载玻片之间，用放大镜或实体显微镜检查，当发现虫体时揭开载玻片，用分离针将虫体挑出。

（2）胃。剪开后将内容物倒入大盆内，挑出较大的虫体，然后洗净胃壁，并加足生理盐水搅拌均匀，使之自然沉淀；将胃壁平铺在搪瓷盘内，观察黏膜上是否有虫体，取少量黏膜表层刮下物压片镜检，其他则浸入生理盐水中自然沉淀。以上两种材料经反复水洗沉淀法处理后，每次取一定量的沉淀物，放在培养皿或黑色浅盘内挑出虫体。应把反刍动物前胃和皱胃分别处理，瘤胃应注意检查胃壁。

（3）小肠。分离后放入大盆，由一端灌入清水，把肠内容物全部冲出，挑出绦虫等大型虫体。肠内容物用生理盐水反复沉淀，检查沉淀物。肠壁用玻璃棒翻转后洗下黏液，反复水洗沉淀，最后刮取黏膜表层压薄镜检。肠内容物和黏液在水洗沉淀过程中，其上浮物中也含有虫体，所以在换水时应收集后单独检查。羊的小肠前部线虫数量较多，可单独处理。

（4）大肠。分离后在肠系膜附着部沿纵轴剪开，倾出内容物。内容物和肠壁按小肠的方法处理。羊大肠后部自形成粪便球处起剪开肠壁，挑取其表面及肠壁上的虫体。

（5）肠系膜。分离后，将肠系膜淋巴结切成小片压薄镜检。提起肠系膜，迎着光线检查血管内有无虫体，最后浸在生理盐水内剪开血管，将冲洗物经反复水洗沉淀法处理后，检查沉淀物。

（6）肝。分离胆囊，把胆汁挤入烧杯中，用生理盐水稀释，待自然沉淀后检查沉淀物。将胆囊黏膜刮下物压片镜检。沿胆管将肝剪开，然后将肝撕成小块，在生理盐水中用手挤压后捞出弃掉，将挤出物经反复水洗沉淀法处理后，检查沉淀物。

（7）胰。同肝。

（8）肺。沿气管、支气管剪开，用载玻片刮取黏液，加水稀释后镜检。将肺组织撕成小块按肝的检查方法处理。

(9) 脾和肾。检查表面后，切开进行眼观检查，然后压片镜检。

(10) 膀胱。处理方法与胆囊相同，并按检查肠黏膜的方法检查输尿管。

(11) 生殖器官。检查其内腔，并刮取黏膜压片镜检。

(12) 脑与脊髓。眼观检查后，切成薄片压片镜检。

(13) 眼。将眼睑黏膜及结膜在水中刮取表层，沉淀后检查。剖开眼球将眼房液收集在培养皿内镜检。

(14) 鼻腔及额窦。先沿两侧鼻翼和内眼角连线切开，再沿两眼内角连线锯开检查，然后在水中冲洗，检查其沉淀物。

(15) 心脏及大血管。剪开心脏后观察内膜，再将内容物洗在水内，经反复水洗沉淀法处理后进行检查。将心肌切成薄片压片镜检。

(16) 肌肉。切开咬肌、腰肌和臀肌检查囊尾蚴。采集膈肌脚检查旋毛虫。采集猪膈肌和牛、羊食道等肌肉检查住肉孢子虫。

4. 收集虫体　在沉淀物中发现虫体后，用分离针挑出，放入盛有生理盐水的广口瓶中等待固定，同时用铅笔在一小纸片上写清动物的种类、性别、年龄和虫体寄生部位后投入其中。同一器官或部位收集的所有虫体应放入同一广口瓶中。寄生于肺部的线虫应尽快投入固定液中，否则虫体易破裂。

当遇到绦虫以头部附着于肠壁上时，切勿猛拉，应将此段肠管连同虫体剪下浸入清水中，5~6h 后虫体会自行脱落，体节也会自然伸直。

搜集沉渣中小而纤细的虫体时，可在沉渣中滴加浓碘液，使粪便沉渣和虫体均被染成棕黄色，然后用 5% 硫代硫酸钠溶液脱去其他物质的颜色。如果虫体很多，短时间内不能挑取完时，可在沉淀物中加入 3% 福尔马林保存。

5. 结果登记　剖检结果记录在寄生虫病学剖检登记表中，对发现的虫体按种分别计算，最后统计寄生虫的总数、各种（属、科）寄生虫的感染率和感染强度。

【实训报告】将剖检结果填入蠕虫学剖检记录表（表 13-6）。

【实训提示】为了保证剖检效果，应特别注意剖检动物的选择，可用因蠕虫病死亡的动物尸体作为剖检动物；也可通过粪便检查，选择感染蠕虫种类多、感染强度大的动物；也可从屠宰场的屠宰动物中选择患寄生虫病的脏器。要注意解剖术式的准确性和规范性，确保完全收集虫体，防止遗失。

表 13-6　寄生虫学剖检记录表

日　期		编　号		动物名称	
品　种		性　别		年　龄	
来　源		死亡原因		剖检地点	
病理剖检变化		寄生虫总数	吸　虫		
			绦　虫		
			线　虫		
			棘头虫		
			昆　虫		
			蜱　螨		

(续)

各种寄生虫情况	寄生部位	虫　名	数　量	寄生部位	虫　名	数　量
备注				剖检者		

实训九　家禽蠕虫学剖检技术

【实训内容】家禽蠕虫学剖检技术。
【实训目标】掌握家禽蠕虫学剖检的操作技术。
【材料准备】参照大动物蠕虫学剖检法。实验动物以鸡为代表。
【方法步骤】

1. 宰杀与剥皮　用舌动脉放血或颈动脉放血的方法宰杀。拔掉羽毛后检查皮肤和羽毛，发现虫体及时采集，皮肤有可疑病变时刮取材料备检。

2. 摘出脏器　剥皮后除去胸骨，使内脏完全暴露，并检查气囊内有无虫体。首先分离消化系统（包括肝、胰），然后分离心脏和呼吸器官，最后摘出肾。器官摘出后，用生理盐水冲洗体腔，冲洗物经反复水洗沉淀后检查。

3. 脏器检查

(1) 食道和气管。剪开后检查其黏膜表面。

(2) 肌胃。沿狭小部位剪开，倾去内容物，在生理盐水中剥离角质膜，检查内、外剥离面，然后将角质膜撕成小片，压片镜检。

(3) 腺胃。在小瓷盘内剪开，倾去内容物，检查黏膜面。如有紫红色斑点和肿胀时，则剪下进行压片检查。将洗下的内容物经反复水洗沉淀法处理后检查。

(4) 肠管。按十二指肠、小肠、盲肠和直肠分别处理。肠管剪开后，将内容物和黏膜刮下物倾入容器内，经反复水洗沉淀法处理后检查。对有结节的肠管，应刮取黏膜压片镜检。

(5) 法氏囊和输卵管。按处理肠管的方法检查。

(6) 肝、肾、心、胰、肺。分别处理，在生理盐水中剪碎洗净，捞出大块组织弃掉，水洗物经反复水洗沉淀法处理后检查，病变部位压片镜检。

(7) 鼻腔。剪开后观察表面，用水冲洗后检查沉淀物。

(8) 眼。用镊子掀起眼睑，取下眼球，用水冲洗后检查沉淀物。

4. 虫体收集　方法同大动物蠕虫学剖检法。

5. 结果登记　参照实训八。

【实训报告】参照实训八设计记录表并填写。

实训十　寄生虫材料的保存与固定技术

【实训内容】
(1) 吸虫和绦虫的保存与固定。
(2) 线虫和棘头虫的保存与固定。
(3) 蜱螨和昆虫的保存与固定。
(4) 原虫的保存与固定。

【教学目标】掌握主要寄生虫材料的保存与固定技术。

【材料准备】

1. 器材　眼科镊子、分离针、黑色浅盘、平皿、酒精灯、毛笔、铅笔、标本瓶、青霉素瓶、载玻片、盖玻片等。

2. 药品　生理盐水、酒精、甘油、福尔马林。

3. 寄生虫材料　实训八、九所收集到的虫体。

【方法步骤】教师讲述虫体的固定方法及注意事项后,学生进行固定液的配制,对收集的虫体进行分装、固定、保存和加标签。

1. 吸虫

(1) 采集。对于剖检时暂时保存于生理盐水中的虫体,较小的可摇荡广口瓶洗去污物,较大的用毛笔刷洗,然后放入薄荷脑溶液中使虫体松弛。较厚的虫体,为方便制作压片标本,可将虫体放于两张载片之间,适当加以压力,两端用线或橡皮绳扎住。

(2) 固定。松弛后的虫体投入70%酒精或10%福尔马林固定液中固定24h。

(3) 保存。经酒精固定的虫体可直接保存于其中,也可再加入5%甘油。经福尔马林固定液固定的虫体,可保存于3%~5%的福尔马林中。如对吸虫进行形态构造观察,需要制成整体染色标本或切片标本。

2. 绦虫

(1) 采集。对于剖检所采集或动物自然排出的虫体,洗涤方法同吸虫。大型绦虫可绕于玻璃瓶或试管上,以免固定时互相缠结。如果以后做绦虫装片标本,可将虫体节片放于两张载片之间,适当加以压力,两端用线或橡皮绳扎住。

(2) 固定。上述处理后的绦虫可浸入70%酒精或5%福尔马林液中固定,较大而厚的虫体需12h。若要制成装片标本以酒精固定较好,浸渍标本则以福尔马林固定。

(3) 保存。浸渍标本用70%酒精或5%福尔马林保存。绦虫蚴或病理标本可直接浸入10%福尔马林中固定保存。

3. 线虫

(1) 采集。较小的虫体可通过摇荡广口瓶洗去污物,较大的虫体可用毛笔刷洗,尤其是一些具有发达的口囊或交合伞的线虫,一定要用毛笔将杂质清除。有些虫体的肠管内含有大量食物时影响鉴定,可在生理盐水中放置12h,其食物可消化或排出。

(2) 固定。将70%酒精或3%福尔马林生理盐水加热至70℃,将清洗净的虫体挑入,虫体即伸展并固定。

(3) 保存。大型线虫放入4%福尔马林中保存,小型线虫放入甘油酒精中保存。甘油酒精为甘油 5mL，70％酒精 95mL。

4. 蜱螨与昆虫

（1）采集。采集蜱类时，使虫体与皮肤垂直缓慢拔出，或喷洒药物杀死后拔出。体表寄生虫如血虱、毛虱、羽虱、虱蝇等，可用器械刮下，或将羽或毛剪下，置于培养皿中再仔细收集。捕捉蚤类可用撒有樟脑的布将动物体包裹，数分钟后取下，蚤即落于布内。

（2）固定。昆虫的幼虫、虱、毛虱、羽虱、蠕形蚤、虱蝇、舌形虫、蜱以及含有螨的皮屑等，用加热的 70％酒精或 5％～10％福尔马林固定。

（3）保存。固定后保存于 70％酒精中，可加入 5％的甘油。有翅昆虫可用针插法干燥保存。

5. 原虫 梨形虫、伊氏锥虫、住白细胞虫等，用其感染动物血液涂片；弓形虫、组织滴虫等常用其感染动物的脏器组织触片。经过染色制成玻片标本，装于标本盒中保存。

6. 蠕虫卵

（1）采集。用粪便检查的方法收集虫卵，或将剖检所获得的虫体放入生理盐水中，虫体会继续产出虫卵，静置沉淀后可获得单一种的虫卵。

（2）固定与保存。将 3％福尔马林生理盐水加热至 70～80℃，把含有虫卵的沉淀物或粪便浸泡其中即可。

7. 标签 保存瓶装的虫体和病理浸渍标本，都应有外标签和用硬质铅笔书写的内标签，其内容与样式如下：

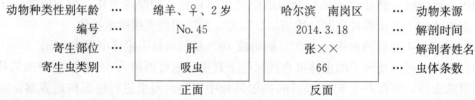

【**参考资料**】 薄荷脑溶液为薄荷脑 24g，溶于 95％酒精 10mL 中。使用时将此液 1 滴加入 100mL 水中即可。

实训十一　驱虫技术

【**实训内容**】

（1）驱虫药的选择与配制。

（2）驱虫工作的组织实施。

（3）驱虫效果的评定。

【**实训目标**】熟悉大群动物驱虫的准备和组织工作，掌握驱虫技术、驱虫中的注意事项和驱虫效果的评定方法。

【**材料准备**】

1. 表格 驱虫用各种记录表格。

2. 器材及药品 给药用具，称重或估重用具，粪便学检查用具等。常用驱虫药。

3. 动物 现场的病畜或病禽。

【**方法步骤**】教师讲解驱虫药选择原则、驱虫技术、注意事项和驱虫效果评定方法等。

首先示范常用的给药方法，然后学生分组操作，并随时观察动物的不同反应，做好各项记录，按时评定驱虫效果。

1. 药物选择 原则是选择广谱、高效、低毒、方便和廉价的药物。广谱是指驱除寄生虫的种类多；高效是指对寄生虫的成虫和幼虫都有高度驱除效果；低毒是指治疗量不具有急性中毒、慢性中毒、致畸形和致突变作用；方便是指给药方法简便，适用于气雾、饲喂和饮水等大群给药；廉价是指与其他同类药物相比价格低廉。治疗性驱虫应以药物高效为首选，兼顾其他；定期预防性驱虫应根据当地主要寄生虫病选择高效驱虫药，兼顾广谱。

2. 驱虫时间 依据当地动物寄生虫病流行病学调查的结果确定，一个时机是在虫体尚未成熟前，以减少虫卵对外界环境的污染；另一个时机是在秋、冬季，以保护动物安全越冬。

3. 现场实施

（1）驱虫准备。驱虫前应选择驱虫药并计算剂量，确定剂型、给药方法和疗程。对药品的生产单位、批号等加以记载。为使驱虫药用量准确，要预先称重或用体重估测法计算体重。将动物的来源、健康状况、年龄、性别等逐头编号登记。为了准确评定药效，在驱虫前应进行粪便检查，根据其感染强度搭配分组，使对照组与试验组的感染强度接近。在进行大群驱虫之前，应先选出少量动物做试验，观察药物效果及安全性。

（2）投药前后。投药前后1~2d，尤其是驱虫后3~5h，应严密观察动物群，注意给药后的变化，发现中毒应立即急救。驱虫后3~5d内使动物留在圈中，将粪便集中用生物热发酵处理。给药期间应加强饲养管理，役畜解除使役。

4. 驱虫效果评定 驱虫后要进行驱虫效果评定，主要对比以下内容：动物驱虫前后的发病率与死亡率；动物驱虫前后各种营养状况的比例；动物驱虫后症状的减轻与消失；动物驱虫前后生产性能的变化。驱虫效果可通过虫卵减少率和虫卵转阴率确定，必要时通过剖检计算出粗计驱虫率和精计驱虫率。式中 EPG 为每克粪便中的虫卵数或卵囊数（OPG）。

$$虫卵减少率 = \frac{驱虫前 EPG - 驱虫后 EPG}{驱虫前 EPG} \times 100\%$$

$$虫卵转阴率 = \frac{虫卵转阴动物数}{驱虫动物数} \times 100\%$$

$$粗计驱虫率 = \frac{驱虫前平均虫体数 - 驱虫后平均虫体数}{驱虫前平均虫体数} \times 100\%$$

$$精计驱虫率 = \frac{排出虫体数}{排出虫体数 + 残留虫体数} \times 100\%$$

$$驱净率 = \frac{驱净虫体的动物数}{驱虫动物数} \times 100\%$$

【注意事项】为了准确地评定驱虫效果，驱虫前后各进行3次粪便检查，所有的器具和粪便样数量，以及操作步骤所用的时间要完全一致；驱虫后粪便检查的时间一般为10~15d。

【实训报告】写出畜（禽）驱虫总结报告。

【实训提示】最好在粪学检查实训的基础上进行；可到生产现场选择患病的动物群，预先进行诊断，针对主要寄生虫病选择相应的驱虫药物及给药方法。

参 考 文 献

蔡宝祥.1999.家畜传染病学.3版.北京：中国农业出版社.
孔繁瑶.1997.家畜寄生虫学.2版.北京：中国农业大学出版社.
陆承平.2001.兽医微生物学.3版.北京：中国农业出版社.
朴范泽.2004.家畜传染病学.北京：中国科学文化出版社.
汪明.2003.兽医寄生虫学.北京：中国农业出版社.
赵辉元.1996.畜禽寄生虫与防制学.吉林：吉林科学技术出版社.

图书在版编目（CIP）数据

动物疫病/张宏伟，欧阳清芳主编．—3版．—北京：中国农业出版社，2014.10（2024.6重印）
高等职业教育农业部"十二五"规划教材
ISBN 978-7-109-19271-3

Ⅰ.①动… Ⅱ.①张…②欧… Ⅲ.①兽疫－防治－高等职业教育－教材 Ⅳ.①S851.3

中国版本图书馆 CIP 数据核字（2014）第 217724 号

中国农业出版社出版
（北京市朝阳区麦子店街 18 号楼）
（邮政编码 100125）
责任编辑　徐　芳
文字编辑　马晓静

北京通州皇家印刷厂印刷　新华书店北京发行所发行
2001 年 7 月第 1 版　2015 年 1 月第 3 版
2024 年 6 月第 3 版北京第 10 次印刷

开本：787mm×1092mm 1/16　印张：16
字数：368 千字
定价：39.50 元

（凡本版图书出现印刷、装订错误，请向出版社发行部调换）